西门子PLC
自学手册

S7-200

▶ 微视频版

岂兴明　杨美美
李艳生　成俊雯 /编著

人民邮电出版社
北京

图书在版编目（CIP）数据

西门子PLC……视频版 / 岂兴明等

编著. —— 北京：邮电出版……

S7-2020.9

ISBN 978-…-53319-…

①PLC技术—技术手册

I．①西…　①…

IV．①TM57…6……俊字（2020）第020506号

中国版本图书馆……

内 容 提 要

本书……了西门子公司 S7-200 系列 PLC 的硬件系统、指令系统等基础知识，并详细讲解了编程软件的……用方法、PLC 控制系统的设计方法与步骤，然后通过 9 个综合实例介绍了 S7-200 系列 PLC 在控制应用与开发方法。本书采用图、表、文相结合的方法，并配有视频教学内容，使书中的内容通俗不失专业性。

本……工程技术人员自学使用，还可作为相关专业培训的参考教材。

◆ 编　　著　岂兴明　杨美美　李艳生　成俊雯

　　责任编辑　黄汉兵

　　责任印制　彭志环

◆ 人民邮电出版社出版发行　　北京市丰台区成寿寺路 11 号

　　邮编　100164　　电子邮件　315@ptpress.com.cn

　　网址　https://www.ptpress.com.cn

　　北京市艺辉印刷有限公司印刷

◆ 开本：787×1092　1/16

　　印张：20　　　　　　　　　　　　2020 年 9 月第 1 版

　　字数：450 千字　　　　　　　　　2020 年 9 月北京第 1 次印刷

定价：79.00 元

读者服务热线：(010)81055493　印装质量热线：(010)81055316

反盗版热线：(010)81055315

广告经营许可证：京东市监广登字 20170147 号

前　言

可编程控制器（PLC）以微处理器为核心，将微型计算机技术、自动控制技术及网络通信技术有机地融为一体，是应用十分广泛的工业自动化控制装置。PLC 技术具有控制能力强、可靠性高、配置灵活、编程简单、使用方便、易于扩展等优点，不仅可以取代继电器控制系统，还可以进行复杂的生产过程控制，以及被应用于工厂自动化网络，它已成为现代工业控制的四大支柱技术（可编程控制器技术、机器人技术、CAD/CAM 技术和数控技术）之一。因此，学习、掌握和应用 PLC 技术已成为工程技术人员的迫切需求。

西门子公司生产的 PLC 可靠性高，在我国的应用很广泛。西门子公司的 S7 系列 PLC 是 S5 系列 PLC 的更新换代产品，包括 S7-200、S7-300 和 S7-400 三大系列，其中 S7-200 属于小型 PLC（如无特殊说明，书中提到的 S7-200 PLC 均指 S7-200 系列 PLC）。西门子公司虽然为其产品编写了相应的硬件安装手册、程序编写手册和网络通信手册，但在介绍的时候对所有类型的 PLC 一视同仁，没有突出介绍现阶段重点使用的几种类型。并且，有的参考手册是英文版的，这就要求用户具有较高的英语水平，给 PLC 的普及和学习带来了一定的困难。

本书从 PLC 技术初学者自学的角度出发，由浅入深地从入门、提高、实践三个方面介绍了 S7-200 系列 PLC 的基础知识和应用开发方法。书中内容包括 S7-200 系列 PLC 硬件系统、基本指令系统、功能指令系统、编程软件、S7-200 系列 PLC 的网络与通信，并通过 9 个综合实例详细介绍了 S7-200 系列 PLC 在电气控制系统、机电控制系统和日常生活及工业生产中的应用与开发方法。

本书在编写时力图文字精练，分析步骤详细、清晰，图、文、表相结合，内容充实，语言通俗易懂。读者通过对本书的学习，可以全面、快速地掌握 S7-200 系列 PLC 的应用方法。同时，本书配有部分视频教学内容，方便读者更快更好地掌握相关知识。本书适合广大初、中级工程技术人员自学使用，也可供技术培训及在职人员进修学习时使用。

本书由岂兴明、杨美美、李艳生、成俊雯编著，同时参与本书编写工作的还有浙江邮电职业技术学院的程奇及重庆邮电大学的齐一丹和胡果同学。由于编者水平有限，加之编写时间仓促，书中如有疏漏之处，欢迎广大读者批评指正。

编　者
2020 年 4 月

目　录

入 门 篇

提 高 篇

第 5 章　S7-200 系列 PLC 的编程软件 111

实 践 篇

入门篇

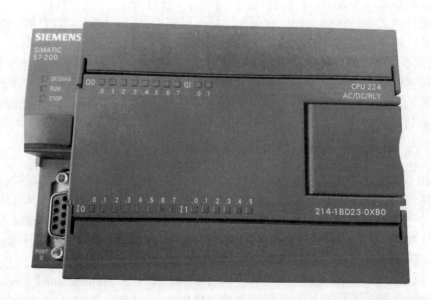

第1章 绪 论

可编程控制器（Programmable Logic Controller，PLC）是在电气控制技术和计算机技术的基础上开发出来的，并逐渐发展成为以微处理器为核心，把自动化技术、计算机技术、通信技术融为一体的一种新型工业自动化控制装置。PLC 将传统的继电器控制技术和现代计算机信息处理技术的优点有机地结合起来，具有结构简单、性能优越、可靠性高等优点，在工业自动化控制领域得到了广泛的应用。本章将主要介绍 PLC 的发展历史及相关技术的发展趋势，进而概述 PLC 的特点、功能和分类，并详细讨论 PLC 的基本结构、软件系统、扫描工作方式、输入/输出原则等，最后对部分西门子 S7 系列 PLC 的性能特点进行了简单介绍。

1.1 PLC 的概况

可编程控制器是一种数字运算操作的电子系统，即计算机。不过，PLC 是专为在工业环境下应用而设计的工业计算机。它具有很强的抗干扰能力、极强的适应能力和广泛的应用范围，这也是其区别于其他计算机控制系统的一个重要特征。这种工业计算机采用"面向用户的指令"，因此编程更方便。PLC 能完成逻辑运算、顺序控制、定时、计数和算术运算等操作，具有数字量和模拟量输入/输出能力，并且非常容易与工业控制系统连成一个整体，易于"扩充"。由于 PLC 引入了微处理器及半导体存储器等新一代电子器件，并用规定的指令进行编程，因此 PLC 是通过软件方式来实现"可编程"的，程序修改灵活、方便。

1.1.1 PLC 的含义

早期的 PLC 主要用来实现逻辑控制功能。但随着技术的发展，PLC 不仅有逻辑运算功能，还有算术运算、模拟处理和通信联网等功能。PLC 这一名称已不能准确反映其功能。因此，1980 年美国电气制造商协会（National Electrical Manufacturers Association，NEMA）将它命名为可编程序控制器（Programmable Controller），并简称 PC。但是，由于个人计算机（Personal Computer）也简称为 PC，为避免混淆，后来仍习惯称其为 PLC。

为了使 PLC 生产和发展标准化，1987 年国际电工委员会（International Electrotechnical Commission，IEC）颁布了 PLC 标准草案第三稿，对 PLC 定义如下：PLC 是一种数字运算操作的电子系统，专为在工业环境下应用而设计。它采用可编程序的存储器，用来在其内部存储执行逻辑运算、顺序控制、定时、计数和算术运算等操作的指令，并通过数字式和模拟式的输入和输出，控制各种类型的机械或生产过程。PLC 及其有关外围设备，都应按易于与工业系统连成一个整体、易于扩充其功能的原则设计。

该定义强调了 PLC 应用于工业环境，必须具有很强的抗干扰能力、适应能力和广泛的应用范围，这是区别于一般微机控制系统的重要特征。

综上所述，PLC 是专为工业环境应用而设计制造的计算机，具有丰富的输入/输出接口和较强的驱动能力。但 PLC 产品并不针对某一具体工业应用，在实际应用时，其硬件需要根据实际需求进行选用配置，其软件需要根据控制需求进行设计编制。

1.1.2 PLC 的关键技术

20 世纪 20 年代，继电器控制系统开始盛行。继电器控制系统就是将继电器、定时器、接触器等元器件按照一定的逻辑关系连接起来而组成的控制系统。继电器控制系统结构简单、操作方便、价格低廉，在工业控制领域一直占据着主导地位。但是，继电器控制系统具有明显的缺点：体积大，噪声大，能耗大，动作响应慢，可靠性差，维护性差，功能单一，采用硬件连线逻辑控制，设计、安装、调试周期长，通用性和灵活性差等。

1968 年，美国通用汽车公司（GM）为了提高竞争力，更新汽车生产线，以便将生产方式从少品种大批量转变为多品种小批量，公开招标一种新型工业控制器。为了尽可能减少更换继电器控制系统的硬件及连线，缩短重新设计、安装、调试周期，降低成本，GM 提出了以下10 条技术指标。

① 编程方便，可现场编辑及修改程序。

② 维护方便，最好是插件式结构。

③ 可靠性高于继电器控制装置。

④ 数据可直接输入管理计算机。

⑤ 输入电压可为市电 115V（国内 PLC 产品电压多为 220V）。

⑥ 输出电压可为市电 115V，电流大于 2A，可直接驱动接触器、电磁阀等。

⑦ 用户程序存储器容量大于 4KB。

⑧ 体积小于继电器控制装置。

⑨ 扩展时系统变更最少。

⑩ 成本与继电器控制装置相比，有一定的竞争力。

1969 年，美国数字设备公司（DEC）根据上述要求，研制出了世界上第一台可编程控制器（PLC）：型号为 PDP-14 的一种新型工业控制器。它把计算机的完备功能、灵活及通用等优点和继电器控制系统的简单易懂、操作方便、价格低廉等优点结合起来，制成了一种适合于工业环境的通用控制装置，并把计算机的编程方法和程序输入方式加以简化，用"面向控制过程，面向对象"的"自然语言"进行编程，使不熟悉计算机的人也能方便地使用。它在美国通用汽车公司的汽车生产线上首次试用成功，取得了显著的经济效益，开创了工业控制的新局面。

1.1.3 PLC 的发展历史

PLC 问世时间虽然不长，但是随着微处理器的出现，大规模、超大规模集成电路技术的迅速发展和数据通信技术、自动控制技术、网络技术的不断进步，PLC 也在迅速发展。其发展过程大致可分为以下 5 个阶段。

（1）从 1969 年到 20 世纪 70 年代初期

CPU 由中、小规模数字集成电路组成，存储器为磁芯式存储器；控制功能比较简单，主要用于定时、计数及逻辑控制。这一阶段的 PLC 产品没有形成系列，应用范围不是很广泛，与继电器控制装置比较，可靠性有一定的提高，但仅仅是其替代产品。

（2）从 20 世纪 70 年代初期到 20 世纪 70 年代末期

采用 CPU 微处理器、半导体存储器，使整机的体积减小，提高了数据处理能力，增加了数据运算、传送、比较、模拟量运算等功能。这一阶段的 PLC 产品已初步实现了系列化，并具备软件自诊断功能。

（3）从 20 世纪 70 年代末期到 20 世纪 80 年代中期

由于大规模集成电路的发展，PLC 开始采用 8 位和 16 位微处理器，数据处理能力和速度大大提高；PLC 开始具有一定的通信能力，为实现 PLC "分散控制、集中管理" 奠定了重要基础；软件上开发出了面向过程的梯形图语言及助记符语言，为 PLC 的普及提供了必要条件。在这一阶段，发达的工业化国家在多种工业控制领域开始应用 PLC 控制。

（4）从 20 世纪 80 年代中期到 20 世纪 90 年代中期

超大规模集成电路促使 PLC 完全计算机化，CPU 已经开始采用 32 位微处理器；大大提高了数学运算、数据处理能力，增加了运动控制、模拟量 PID 控制等功能，联网通信能力进一步加强；PLC 在功能不断增加的同时，体积在减小，可靠性更高。在此阶段，国际电工委员会颁布了 PLC 标准，使 PLC 向标准化、系列化发展。

（5）从 20 世纪 90 年代中期至今

这一阶段的 PLC 产品实现了特殊算术运算的指令化，通信能力进一步加强。

1.1.4　PLC 的发展趋势

PLC 正在向高集成度、小体积、大容量、高速度、易使用、高性能、信息化、软 PLC、标准化、与现场总线技术紧密结合等方向发展。

1. 小型化、专用化、低成本

随着微电子技术的发展，新型器件的性能大幅度提高，价格却大幅度降低，使 PLC 结构更为紧凑，体积越来越小，操作使用十分简便。同时，PLC 的功能不断增加，人们将原来大、中型 PLC 才有的功能移植到小型 PLC 上，如模拟量处理、复杂的功能指令和网络通信等。PLC 的价格也不断下降，真正成为现代电气控制系统中不可替代的控制装置。据统计，小型和微型 PLC 的市场份额一直保持在 70%~80%，所以对 PLC 小型化的追求不会停止。

2. 大容量、高速度、信息化

现在大、中型 PLC 多采用微处理器系统，有的采用了 32 位微处理器，并集成了通信联网功能，可同时进行多任务操作，运算速度、数据交换速度及外设响应都有大幅度提高，存储容量大大增加，特别是增加了过程控制和数据处理功能。为了适应工厂控制系统和企业信息管理系统日益有机结合的需求，信息技术也渗透到了 PLC 中，如设置开放的网络环境、支持 OPC（OLE for Process Control）技术等。

3. 智能化模块的发展

为了实现某些特殊的控制功能，PLC 制造商开发出了许多智能化的 I/O 模块。这些模块本身带有 CPU，占用主 CPU 的时间很少，减小了对 CPU 扫描速度的影响，提高了整个 PLC 控制系统的性能。它们本身具有很强的信息处理能力和控制能力，可以完成 PLC 的主 CPU 难以兼顾的任务。典型的智能化模块有高速计数器模块、定位控制模块、温度控制模块、以太网通信模块和各种现场总线协议通信模块等。

4. 人机界面（接口）的发展

HMI（Human- Machine Interface）在工业自动化系统中起着越来越重要的作用，PLC 控制

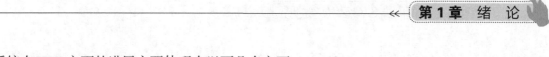

系统在 HMI 方面的进展主要体现在以下几个方面。

（1）编程工具的发展

过去，大部分中、小型 PLC 仅提供手持式编程器，编程人员通过编程器和 PLC 打交道，十分低效、笨拙，现已被淘汰。基于 Windows 的编程软件不仅可以对 PLC 控制系统的硬件组态进行设置，即硬件的结构、类型、各种通信接口的参数等，而且还可以在屏幕上直接生成和编辑梯形图、语句表功能块图，并且可以实现不同编程语言之间的自动转换。程序被编译后可下载到 PLC 中，也可将用户程序上传到计算机。用户可以通过编程软件在线监视观察 PLC 内部各存储单元的状态和数据，也能离线仿真运行用户程序，为诊断分析 PLC 程序和工作过程中出现的问题带来了极大的方便。

（2）功能强大、价格低廉的 HMI（人机界面）

过去，在 PLC 控制系统中进行参数的设置和显示非常麻烦，输入设定参数要使用大量的拨码开关组，输出显示参数要使用数码管，它们不仅占据了大量的 I/O 资源，而且功能少，接线烦琐。现在各种单色、彩色的显示设定单元、触摸屏、覆膜键盘等应有尽有，它们不仅能完成大量的数据设定和显示，更能直观地显示动态图形画面，而且还能实现数据处理功能。

（3）基于 PC（个人计算机）的组态软件

在中、大型的 PLC 控制系统中，仅靠简单地显示设定单元已不能解决人机界面的问题，所以基于 Windows 的 PC 成为最佳的选择。配合适当的通信接口或适配器，PC 可以与 PLC 之间进行信息的互换，再配合功能强大的组态软件，就能完成大量复杂的画面显示、数据处理、报警处理、设备管理等任务。这些组态软件，国外知名品牌有 WinCC、iFIX、Intouch 等，国内知名品牌有组态王、POWER9000 等。现在组态软件的价格已经非常低，所以使用 PC 和组态软件来取代触摸屏的方案是一种不错的选择。

5. 在过程控制领域的应用以及 PLC 的冗余特性

虽然 PLC 的强项是在工业制造领域的应用，但随着通信技术、软件技术和模拟量技术的发展，它现在也被广泛应用到了过程控制领域，但在过程控制系统中应用时要求 PLC 控制系统具有更高的可靠性。现在世界上顶尖的自动化设备供应商提供的大型 PLC 中，一般都增加了安全性和冗余性，并且符合 IEC61508 标准的要求。该标准主要为电子系统内的功能安全而制定，为 PLC 在过程控制领域使用的可靠性和安全性设计提供了依据。现在 PLC 以及冗余产品包括 CPU 系统、I/O 模块及热备份冗余软件等。大型 PLC 以及冗余技术在大型的过程控制系统中已经得到广泛应用。

6. 开放性和标准化

世界上有 400 多个品种的 PLC 产品，但没有一个统一的规范和标准，所有 PLC 产品在使用上都存在着一些差别，而这些差别的存在对 PLC 产品制造商和用户都是不利的。一方面它增加了制造商的开发费用；另一方面它也增加了用户学习和培训的负担。这些非标准化的使用结果，使程序的重复使用和可移植性都成为不可能的事情。

现在的 PLC 采用了各种国际工业标准，如 IEC61131、IEEE802.3 以太网、TCP/IP、UDP/IP 等，以及采用了各种事实上的工业标准，如 Windows NT、OPC 等。特别是 PLC 的国际标准 IEC61131，为 PLC 从硬件设计、编程语言、通信联网等方面都制定了详细的规范，其中 IEC61131-3 是 PLC 的编程语言标准，IEC61131-3 的软件模型是现代 PLC 的软件基础，是整个标准的基础性理论工具，它为传统的 PLC 突破原有的体系结构（即在一个 PLC 系统中安插多个 CPU 模块）和相应的软件设计奠定了基础。IEC61131-3 不仅在 PLC 系统中被广泛应用，在其他的工业计算机控制系统、工业编程软件中也得到了大量的应用，越来越多的 PLC 制造商都在尽量往该标准上靠拢。尽管由于受到硬件和成本等因素的制约，不同的 PLC 与 IEC61131-3 兼容程度有所不同，但这毕竟已成了一种趋势。

7. 通信联网功能的增强和易用化

在中、大型 PLC 控制系统中，需要多个 PLC 与智能仪器仪表连接成一个网络，进行信息交换。PLC 通信联网功能的增强使它更容易与 PC 和其他智能控制设备进行信息交换，使系统形成一个统一的整体，实现分散控制和集中管理。现在许多小型，甚至微型 PLC 的通信功能都十分强大。PLC 控制系统通信的介质一般为双绞线或光纤，具备常用的串行通信功能。在提供网络接口方面，PLC 向两个方向发展：一是提供直接接到现场总线网络中的接口，如 PROFIBUS、AS-i 等；二是提供 Ethernet 接口，使 PLC 直接接入以太网。

8. 软 PLC 的概念

所谓软 PLC（Soft PLC）就是在 Windows 操作环境下的 PC 平台上，用软件来实现 PLC 的功能，这个概念大概是在 20 世纪 90 年代中期提出来的。安装有组态软件的 PC 既然能完成人机界面的功能为何不把 PLC 的功能用软件来实现呢？PC 价格便宜，有很强的数学运算、数据处理、通信和人机交互的功能。如果软件功能完善，就可以利用这些软件方便地进行工业控制流程的实时和动态监控，完成报警、历史趋势和各种复杂的分布式的控制任务。在随后的几年，软 PLC 的发展也呈现了上升的势头，但后来软 PLC 并没有出现像人们希望的那样占据相当市场份额的局面，这是因为软 PLC 本身存在的一些缺陷。

① 软 PLC 对维护人员的要求较高。

② 电源故障对系统影响较大。

③ 在大多数的低端应用场合，软 PLC 没有优势。

④ 在可靠性和对工业环境的适应性方面，与 PLC 无法比拟。

⑤ PC 发展速度太快，技术支持不容易保证。

但随着技术和生产工艺的发展和提高，软 PLC 或许能逐步克服上述缺点。

9. PAC 的概念

在工业控制领域，对 PLC 的应用情况有一个 "80~20" 的法则，如下所示。

① 80%的 PLC 应用场合都使用简单的低成本的小型 PLC。

② 78%（接近 80%）的 PLC 都是使用开关量（或数字量）。

③ 80%的 PLC 应用场合使用 20 个左右的梯形图指令就可以解决问题。

其余 20%的应用要求或控制功能要求使用 PLC 无法轻松完成，而需要使用别的控制手段或 PC 配合其他手段来实现，所以一种结合 PLC 的高可靠性和 PC 的高级软件功能的新产品应运而生，这就是 PAC（Programmable Automation Controller），它是一种基于 PC 框架的控制器，包括了 PLC 的主要功能，以及 PC-based 控制中基于对象的、开放数据格式和网络连接等功能。其主要特点是使用标准的 IEC61131-3 编程语言、具有多控制任务处理能力兼具 PLC 和 PC 的优点。PAC 主要用来解决那些所谓的剩余 20%的问题，但现在一些高端 PLC 也具备了解决这些问题的能力，加之 PAC 是一种新的控制器，所以其市场还有待于开发和推动。

10. PLC 在现场总线控制系统中的位置

现场总线的出现标志着自动化技术步入了一个新的时代。现场总线（Field Bus）是一种安装在制造和生产区域的现场装置与控制室内的自动控制装置之间的数字式、串行、多点通信的数据总线，是当前工业自动化的热点之一。3C（Computer、Control、Communication）技术的迅猛发展使解决自动化信息孤岛的问题成为可能。采用开放化、标准化的解决方案，把不同厂家遵守同一协议规范的自动化设备连接成网络并组成系统已成为可能。现场总线采用总线通信的拓扑结构，整个系统嵌在全开放、全数字、全分散的控制平台上。从某种意义上说，现场总线技术给自动控制领域带来的变化是革命性的，如今现场总线技术已基本走向成熟化和实用化。现场总线控制系统其有以下优点。

① 节约硬件数量与成本、节约安装与维护费用。

② 提高了系统的控制精度和可靠性。

③ 提高了用户的自主选择权。

在现场总线控制系统 FCS（Field Bus Control System）中，增加了相关通信协议接口的 PLC，既可以作为主站成为 FCS 的主控制器，也可以作为智能化的从站实现分散式的控制，一些软 PLC 配合通信板卡也可以作为 FCS 的主站。

1.2　PLC 的基础知识

1.2.1　PLC 的特征

PLC 是专为工业环境下应用而设计的，以用户需要为主，采用了先进的微型计算机技术，具有以下几个显著特点。

1. 可靠性高、抗干扰能力强

PLC 选用了大规模集成电路和微处理器，使系统器件数大大减少，而且在硬件和软件的设计制造过程中采取了一系列隔离和抗干扰措施，使它能适应恶劣的工作环境，所以具有很高的可靠性。PLC 控制系统平均无故障工作时间可达到 2 万小时以上，高可靠性是 PLC 成为通用自动控制设备的首选条件之一。PLC 的使用寿命一般在 4 万~5 万小时以上，西门子、ABB 等品牌的微小型 PLC 寿命可达 10 万小时以上。在机械结构设计与制造工艺上，为使 PLC 更安全、可靠地工作，采取了很多措施以确保 PLC 耐振动、耐冲击、耐高温（有些产品的工作环境温度达 80℃~90℃）。另外，PLC 的软件与硬件采取了一系列提高可靠性和抗干扰能力的措施，如系统硬件模块冗余、光电隔离、掉电保护、对干扰的屏蔽和滤波、在运行过程中运行模块热插拔、设置故障检测与自诊断程序及其他措施等。

（1）硬件措施

PLC 的主要模块均采用大规模或超大规模集成电路，大量开关动作由无触点的电子存储器完成，I/O 系统设计有完善的通道保护和信号调理电路。

① 对电源变压器、CPU、编程器等主要部件，采用导电、导磁良好的材料进行屏蔽，以防外界干扰。

② 对供电系统及输入线路采用多种形式的滤波，如 LC 或 π 型滤波网络，以消除或抑制高频干扰，削弱各种模块之间的相互影响。

③ 对微处理器这个核心部件所需的+5V 电源，采用多级滤波，并用集成电压调节器进行调整，以适应交流电网的波动和过电压、欠电压带来的影响。

④ 在微处理器与 I/O 电路之间，采用光电隔离措施，有效地隔离 I/O 接口与 CPU 之间的联系，减少故障和误动作，各个 I/O 接口之间亦彼此隔离。

⑤ 采用模块式结构有助于在故障情况下短时修复。一旦查出某一模块出现故障，能迅速替换，使系统恢复正常工作，同时也有助于加快查找故障原因。

（2）软件措施

PLC 编程软件具有极强的自检和保护功能。

① 采用故障检测技术，软件定期地检测外界环境，如掉电、欠电压、锂电池电压过低及强干扰信号等，以便及时进行处理。

② 采用信息保护与恢复技术，当偶发性故障条件出现时，不破坏 PLC 内部的信息。一旦故障条件消失，就可以恢复正常，继续原来的程序工作。所以，PLC 在检测到故障条件时，立即把现状态存入存储器，软件配合对存储器进行封闭，禁止对存储器的任何操作，以防止存储信息被冲掉。

③ 设置警戒时钟 WDT，如果程序每循环执行时间超过了 WDT 的规定时间，预示了程序进入死循环，立即报警。

④ 加强对程序的检查和校验，一旦程序有错，立即报警，并停止执行。

⑤ 对程序集动态数据进行电池后备，停电后，利用后备电池供电，有关状态和信息就不会丢失。

2. 通用性强、控制程序可变、使用方便

PLC 品种齐全的各种硬件装置，可以组成能满足各种要求的控制系统，用户不必再自己设计和制造硬件装置。用户在硬件确定以后，在生产工艺流程改变或生产设备更新的情况下，不必改变 PLC 的硬件装置，只需要更改程序就可以满足要求。因此，PLC 除了应用于单机控制外，在工厂自动化中也被大量采用。

利用 PLC 实现对系统的各种控制是非常方便的。首先，PLC 控制逻辑的建立是通过程序来实现的，而不是通过硬件连线来实现的，更改程序比更改接线方便得多；其次，PLC 的硬件高度集成化，已集成为各种小型化、系列化、规格化、配套的模块。各种控制系统所需的模块，均可在市场上选购到各 PLC 生产厂家提供的丰富产品。因此，硬件系统配置与建造同样方便。

用户可以根据工程控制的实际需求，选择 PLC 主机单元和各种扩展单元进行灵活配置，提高系统的性价比，若生产过程对控制功能的要求提高，则 PLC 可以方便地对系统进行扩充，如通过 I/O 扩展单元来增加输入/输出点数，通过多台 PLC 之间或 PLC 与上位机的通信来扩展系统的功能；利用 CRT 屏幕显示进行编程和监控，便于修改和调试程序，易于诊断故障，缩短维护周期。设计开发在计算机上完成，采用梯形图（LAD）、语句表（STL）和功能块图（FBD）等编程语言，还可以利用编程软件相互转换，满足不同层次工程技术人员的需求。

目前，大多数 PLC 仍采用继电器控制形式的梯形图编程方式。这种方式既继承了传统控制线路的清晰直观的优点，又考虑到大多数工厂企业电气技术人员的读图习惯及编程水平，所以非常容易被读者接受和掌握。梯形图语言的编程元件符号和表达方式与继电器控制电路原理图相当接近。通过阅读 PLC 的用户手册或短期培训，电气技术人员和技术工人很快就能学会使用梯形图语音编制控制程序。另外，大多数 PLC 还提供了功能块图、语句表等编程语言。

3. 体积小、质量轻、能耗低、维护方便

PLC 是将微电子技术应用于工业设备的产品，其结构紧凑、坚固、体积小、质量轻、能耗低。PLC 具有很强的抗干扰能力，易于安装在各类机械设备的内部。例如，三菱公司的 FX_{2N}-48MR 型 PLC，其外形尺寸仅为 182mm×90mm×87mm，质量为 0.89kg，能耗为 25W，而且具有很好的抗震能力，适应环境温度、湿度变化的能力。在系统的配置上既固定又灵活，

输入/输出点数可达 24~128 点。另外，PLC 还具有故障检测和显示功能，使故障处理时间缩短为 10min，对维护人员的技术水平要求也不太高。

PLC 用软件来取代继电器控制系统中大量的中间继电器、时间继电器、计数器等器件，使控制柜的设计安装接线工作量大为减少。同时，PLC 的用户程序可以在实验室模拟调试，减少了现场的调试工作量。并且，PLC 的低故障率、很强的监视功能及模块化等特点，使维修极为方便。

4. 功能强大，灵活通用

现代 PLC 不仅具有逻辑运算、计时、计数、顺序控制等功能，还具有数字量和模拟量的输入/输出、功率驱动、通信、人机对话、自检、记录显示等功能，既可控制一台生产机械、一条生产线，又可控制一个生产过程。

PLC 的功能全面，几乎可以满足大部分工程生产自动化控制的要求。这主要是与 PLC 具有丰富的处理信息的指令系统及存储信息的内部器件有关。PLC 的指令多达几十条、几百条，不但可以进行各式各样的逻辑问题处理，还可以进行各种类型数据的运算。PLC 内存中的数据存储器种类繁多，容量宏大。I/O 继电器可以存储 I/O 信息，少则几十条、几百条，多达几千条、几万条，甚至十几万条。PLC 内部集成了继电器、计数器、计时器等功能，并可以设置成失电保持或失电不保持模式，以满足不同系统的使用要求。PLC 还提供了丰富的外部设备，可以建立友好的人机界面，进行信息交换。PLC 既可送入程序、送入数据，又可读出程序、读出数据。

PLC 不仅精度高，而且可以选配多种扩展模块、专用模块，功能几乎可以满足工业控制领域的所有需求。随着计算机网络技术的迅速发展，通信和联网功能在 PLC 的应用中越来越重要，将网络上层的大型计算机的强大数据处理能力和管理功能与现场网络中 PLC 的高可靠性结合起来，可以形成一种新型的分布式计算机控制系统。利用这种新型的分布式计算机控制系统，还可以实现远程控制和集散系统控制。

1.2.2 PLC 的特性

PLC 是一种专门为当代工业生产自动化而设计开发的数字运算操作系统。可以把它简单理解成，专为工业生产领域而设计的计算机。目前，PLC 已经广泛应用于钢铁、石化、机械制造、汽车、电力等行业，并取得了可观的经济效益。特别是在发达的工业化国家，PLC 已广泛应用于各个工业领域。随着性能价格比的不断提高，PLC 的应用领域还将不断扩大。因此，PLC 不仅拥有现代计算机所拥有的全部功能，同时还具有一些为适应工业生产而特有的功能。

1. 开关量逻辑控制

开关量逻辑控制是 PLC 的最基本功能，PLC 的输入/输出信号都是通/断的开关信号，而且输入/输出点数可以不受限制。在开关量逻辑控制中，PLC 已经完全取代了传统的继电器控制系统，实现了逻辑控制和顺序控制功能。目前，用 PLC 进行开关量控制涉及许多行业，如机场电气控制、电梯运行控制、汽车装配、啤酒灌装生产线等。

2. 运动控制

PLC 可用于直线运动或圆周运动的控制。目前，制造商已经提供了拖动步进电动机或伺服电动机的单轴或多轴位置控制模块，即把描述目标位置的数据送给模块，模块移动单轴或多轴到目标位置。当每个轴运动时，位置控制模块保持适当的速度和加速度，确保运动平稳。

PLC 还提供了变频器控制的专用模块，能够实现对变频电机的转差率控制、矢量控制、直接转矩控制、U/f 控制等。PLC 的运动控制功能广泛应用于各种机械，如金属切削机床、金属成形机械、装配机械、机器人、电梯等场合。

3. 闭环过程控制

过程控制是指对温度、压力、流量等连续变化的模拟量的闭环控制。PLC 通过模块进行 A/D、D/A 转换，能够实现对模拟量的控制，包括对稳定性、压力、流量、液位等连续变化的模拟量的 PID（proportion-integral-derivative，比例-积分-微分）控制。现代的大、中型 PLC 一般都有 PID 闭环控制功能，这一功能可以用 PID 子程序或专用的 PID 模块来实现。其 PID 闭环控制功能已经广泛应用于锅炉、冷冻、核反应堆、水处理、酿酒等领域。

4. 数据处理

现代的 PLC 具有数学运算（包括函数运算、逻辑运算、矩阵运算）、数据处理、排序和查表、位操作等功能，可以完成数据的采集、分析和处理，也可以和存储器中的参考数据相比较，并将这些数据传递给其他智能设备。支持顺序控制的 PLC 与数字控制设备紧密结合，可实现计算机数据控制（CNC）功能。数据处理一般用于大、中型控制系统中。

5. 通信联网

PLC 的通信包括 PLC 与 PLC 之间、PLC 与上位计算机及其他智能设备之间的通信。PLC 与计算机之间具有串行通信接口，利用双绞线、同轴电缆将它们连成网络，实现信息交换。PLC 还可以构成"集中管理，分散控制"的分布式控制系统。联网可以增大系统的控制规模，甚至可以实现整个工厂生产的自动化控制。

目前，PLC 控制技术已在世界范围内广为流行，国际市场竞争十分激烈，产品更新也很快，用 PLC 设计自动控制系统已成为世界潮流。PLC 作为通用自动控制设备，可用于单一机电设备的控制，也可用于工艺过程的控制，且控制精度高，操作简便，具有很强的灵活性和可扩展性。PLC 已广泛应用于机械制造、冶金、化工、交通、电子、电力、纺织，印刷及食品等行业。

1.2.3 PLC 的分类

PLC 产品种类繁多，其规格和性能也各不相同。PLC 通常按照结构形式、控制规模和功能进行大致的分类。

1. 按结构形式分类

PLC 按照其硬件的结构形式可分为整体式结构、模块式结构和叠装式结构三种。

（1）整体式结构

整体式结构的 PLC 是把中央处理单元、存储器、输入/输出单元、输入/输出扩展接口单元、外部设备接口单元和电源单元等集中在一个机箱内，输入/输出端子及电源进出接线端子分别设置在机箱的两侧。这种整体式结构的 PLC 具有输入/输出点数少、体积小等优点，适用于单体设备的开关量自动控制和机电一体化产品的开发应用等场合。

（2）模块式结构

模块式结构的 PLC 是把中央处理单元和存储器做成独立的组件模块，把输入/输出等单元做成相对独立的模块，然后组装在一个带有电源单元的机架或母板上。这种模块式结构的 PLC 具有输入/输出点数可自由配置、模块组合灵活等特点，适用于复杂过程控制的场合。

（3）叠装式结构

叠装式结构是将整体式和模块式结合起来的一种结构形式。它除了基本单元外，还有扩展模块和特殊功能模块，配置方便。叠装式结构集整体式结构和模块式结构的优点于一身，其结构紧凑、体积小、配置灵活、安装方便。

2. 按控制规模分类

PLC 的控制规模主要是指开关量的输入/输出（I/O）点数及模拟量的输入/输出路数。为了适应不同生产过程的应用要求，PLC 能够处理的输入/输出点数是不一样的，但主要还是以开关量的点数计数，模拟量的路数可以折算成开关量的点数。按照此项进行分类，主要包括小型、中型和大型。

（1）小型 PLC

小型 PLC 的 I/O 点数一般在 128 点以下，其中 I/O 点数小于 64 点的为超小型或微型 PLC。其特点是体积小、结构紧凑，整个硬件融为一体，除了开关量 I/O 以外，还可以连接模拟量 I/O 以及其他各种特殊功能模块。它能执行逻辑运算、定时、计数、算术运算、数据处理和传送、通信联网等各种应用指令。它的结构形式多为整体式。小型 PLC 产品应用的比例最高。

（2）中型 PLC

中型 PLC 的 I/O 点数一般在 256~2048 点，采用模块式结构，程序存储容量小于 13KB，可以完成较为复杂的系统控制。I/O 的处理方式除了采用 PLC 一般通用的扫描处理方式外，还能采用直接处理方式，通信联网功能更强，指令系统更丰富，内存容量更大，扫描速度更快。

（3）大型 PLC

大型 PLC 的 I/O 点数一般在 2048 点以上，采用模块式结构，程序存储容量大于 13KB。大型 PLC 的软、硬件功能极强，具有极强的自诊断功能，通信联网功能强，可与计算机构成集散型控制以及更大规模的过程控制，形成整个工厂的自动化网络，实现工厂生产管理自动化。

3. 按功能分类

（1）低档 PLC

低档 PLC 主要以逻辑运算为主，具有逻辑运算、定时、计数、移位以及自诊断、监控等基本功能，还可有少量的模拟量输入/输出、算术运算、数据传送和比较、通信等功能。一般用于单机或小规模过程控制。

（2）中档 PLC

中档 PLC 除了具有低档 PLC 的功能以外，还加强了对开关量、模拟量的控制，提高了数字运算能力，如算术运算、数据传送和比较、数值转换、远程 I/O、子程序等，并加强了通信联网功能。中档 PLC 可用于小型连续生产过程的复杂逻辑控制和闭环调节控制。

（3）高档 PLC

高档 PLC 除了具有中档 PLC 的功能以外，还增加了带符号算术运算、矩阵运算、位逻辑运算、平方根运算及其他特殊功能函数运算、制表及表格传送等功能。高档 PLC 进一步加强了通信联网功能，适用于大规模的过程控制。

1.3 PLC 的组成结构和工作原理

PLC 的工作原理是建立在计算机基础上的，故其 CPU 是以分时操作的方式来处理各项任务的，即串行工作方式，而继电器-接触器控制系统是实时控制的，即并行工作方式。那么如何让串行工作方式的计算机系统完成并行方式的控制任务呢？通过对可编程控制器的工作方式和工作过程的说明，可以理解 PLC 的工作原理。

1.3.1 PLC 的基本结构

PLC 是微型计算机技术和控制技术相结合的产物，是一种以微处理器为核心的用于控制的特殊计算机，因此，PLC 的基本组成与一般的微型计算机系统相似。

PLC 的种类繁多，但是其结构和工作原理基本相同。PLC 虽然专为工业现场应用而设计，但是其依然采用了典型的计算机结构，主要是由中央处理器（CPU）、储存器（EPRAM、ROM）、输入/输出单元、扩展 I/O 接口、电源等几大部分组成。小型 PLC 多为整体式结构，中、大型 PLC 则多为模块式结构。

如图 1-1 所示，对于整体式结构的 PLC，所有部件都装在同一机壳内。而模块式结构的 PLC 中的各相关部件独立封装成模块，各模块通过总线连接，安装在机架或导轨上（图 1-2）。无论是哪种结构类型的 PLC，都可根据用户需求进行配置和组合。

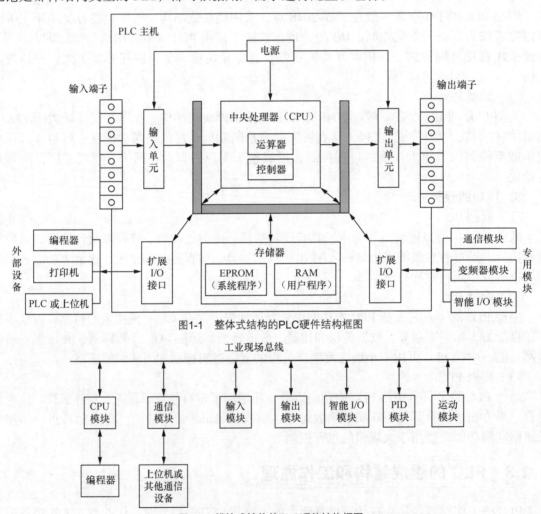

图1-1　整体式结构的PLC硬件结构框图

图1-2　模块式结构的PLC硬件结构框图

1. 中央处理器（CPU）

同一般的微型计算机一样，CPU 也是 PLC 的核心。PLC 中所配置的 CPU 可分为三类：通用微处理器（如 Z80、8086、80286 等）、单片微处理器（如 8031、8096 等）和位片式微处理器（如 AMD29W 等）。小型 PLC 大多采用 8 位通用微处理器和单片微处理器；中型 PLC 大多采用 16 位通用微处理器或单片微处理器；大型 PLC 大多采用高速位片式微处理器。

目前，小型 PLC 为单 CPU 系统，而中、大型 PLC 则大多为双 CPU 系统，其至有些 PLC 中配置了多达 8 个 CPU。对于双 CPU 系统，一般一个为字处理器，另外一个为位处理器。字处理器为主处理器，用于执行编程器接口功能，监视内部定时器、扫描时间，处理字节指令以及对系统总线和位处理器进行控制等。位处理器为从属处理器，主要用于位操作指令和实现 PLC 编程语言向机器语言的转换。位处理器的采用，提高了 PLC 的运行速度，使 PLC 更好地满足实时控制要求。

CPU 的主要任务包括：控制用户程序和数据的接收与存储；用扫描的方式通过 I/O 部件接收现场的状态或数据，并存入输入映像寄存器中；诊断 PLC 内部电路的工作故障和编程中的语法错误等；PLC 进入运行状态后，从存储器中逐条读取用户指令，经过命令解释后按指令规定的任务进行数据传递、逻辑或算术运算等；根据运算结果，更新有关标志位的状态和输出映像存储器的内容，再经输出部件实现输出控制、制表打印及数据通信等功能。

不同型号的 PLC 其 CPU 芯片是不同的，有些采用通用的 CPU 芯片，有些采用厂家自行设计的专用 CPU 芯片。CPU 芯片的性能关系到 PLC 处理控制信号的能力和速度，CPU 位数越高，系统处理的信息量越大，运算速度越快。PLC 的功能随着 CPU 芯片技术的发展而提高和增强。

在 PLC 中，CPU 按系统程序赋予的功能指挥 PLC 有条不紊地进行工作，归纳起来主要有以下几个方面。

① 接收从编程器输入的用户程序和数据。

② 诊断电源、PLC 内部电路的工作故障和编程中的语法错误等。

③ 通过输入接口接收现场的状态或数据，并存入输入映像寄存器或数据寄存器中。

④ 从存储器逐条读取用户程序，经过解释后执行。

⑤ 根据执行的结果，更新有关标志位的状态和输出映像寄存器的内容，通过输出单元实现输出控制。

2. 存储器

存储器主要有两种：可读/写操作的随机存储器 RAM；只读存储器 ROM、PROM、EPROM、EEPROM。PLC 的存储器由系统程序存储器、用户程序存储器和数据存储器三部分组成。

系统存储器用来存放由 PLC 生产厂家编写的系统程序，并固化在 ROM（只读存储器）内，用户不能直接更改。它使 PLC 具有基本的功能，能够完成 PLC 设计时规定的各项工作。系统程序质量的好坏，在很大程度上决定了 PLC 的运行。

① 系统管理程序。它主要控制 PLC 的运行，使整个 PLC 按部就班地工作。

② 用户指令解释程序。通过用户指令解释程序将 PLC 的编程语言变为机器语言指令，再由 CPU 执行这些指令。

③ 标准程序模块与系统调用，包括许多不同功能的子程序及其调用管理程序，如完成输入、输出及特殊运算等的子程序，PLC 的具体工作都是由这部分程序来完成的，这部分程序的多少也决定了 PLC 性能的高低。

用户程序存储器（程序区）和用户功能存储器（数据区）总称为用户存储器。用户程序存储器用来存放用户根据控制任务而编写的程序。用户程序存储器根据所选用的存储器单元类型的不同，可以使用 RAM（随机存储器）、EPROM（紫外线可擦除 ROM）或 EEPROM 存储器，其内容可以由用户任意修改或增减。用户功能存储器是用来存放用户程序中使用器件的状态（ON/OFF）/数值数据等。在数据区中，各类数据存放的位置都有严格的划分，每个存储单元有不同的地址编号。用户存储器容量的大小，关系到用户程序容量的大小，是反映 PLC 性能的重要指标之一。

用户程序是根据 PLC 的控制对象的需求编制的。由用户根据对象的生产工艺和控制要求而编制的应用程序。为了便于读出、检查和修改，用户程序一般存于 CMOS 静态 RAM 中，用锂电池作为后备电源，以保证掉电时不会丢失信息。为了防止干扰对 RAM 中程序的破坏，当用户程序经过运行确认正常后，不需要改变，可将其固化在只读存储器 EPROM 中。现在许多 PLC 直接采用 EEPROM 作为用户存储器。

工作数据是 PLC 运行过程中经常变化、经常存取的一些数据，存放在 RAM 中，以适应随机存取的要求。在 PLC 的工作数据存储器中，设有存放输入/输出继电器、辅助继电器、定时器、计数器等逻辑器件的存储区，这些器件的状态都是由用户程序的初始化设置和运行情况而确定的。根据需要，部分数据在掉电后，用后备电池维持其现有的状态，这部分在掉电时可保存数据的存储区域称为保持数据区。

3. 输入/输出单元

输入/输出单元通常也称为 I/O 单元，是 PLC 与工业生产现场之间的连接部件。PLC 通过输入接口可以检测被控对象的各种数据，以这些数据作为 PLC 对被控对象进行控制的依据；同时，PLC 又通过输出接口将处理后的结果送给被控制对象，以实现控制的目的。

由于外部输入设备和输出设备所需的信号电平是多种多样的，而 PLC 内部 CPU 处理的信息只能是标准电平，因此 I/O 接口要实现这种转换。I/O 接口一般都具有光电隔离和滤波功能，以提高 PLC 的抗干扰能力。另外，I/O 接口上通常还有状态指示灯，工作状况直观，便于维护。

输入/输出单元包含两部分：接口电路和输入/输出映像寄存器。接口电路用于接收来自用户设备的各种控制信号，如限位开关、操作按钮、选择开关及其他传感器的信号。通过接口电路将这些信号转换成 CPU 能够识别和处理的信号，并存入输入映像寄存器中。运行时，CPU 从输入映像寄存器读取输入信息并进行处理，将处理结果放到输出映像寄存器中。输入/输出映像寄存器由输出点相对的触发器组成，输出接口电路将其由弱电控制信号转换成现场需要的强电信号输出，以驱动电磁阀、接触器、指示灯等被控设备的执行元件。

PLC 提供了具有多种操作电平和驱动能力的 I/O 接口，有各种各样功能的 I/O 接口供用户选用。由于在工业生产现场工作，PLC 的输入/输出接口必须满足两个基本要求：抗干扰能力强和适应性强。输入/输出接口必须能够不受环境的温度、湿度、电磁、振动等因素的影响，同时又能够与现场各种工业信号相匹配。目前，PLC 能够提供的接口单元包括以下几种：数字量（开关量）输入接口、数字量（开关量）输出接口、模拟量输入接口、模拟量输出接口等。

（1）开关量输入接口

开关量输入接口把现场的开关量信号转换成 PLC 内部处理的标准信号。为防止各种干扰信号和高电压信号进入 PLC，影响其可靠性或造成设备损坏，现场输入接口电路一般都有滤波电路和耦合隔离电路。滤波电路有抗干扰的作用,耦合隔离电路有抗干扰及产生标准信号的作用。耦合隔离电路的关键器件是光耦合器,一般由发光二极管和光敏晶体管组成。

常用的开关量输入接口按使用电源类型的不同可分为直流输入接口电路(图 1-3)、交流/直流输入接口电路(图1-4)和交流输入接口电路(图1-5)。如图1-3所示,输入接口电路的电源可由外部提供,也可由 PLC 内部提供。

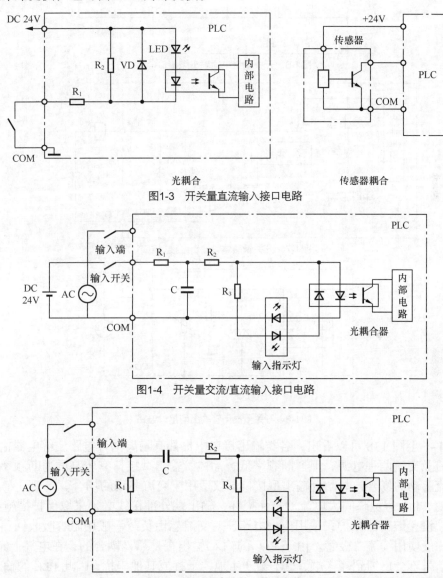

图1-3 开关量直流输入接口电路

图1-4 开关量交流/直流输入接口电路

图1-5 开关量交流输入接口电路

(2)开关量输出接口

开关量输出接口把 PLC 内部的标准信号转换成执行机构所需的开关量信号。开关量输出接口按 PLC 内部使用器件的不同可分为继电器输出型(图 1-6)、晶体管输出型(图 1-7)和晶闸管输出型(图 1-8)。每种输出电路都采用电气隔离技术,输出接口本身不带电源,电源由外部提供,而且在考虑外接电源时,还需考虑输出器件的类型。

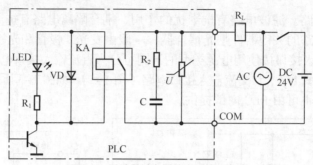

图1-6　开关量继电器输出型接口电路

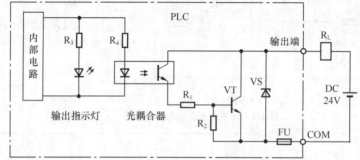

图1-7　开关量晶体管输出型接口电路

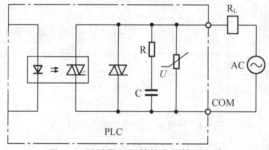

图1-8　开关量晶闸管输出型接口电路

从图 1-6 至图 1-8 可以看出，各类输出接口中也都有隔离耦合电路。继电器输出型接口可用于直流及交流两种电源，但通断频率低；晶体管输出型接口有较高的通断频率，但是只适用于直流驱动的场合，晶闸管输出型接口却仅适用于交流驱动的场合。

为了使 PLC 避免瞬间大电流冲击而损坏，输出端外部接线必须采取保护措施：在输入/输出公共端设置熔断器保护；采用保护电路，对交流感性负载一般用阻容吸收回路，对直流感性负载一般使用续流二极管。由于 PLC 的输入/输出端是靠光耦合的，在电气上完全隔离，输出端的信号不会反馈到输入端，也不会产生地线干扰或其他串扰，因此 PLC 的输入/输出端具有很高的可靠性和极强的抗干扰能力。

（3）模拟量输入接口

模拟量输入接口把现场连续变化的模拟量标准信号转换成适合 PLC 内部处理的数字信号。模拟量输入接口能够处理标准模拟量电压和电流信号。如图 1-9 所示，由于工业现场中模拟量信号的变化范围并不标准，每一路模拟量输入信号均需要经滤波转换器处理。模拟量信号输入后经多路转换开关，进行 A/D 转换，存入锁存器，再经光电隔离电路转换为 PLC 的数字信号后传至数据总线。

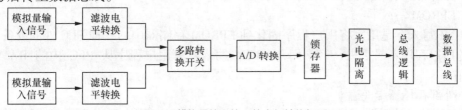

图1-9　模拟量输入接口的内部结构框图

（4）模拟量输出接口

如图 1-10 所示，模拟量输出接口将 PLC 运算处理后的数字信号转换成相应的模拟量信号输出，以满足工业生产过程中现场所需的连续控制信号的需求。模拟量输出接口一般包括光电隔离、D/A 转换、多路转换开关、输出保持等环节。

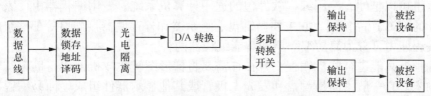

图1-10　模拟量输出接口的内部结构框图

4. 智能接口模块

智能接口模块是一个独立的计算机系统模块，它有自己的 CPU、系统程序、存储器、与 PLC 系统总线相连的接口等。智能接口模块是为了适应较复杂的控制工作而设计的，作为 PLC 系统的一个模块，通过总线与 PLC 相连，进行数据交换，如高速计数器工作单元、闭环控制模块、运动控制模块、中断控制模块、温度控制单元等。

5. 通信接口模块

PLC 配有多种通信接口模块，这些通信接口模块大多配有通信处理器。PLC 通过这些通信接口可与监视器、打印机、其他 PLC、计算机等设备实现通信。PLC 与打印机连接，可将过程信息、系统参数等输出打印；与监视器连接，可将控制过程图像显示出来；与其他设备连接，可组成多机系统或连成网络，实现更大规模的控制；与计算机连接，可组成多级分布式控制系统，实现控制与管理相结合。

6. 电源部件

电源部件的功能是将交流电转换成 PLC 正常运行的直流电。PLC 配有开关电源，小型整体式 PLC 内部有一个开关式稳压电源。电源一方面可为 CPU 板、I/O 板及控制单元提供工作电源（DC 5V）；另一方面可为外部输入元件提供 DC 24V（200mA）。与普通电源相比，PLC 电源的稳定性好、抗干扰能力强，对电网提供的电源稳定度要求不高，允许运行电源电压在其额定值±15%的范围内波动。PLC 电源一般使用的是 220V 的交流电源，也可以选配 380V 的交流电源。由于工业环境存在大量的干扰源，这就要求电源部件必须采取较多的滤波环节，还需要集成电压调整器以适应交流电网的电压波动，对过电压和欠电压都有一定的保护作用。另外，电源部件还需要采取较多的屏蔽措施来防止工业环境中的空间电磁干扰。常用的电源电路有串联稳压电路、开关式稳压电路和含有变压器的逆变式电路。

7. 其他部件

PLC 还可以选配的外部设备包括 EPROM 写入器、外部存储器卡（盒）、编程器、打印机、高分辨率大屏幕彩色图形监控系统和工业计算机等。

（1）EPROM 写入器

EPROM 写入器是用来将用户程序固化到 EPROM 存储器中的一种 PLC 外部设备。为了使调试好的用户程序不易丢失，经常用 EPROM 写入器将用户程序从 PLC 内的 RAM 保存到 EPROM 中。

（2）外部存储器卡（盒）

PLC 可用外部的磁带、磁盘和存储盒等来存储 PLC 的用户程序，这种存储器件称为外存储器。外存储器一般是通过编程器或其他智能模块提供的接口与内部存储器之间相互传递用户程序。

（3）编程装置

编程装置的作用是编制、编译、调试和监视用户程序，也可在线监控 PLC 内部状态和参数，与 PLC 进行人机对话。它是开发、应用、维护 PLC 不可或缺的工具。编程装置可以是专用编程器，也可以是配有专用编程软件包的通用计算机系统。专用编程器由厂家生产，专供该厂家生产的 PLC 产品使用，它主要由键盘、显示器和外存储器接插口等部件组成。专用编程器根据编程能力可分为简易编程器和智能编程器两种。

简易编程器只能进行联机编程，且往往需要将梯形图转化成机器语言助记符（指令表）后，才能输入。它一般由简易键盘和发光二极管或其他显示器件组成。简易编程器体积小、价格低，可以直接插在 PLC 的编程插座上，或通过专用电缆与 PLC 连接，以方便编程和调试。有些简易编程器带有存储盒，可用来存储用户程序，如三菱公司的 FX-20P-E 简易编程器。

智能编程器又称图形编程器，不仅可以联机编程，还可以脱机编程，具有 LCD 或 CRT 图形显示功能，也可以直接输入梯形图并通过屏幕进行交换。本质上它就是一台专用便携计算机，如三菱公司的 GP-80FX-E 智能编程器。智能编程器使用更加直观、方便，但价格较高，操作也比较复杂。大多数智能编程器带有磁盘驱动器，提供录音机接口和打印机接口。

目前，主流的编程方式为计算机组态软件。这是由于专用编程器（包括智能编程器和简易编程器）只能针对特定厂家的几种 PLC 进行编程，存在使用范围有限、价格较高的缺点。同时，由于 PLC 产品的不断更新换代，导致专用编程器的生命周期非常有限。因此，现在的趋势是使用以个人计算机为支撑的编程装置，用户只需购买 PLC 厂家提供的编程软件和应用的硬件接口装置。这样，用户只用较少的投资即可得到高性能的 PLC 程序开发系统。

如表 1-1 所示，PLC 编程可采用的 3 种方式分别具有各自的优缺点。

表 1-1　　　　　　　　　　　3 种 PLC 编程方式的比较

比较项目	类型		
	简易编程器	智能编程器	计算机组态软件
编程语言	语句表	梯形图	梯形图、语句表等
效率	低	较高	高
体积	小	较大	大（需要计算机连接）
价格	低	中	适中
适用范围	容量小、用量少产品的组态编程及现场调试	各类型产品的组态编程及现场调试	各类型产品的组态编程，不易于现场调试

8. 最小硬件配置

综上所述，PLC 主机在构成实际硬件系统时，至少需要建立两种双向信息交换通道。最基本的构造包括：CPU 模块、电源模块、输入/输出模块。PLC 通过不断地扩展模块，来实现各种通信、计数、运算等功能；通过人为灵活地变更控制规律，来实现对生产过程或某些工业参数的自动控制。

1.3.2　PLC 的软件构成

软件是 PLC 的"灵魂"。当 PLC 硬件设备搭建完成后，通过软件来实现控制规律，高效地完成系统调试。PLC 的软件系统包括系统程序和用户程序。系统程序是 PLC 设备运行的基本程序；用户程序使 PLC 能够实现特定的控制规律和预期的自动化功能。

1. 系统程序

系统程序是由 PLC 制造厂商设计编写的，并存入 PLC 的系统存储器中，用户不能直接读写与更改。系统程序一般包括系统诊断程序、输入处理程序、编译程序、信息传递程序、监控程序等。PLC 的系统程序有以下三种类型。

（1）系统管理程序

系统管理程序控制着系统的工作节拍，包括 PLC 运行管理（各种操作的时间分配）、存储器空间管理（生成用户数据区）和系统自诊断管理（如电源、系统出错、程序语法、句法检验等）。

（2）编译和解释程序

编译和解释程序将用户程序变成内码形式，以便对程序进行修改、调试。解释程序能将编程语言转变为机器语言，以便 CPU 操作运行。

（3）标准子程序与调用管理程序

为提高运行速度，在程序执行中某些信息处理（如 I/O 处理）或特殊运算等是通过调用标准子程序来完成的。

由于系统程序一般会固化在 PLC 硬件设备中，普通用户难以对系统程序进行修改升级，如果发现系统程序故障或功能无法满足使用要求时，用户需要联系厂家进行设备维修或升级。

2. 用户程序

控制一个任务或过程，是通过在 RUN 模式下，使主机循环扫描并连续执行用户程序来实现的，用户程序决定了一个控制系统的功能。程序的编制可以使用编程软件在计算机或其他专用编程设备（如图形输入设备、编程器等）中进行。

广义上的用户程序由 3 部分组成：数据块、参数块和用户程序（主程序）。

（1）数据块（DB）

数据块为可选部分，它主要存放控制程序运行所需的数据，在数据块中允许以下数据类型：布尔型，表示编程元件的状态；二进制、十进制或十六进制；字母、数字和字符型。

（2）参数块

参数块也是可选部分，它主要存放的是 CPU 的组态数据，如果在编程软件或其他编程工具上未进行 CPU 的组态，则系统以默认值进行自动配置。

（3）用户程序

PLC 的用户程序是用户利用 PLC 的编程语言，根据控制要求编制的程序。在 PLC 的应用中，最重要的是用 PLC 的编程语言编写用户程序，以实现控制目的。根据系统配置和控制要求编写的用户程序，是 PLC 应用于工程控制的一个最重要环节。

用编程软件在计算机上编程时，利用编程软件的程序结构窗口双击主程序、子程序和终端程序的图标，即可进入各程序块的编程窗口。编译时，编程软件自动对各程序段进行连接。

用户程序在存储器空间也称为组织块（OB），它处于最高层次，可以管理其他块，可采用各种语言（如 STL、LAD 或 FBD 等）进行编制。不同机型的 CPU，其程序空间容量也不同。用户程序的结构比较简单，一个完整的用户程序包含一个主程序（OB1）、若干子程序和若干中断程序 3 部分。不同的编程设备，对各程序块的安排方法也不同。PLC 程序结构示意图如图 1-11 所示。

图1-11　PLC程序结构示意图

PLC 是专门为工业控制而开发的装置，其主要使用者是广大电气技术人员，为了满足他们的传统习惯，PLC 的主要编程语言采用比计算机语言更为简单、易懂、形象的专用语言。PLC 的编程语言多种多样，不同的 PLC 厂家提供的编程语言也不尽相同。常用的编程语言包括以下几种。

（1）梯形图（LAD）

梯形图（LAD）编程语言是从继电器控制系统原理图的基础上演变而来的。PLC 的梯形图与继电器控制系统梯形图的基本思想是一致的，只是在使用符号和表达方式上有一定的区别。梯形图是使用最多的 PLC 编程语言，具有直观易懂的优点，很容易被工厂熟悉继电器控制的人员掌握，特别适用于数字量逻辑控制。

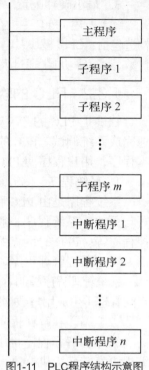

梯形图由触点、线圈和用方框表示的指令框组成。触点代表逻辑输入条件，如外部的开关、按钮和内部条件等。线圈通常代表逻辑运算的结果，常用来控制外部的指示灯、交流接触器和内部的标志位等。指令框用来表示定时器、计数器或数学运算等附加指令。使用编程软件可以直接生成和编辑梯形图，并将它下载到 PLC。

图 1-12 所示为简单的梯形图，触点和线圈等组成的独立电路称为网络（Network），编程软件自动为网络编号。与其对应的语句表如图 1-13 所示。

图1-12　梯形图

OB1：主程序

Network 1：启保停电路

```
A (
O    I    0.0
O    Q    4.0
)
AN   I    0.1
=    Q    4.0
```

Network 2：置位复位电路

```
A    I    0.2
S    M    0.0
A    I    0.3
R    M    0.0
A    M    0.0
=    Q    4.3
```

图1-13　语句表

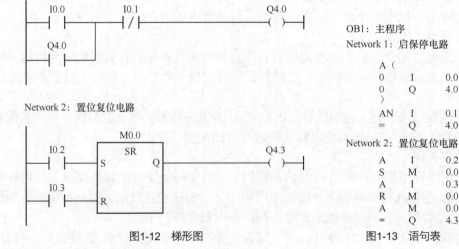

梯形图的一个关键概念是"能流"（Power Flow），这仅是概念上的"能流"。如图 1-12 所示，把左边的母线假想为电源的"火线"，而把右边的母线假想为电源的"零线"，如果有"能流"从左至右流向线圈，则线圈被激励；如果没有"能流"，则线圈未被激励。

"能流"可以通过激励（ON）的常开触点和未被激励（OFF）的常闭触点自左向右流动。"能流"在任何时候都不会通过触点自右向左流动。如图 1-12 所示，当 I0.0 和 I0.1 或 Q4.0 和 I0.1 触点都接通后，线圈 Q4.0 才能接通（被激励），只要其中一个触点不接通，线圈就不会接通。

要强调指出的是，引入"能流"的概念，仅仅是为了和继电器-接触器控制系统相比较，可以对梯形图有一个深入的认识，其实"能流"在梯形图中是不存在的。

梯形图中的触点和线圈可以使用物理地址，如 I0.1、Q4.0 等。如果在符号表中对某些地址定义了符号，如令 I0.0 的符号为"启动"，在程序中可用符号地址"启动"来代替物理地址 I0.1，使程序便以阅读和理解。

用户可以在网络号的右边加上网络的标题，在网络号的上面为网络加上注释。还可以选择在梯形图下面自动加上该网络中使用的符号信息（Symbol Information）。

如果将两块独立电路放在同一个网络内将会出错。如果没有跳转指令，网络中程序的逻辑运算按从左到右的方向执行，与"能流"的方向一致。网络之间按从上到下的顺序执行，执行完所有的网络后，下一次循环返回到最上面的网络（网络 1）重新开始执行。

（2）语句表（STL）

语句表（STL）编程语言类似于计算机中的助记符语言，它是 PLC 最基础的编程语言，用一个或几个容易记忆的字符来代表 PLC 的某种操作功能。它是一种类似于微型计算机的汇编语言中的文本语言，多条语句组成一个程序段。语句表比较适合经验丰富的程序员使用，可以实现某些不能用梯形图或功能块图表示的功能。图 1-13 所示为与图 1-12 梯形图所对应的语句表。

（3）功能块图（FBD）

功能块图（FBD）使用类似于布尔代数的图形逻辑符号来表示控制逻辑。一些复杂的功能（如数学运算功能等）用指令框来表示，有数字电路基础的人很容易掌握。功能块图用类似于与门、或门的方框来表示逻辑运算关系，方框的左侧为逻辑运算的输入变量，右侧为输出变量，输入、输出端的小圆圈表示"非"运算，方框被"导线"连接在一起，信号自左向右流动。

利用 FBD 可以查看到像普通逻辑门图形的逻辑盒指令。它没有梯形图编程器中的触点和线圈，但有与之等价的指令，这些指令是作为盒指令出现的，程序逻辑由这些盒指令之间的连接决定。也就是说，一条指令（如 AND 盒）的输出可以用来允许另一条指令（如定时器）执行，这样就可以建立所需要的控制逻辑。这样的连接思想可以解决范围广泛的逻辑问题。FBD 编程语言有利于程序流的跟踪，但在目前使用较少。与图 1-12 梯形图相对应的功能块图如图 1-14 所示。

OB1：主程序

Network 1：启保停电路

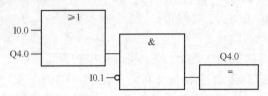

Network 2：置位复位电路

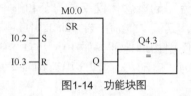

图1-14　功能块图

1.3.3　PLC 的工作原理

PLC 的工作原理是建立在计算机工作原理基础之上的，即通过执行反映控制要求的用户程序来实现的。PLC 控制器程序的执行是按照程序设定的顺序依次完成相应的电器的动作，PLC 采用的是一个不断循环的顺序扫描工作方式。每一次扫描所用的时间称为扫描周期或工作周期。CPU 从第一条指令执行开始，按顺序逐条地执行用户程序直到用户程序结束，然后返回到第一条指令，开始新一轮的扫描，PLC 就是这样周而复始地重复上述循环扫描过程的。

一般来说，当 PLC 开始运行后，其工作过程可以分为输入采样阶段、程序执行阶段和输出刷新阶段。完成上述三个阶段即称为一个扫描周期，如图 1-15 所示。

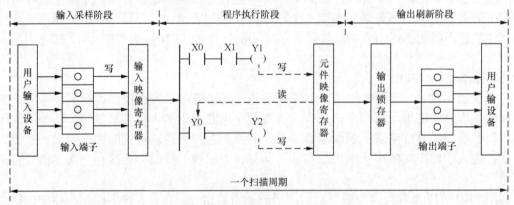

图1-15　PLC的扫描工作过程

1.　输入采样阶段

PLC 在输入采样阶段，首先扫描所有输入端子，并将各输入状态存入对应的输入映像寄存器中，此时，输入映像寄存器被刷新，接着进入程序执行阶段。在程序执行阶段或输出刷新阶段，输入元件映像寄存器与外界隔绝，无论输入信号如何变化，其内容均保持不变，直到下一个扫描周期的输入采样阶段才将输入端的新内容重新写入。

2.　程序执行阶段

PLC 根据梯形图程序扫描原则，按先左后右、先上后下的顺序逐行扫描，执行一次程序，并将结果存入元件映像寄存器中。如果遇到程序跳转指令，则根据跳转条件是否满足来决定程序的跳转地址。当指令中涉及输入、输出状态时，PLC 首先从输入映像寄存器"读入"上一阶段采样的对应输入端子状态，从元件映像寄存器"读入"对应元件的当前状态；然后进行相应的运算，运算结果再存入元件映像寄存器中。对于元件映像寄存器，每个元件（除输入映像寄存器外）的状态会随着程序的执行而发生变化。

3. 输出刷新阶段

在所有指令执行完毕后，输出映像寄存器中所有输出继电器的状态（"1"或"0"）在输出刷新阶段被转存到输出锁存器中，再通过一定的方式输出，驱动外部负载。

1.3.4　PLC 的工作过程

PLC 的工作方式是用串行输出的计算机工作方式实现并行输出的继电器-接触器工作方式。其核心手段就是循环扫描。每个工作循环的周期必须足够小以至于我们认为是并行控制。PLC 运行时，是通过执行反映控制要求的用户程序来完成控制任务的，需要执行众多的操作，但 CPU 不可能同时去执行多个操作，它只能按分时操作（串行工作）方式，每一次执行一个操作，按顺序逐个执行。由于 CPU 的运算处理速度很快，所以从宏观上来看，PLC 外部出现的结果似乎是同时（并行）完成的。这种循环工作方式称为 PLC 的循环扫描工作方式。

用循环扫描工作方式执行用户程序时，扫描是从第一条指令开始的，在无中断或跳转控制的情况下，按程序存储顺序的先后，逐条执行用户程序，直到程序结束。然后再从头开始扫描执行，周而复始重复运行。

如图 1-16 所示，从第一条程序开始，在无中断或跳转控制的情况下，按照程序存储的地址序号递增的顺序逐条执行程序，即按顺序逐条执行程序，直到程序结束；然后再从头开始扫描，并周而复始地重复进行。

PLC 运行的工作过程包括以下三部分。

第一部分是上电处理。PLC 上电后对 PLC 系统进行一次初始化工作，包括硬件初始化、I/O 模块配置运行方式检查、停电保持范围设定及其他初始化处理。

第二部分是扫描过程。PLC 上电处理完成后，进入扫描工作过程：先完成输入处理，再完成与其他外设的通信处理，进行时钟、特殊寄存器更新。因此，扫描过程又被分为三个阶段：输入采样阶段、程序执行阶段和输出刷新阶段。当 CPU 处于 STOP 方式时，转入执行自诊断检查。当 CPU 处于 RUN 方式时，还要完成用户程序的执行和输出处理，再转入执行自诊断检查，如果发现异常，则停机并显示报警信息。

第三部分是出错处理。PLC 每扫描一次，执行一次自诊断检查，确定 PLC 自身的动作示范正常，如 CPU、电池电压、程序存储器、I/O、通信等是否异常或出错，如检查出异常时，CPU 面板上的 LED 及异常继电器会接通，在特殊寄存器中会存入出错代码。当出现致命错误时，CPU 被强制为 STOP 方式，停止所有的扫描。

PLC 运行正常时，扫描周期的长短与 CPU 的运算速度、I/O 点的情况、用户应用程序的长短及编程情况等均有关。通常用 PLC 执行 1KB 指令所需要的时间来说明其扫描速度（一般为 1~10ms/KB）。值得注意的是，不同的指令其执行所需要的时间是不同的，从零点几微秒到上百微秒不等，故选用不同指令所用的扫描时间将会不同。若高速系统要缩短扫描周期时，可从软、硬件两个方面考虑。

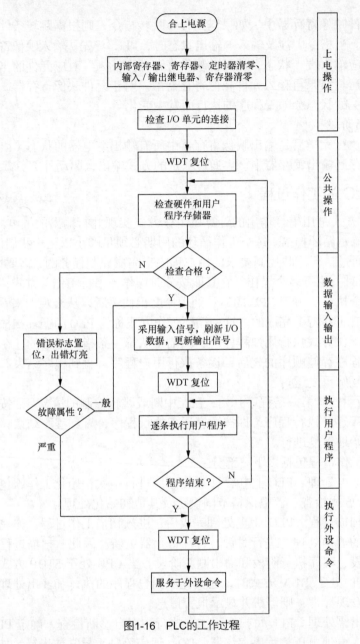

图1-16 PLC的工作过程

1.3.5 PLC 的 I/O 原则

根据 PLC 的工作原理和工作特征，可以归纳出 PLC 在处理 I/O 时的一般原则。

① 输入映像寄存器的数据取决于输入端子板上各输入点在上一刷新周期的接通和断开状态。

② 程序执行结果取决于用户所编程序和输入/输出映像寄存器的内容及其他各元件映像寄存器的内容。

③ 输出映像寄存器的数据取决于输出指令的执行结果。

④ 输出锁存器中的数据，由上一次输出刷新期间输出映像寄存器中的数据决定。

⑤ 输出端子的接通和断开状态，由输出锁存器决定。

综上所述，外部信号的输入总是通过 PLC 扫描由"输入传送"来完成的，这就不可避免地带来了"逻辑滞后"。PLC 能像计算机那样采用中断输入的方法，即当有中断申请信号输入后，系统会中断正在执行的程序而转去执行相关的中断子程序；系统有多个中断源时，按重要性有一个先后顺序的排队；系统能由程序设定允许中断或禁止中断。

1.4 西门子 S7 系列 PLC 产品介绍

德国西门子公司生产的 PLC 在我国的应用非常广泛，在冶金、化工、印刷生产线等领域都有应用。S7 系列是德国西门子公司于 1995 年陆续推出的性价比较高的 PLC 产品，包括 S7-200、S7-300、S7-400、S7-1500 等。其中，S7-200 为整体结构的微型（超小型）PLC，S7-300 为模块式小型 PLC，S7-400 为模块式中型高性能 PLC，S7-1500 是一款紧凑型、模块式的 PLC。由于第 2 章将详细介绍 S7-200 的结构组成，本节仅介绍 S7-300/400 和 S7-1500 的特点。

1.4.1 S7-300/400 系列 PLC

S7-300 系列为中、小型 PLC，最多可扩展 32 个模块；而中、高档性能的 S7-400 系列（图 1-17），最多可扩展 300 多个模块。S7-300/400 系列 PLC 均采用模块式结构，各种单独模块之间可以进行广泛组合和扩展。它的主要组成部分有机架（或导轨）、电源（PS）模块、中央处理单元（CPU）模块、接口模块（IM）、信号模块（SM）、功能模块（FM）和通信处理器（CP）模块。品种繁多的 CPU 模块、信号模块和功能模块能满足各种领域的自动控制任务，用户可以根据系统的具体情况选择合适的模块，维修时更换模块也很方便。当系统规模扩大和更为复杂时，可以增加模块，对 PLC 进行扩展。简单实用的分布式结构和强大的通信联网能力，使其应用十分灵活。近年来，它被广泛应用于机床、纺织机械、包装机械、通用机械、控制系统、楼宇自动化、电器制造工业及相关产业等诸多领域。

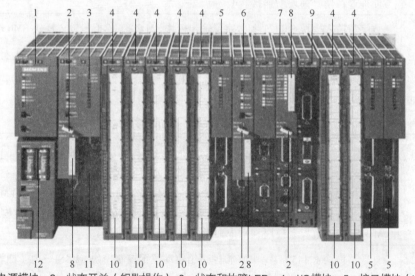

1—电源模块；2—状态开关（钥匙操作）；3—状态和故障LED；4—I/O模块；5—接口模块（IM）；
6—CPU2；7—FM 456-4（M7）应用模块；8—存储器卡；9—M7扩展模块；
10—带标签的前连接器；11—CPU1；12—后备电池
图1-17　S7-400系列PLC（CR2机架）

SIMATIC S7-300/400 系列 PLC 提供了多种不同性能的 CPU 模块,以满足用户不同的要求,如表 1-2 所示。各种 CPU 有不同的性能,如有的 CPU 模块集成有数字量和模拟量输入/输出点,有的 CPU 集成有 PROFIBUS-DP 等通信接口。CPU 模块前面板上有状态故障指示灯、模式开关、24V 电源端子、电池盒与存储器模块盒(有的 CPU 没有)等。

表 1-2   S7-300/400 系列 PLC 的 CPU

PLC 类别	CPU 介绍
S7-300	S7-300 PLC 的 CPU 模块种类有 CPU312 IFM、CPU313、CPU314、CPU315、CPU315-2DP 等。CPU 模块除了完成执行用户程序的主要任务外,还为 S7-300 PLC 背板总线提供 DC 5V 电源,并通过 MPI 与其他 CPU 或编程装置通信
S7-400	S7-400 PLC 的 CPU 模块种类有 CPU412-1、CPU413-1/413-2 DP、CPU414-1/414-2 DP、CPU416-1 等。S7-400 PLC 的 CPU 模块都具有实时时钟功能、测试功能、内置两个通信接口等特点

信号模块是数字量输入/输出模块和模拟量输入/输出模块的总称,它们使不同的过程信号电压或电流与 PLC 内部的信号电平匹配,S7-300/400 系列 PLC 的信号模块如表 1-3 所示。

表 1-3   S7-300/400 系列 PLC 的信号模块

PLC 类别	信号模块介绍
S7-300	数字量输入模块 SM321 和数字量输出模块 SM322,数字量输入/输出模块 SM323、模拟量输入模块 SM331、模拟量输出模块 SM332 及模拟量输入/输出模块 SM334 和 SM335。模拟量输入模块可以输入热电阻、热电偶、DC 4～20mA 和 DC 0～10V 等多种不同类型和不同量程的模拟信号。每个信号模块都配有自编码的螺栓锁紧型前连接器,外部过程信号可方便地连在信号模块前连接器上
S7-400	数字量输入模块 SM421 和数字量输出模块 SM442,模拟量输入模块 SM431 和模拟量输出模块 SM432

功能模块主要用于实时性强、存储计数量较大的过程信号处理任务,S7-300/400 系列 PLC 的功能模块如表 1-4 所示。

表 1-4   S7-300/400 系列 PLC 的功能模块

PLC 类别	功能模块介绍
S7-300	计数器模块 FM350-1/2 和 CM35、快速/慢速进给驱动位置控制模块 FM351、电子凸轮控制器模块 FM352、步进电动机定位模块 FM353、伺服电动机定位模块 FM354、定位和连续路径控制模块 FM338、闭环控制模块 FM355 和 FM355-2/2C/2S、称重模块 SIWAREX U/M 和智能位置控制模块 SINUMERIK FM-NC 等
S7-400	计数器模块 FM450-1、快速/慢速进给驱动位置控制模块 FM451、电子凸轮控制器模块 FM452、步进电动机和伺服电动机定位模块 FM453、闭环控制模块 FM455、应用模块 FM458-1DP 和 S5 智能 I/O 模块等

1.4.2　S7-1500 系列 PLC

S7-1500 是 S7-300/400 的升级换代产品。S7-1500 与 S7-300/400 的程序结构相同，用户程序由代码块和数据块组成。代码块包括组织块、函数和函数块，数据块包括全局数据块和背景数据块。S7-1500 与 S7-300/400 的指令有较大的区别。S7-1500 的指令包含了 S7-300/400 的库中的某些函数、函数块、系统函数和系统函数块。

S7-1500 的 CPU 均有 PROFINET 以太网接口，通过该接口可以与计算机、人机界面、PROFINET I/O 设备和其他 PLC 进行通信，并支持多种通信协议。S7-1500 还可以实现 PROFIBUS-DP 通信。S7-1500 不是通过扩展机架，而是通过分布式 I/O 进行扩展的。S7-1500 有标准型、工艺型、紧凑型、高防护等级型、分布式和开放式、故障安全型 CPU 和基于 PC 的软控制器，CPU 带有显示屏。ET 200SP CPU 兼备 S7-1500 的功能，其身形小巧、价格便宜。

S7-1500 带有 3 个 PROFINET 接口。其中，两个端口具有相同的 IP 地址，适用于现场级通信；第三个端口具有独立的 IP 地址，可集成到公司网络中。通过 PROFINET IRT，可定义响应时间并确保高度精准的设备性能。

S7-1500 中提供一种更为全面的安全保护机制，包括授权级别、模块保护及通信的完整性等各个方面。"信息安全集成"机制除了可以确保投资安全，还可以持续提高系统的可用性。加密算法可以有效防范未经授权的访问和修改。这样可以避免机械设备被仿造，从而确保投资安全。可通过绑定 SIMATIC 存储卡或 CPU 的序列号，确保程序无法在其他设备中运行。这样程序就无法复制，而且只能在指定的存储卡或 CPU 上运行。访问保护功能提供一种全面的安全保护功能，可防止未经授权的项目计划更改。为各个用户组分别设置访问密码，确保其具有不同级别的访问权限。此外，安全的 CP1543-1 模块的使用，更是加强了集成防火墙的访问保护。系统对传输到控制器的数据进行保护，防止对其进行未经授权的访问。控制器可以识别发生变更的工程组态数据或来自陌生设备的工程组态数据。

S7-1500 中集成有诊断功能，无须再进行额外编程。统一的显示机制可将故障信息以文本方式显示在 TIA、HMI、Web server 和 CPU 的显示屏上。只需简单一击，无须额外编程操作，即可生成系统诊断信息。整个系统中集成有包含软、硬件在内的所有诊断信息。无论是在本地还是通过 Web 远程访问，文本信息和诊断信息的显示都完全相同，从而确保所有层级上的投资安全。接线端子/LED 标签的 1 : 1 分配，在测试、调试、诊断和操作过程中，通过对端子和标签进行快速便捷的显示分配，节省了大量操作时间。发生故障时，可快速准确地识别受影响的通道，从而缩短了停机时间，并提高了工厂设备的可用性。TRACE 功能适用于所有 CPU，不仅增强了用户程序和运动控制应用诊断的准确性，同时还极大优化了驱动装置的性能。

S7-1500 可将运动控制功能直接集成到 PLC 中，而无须使用其他模块。通过 PLCopen 技术，控制器可使用标准组件连接支持 PROFIdrive 的各种驱动装置。此外，S7-1500 还支持所有 CPU 变量的 TRACE 功能，提高了调试效率的同时还极大优化了驱动装置和控制器的性能。通过运动控制功能可连接各种模拟量驱动装置以及支持 PROFIdrive 的驱动装置。同时该功能还支持转速轴和定位轴。其运动控制功能最多支持 20 个速度控制轴、定位轴和外部编码器，有高速计数和测量功能。S7-1500 CPU 集成的 PID 控制器有 PID 参数自整定功能，PID 3 步（3-step）控制器是脉冲宽度控制输出的控制器，此外还有适用于带积分功能的外部执行器（如阀门）的 PI 步进控制器。

如图 1-18 所示，S7-1500 采用模块式结构，各种功能皆具有可扩展性。每个控制器中都包含有以下组件：CPU（自带液晶显示屏），用于执行用户程序；一个或多个电源；信号模块，用作输入/输出；相应的工艺模块和通信模块。

图1-18　S7-1500系列PLC

1.5　本章小结

本章简述了 PLC 的基本知识，主要包括 PLC 的概况、基础知识、基本结构以及部分西门子 S7 系列 PLC 产品的特点。

本章的重点是了解 PLC 的关键技术，难点是熟练地掌握 PLC 的工作原理和工作过程。

通过本章的学习，读者对 PLC 有了一定程度的理解，为后续的设计开发打下坚实的基础。

第2章 S7-200 系列 PLC 的硬件系统

德国西门子公司生产的 S7-200 系列可编程控制器（PLC）是一种小型的 PLC，它以结构紧凑、价格低廉、指令功能强大、扩展性良好和功能模块丰富等优点普遍受到用户的好评，成为当代各种中、小型控制工程的理想设备。

2.1 西门子 S7-200 系列 PLC 概述

S7-200 系列 PLC 一经推出就受到了广大技术人员的关注和青睐。S7-200 系列 PLC 从生产至今已经经历了两代产品的发展。

第一代产品的 CPU 模块为 CPU21*，主机都可以扩展，它有 CPU212、CPU214、CPU215 和 CPU216 等 4 种不同结构配置的 CPU 单元，不过现在已经停止生产。

第二代产品的 CPU 模块为 CPU22*，它具有速度快、通信能力强的特点，有 5 种不同的 CPU 结构配置单元。

S7-200 推出的 CPU22*系列 PLC（它是 CPU21*的替代产品）系统具有多种可供选择的特殊功能模块和人机界面（HMI），所以其系统容易集成，并且可以非常方便地组成 PLC 网络。它同时拥有功能齐全的编程和工业控制组态软件，因此，在设计控制系统时更加方便、简单，可以完成大部分功能的控制任务。

如图 2-1 所示，S7-200 系列 PLC 的完整系统主要由以下几个部分组成。

1. 基本单元

基本单元可以称为 CPU 模块，有的又称为主机或本机。CPU 模块包括 CPU、存储器、基本输入/输出（即 I/O）点和电源等，是 PLC 的主要部分。实际上，CPU 模块就相当于一个完整的控制系统，因为它可以单独完成特定的控制任务。

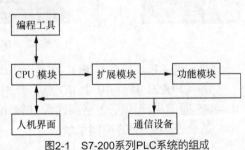

图2-1 S7-200系列PLC系统的组成

2. 扩展单元

S7-200 CPU22*系列 PLC 具有 2～7 个扩展模块，用户可以根据需要扩展各种 I/O 模块。

3. 特殊功能模块

当完成某些特殊功能的控制任务时，需要用到特殊功能模块。它是完成某种特殊控制任务的装置。常见的模块有：通信模块、位置控制模块、热电阻和热电偶扩展模块。

4. 相关设备

为了充分利用系统硬件和软件资源，一些相关设备被开发出来，主要包括编程设备、人机操作界面等。

5. 工业软件

工业软件是指为了能够更好地管理和使用以上设备而开发的配套程序。它主要由标准工具、工程工具、运行软件和人机接口软件等几大类组成。

2.2 S7-200 系列 PLC 的主机与存储

S7-200 系列 PLC 由于带有部分输入/输出单元，既可以单机运行，又可以扩展其他模块运行。其特点是结构简单，体积较小，具有比较丰富的指令集，能实现多种控制功能，具有非常高的性价比，所以广泛应用于各个行业之中。

S7-200 系列 PLC 属于小型机，采用整体式结构。因此，配置系统时，当输入/输出端口数量不足时，可以通过扩展端口来增减输入/输出的数量，也可以通过扩展其他模块的方式来实现不同的控制功能。

2.2.1 主机

CPU22*系列 PLC 的主机模块的外形图如图 2-2 所示。该模块包括一个 CPU、数字 I/O、通信口及电源，这些器件都被集成到一个紧凑独立的设备中。该模块的主要功能为：采集的输入信号通过 CPU 运算后，将生成的结果传给输出装置，然后输出点输出控制信号，驱动外部负载。

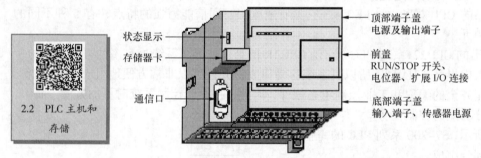

图2-2　CPU22*系列PLC主机模块的外形

S7-200 CPU22*系列 PLC 具有以下 5 种不同 CPU 的结构配置。

① CPU221 共有 10 个 I/O 点，分别为 6 个输入点和 4 个输出点；没有扩展能力；有 1 个 RS-485 通信/编程口，2 路高速脉冲输出，4 路高速计数器（30kHz）。其程序和数据存储量较小，适合于点数少的控制系统。

② CPU222 共有 14 个 I/O 点，分别为 8 个输入点和 6 个输出点；1 个模拟量电位器，最多可以扩展 10 个 AI/AQ 点；1 个 RS-485 通信/编程口，2 路高速脉冲输出，4 路高速计数器（30kHz）；4KB 用户程序区和 2KB 数据存储区，可以进行一定模拟量的控制和 2 个模块的扩展，2 个独立的输入端可同时做加、减计数，可连接 2 个相位差为 90°的 A/B 相增量编码器。因此，CPU222 是应用更广泛的全功能控制器。

③ CPU224 共有 24 个 I/O 点，分别具有 14 个输入点和 10 个输出点；2 个模拟量电位器，最大可扩展 35 个 AI/AQ 点；1 个 RS-485 通信/编程口，2 路高速脉冲输出，6 路高速计数器（30kHz），具有与 CPU221/222 相同的功能。与前两种 CPU 相比，其存储容量和扩展能力有很大的提高，存储容量扩大了一倍，有 7 个模块可以扩展。它具有更强的模拟量处理能力。因

此，CPU224 是 S7-200 系列产品中使用最多的。

④ CPU226 共有 40 个 I/O 点，分别为 24 个输入点和 16 个输出点；2 个模拟量电位器，最多可扩展 35 个 AI/AQ 点；2 个 RS-485 通信/编程口，2 路高速脉冲输出，6 路高速计数器（30kHz）；8KB 用户程序区和 5KB 数据存储区。与 CPU224 相比，增加了通信口的数量，通信能力大大增强。它主要用于点数较多、要求较高的小型或中型控制系统中。

⑤ CPU226XM 是西门子公司继 CPU226 之后推出的一种增强型主机，主要在用户程序存储容量和数据存储容量上进行了扩展，其他指标与 CPU226 相同。

2.2.2　存储系统

S7-200 系列 PLC 的存储系统由 RAM 和 EEPROM 两种类型的存储器构成，如图 2-3 所示。CPU 模块内部配备了一定容量的 RAM 和 EEPROM。同时，S7-200 系列 PLC 的 CPU 模块支持可选的 EEPROM 存储器卡。CPU 模块内部的超级电容和电池模块用于长时间地保存数据，用户数据可通过主机的超级电容存储数天。如果选择电池模块的话，数据的存储时间会变得更长。S7-200 系列 PLC 的 CPU 规格如表 2-1 所示。

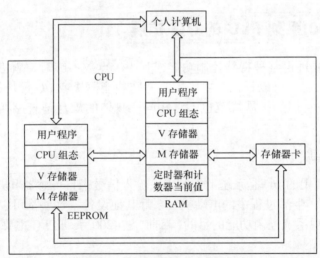

图2-3　PLC存储系统的组成示意图

表 2-1　　　　　　　　　　　　　S7-200 系列 PLC 的 CPU 规格

主机 CPU 类型	CPU221	CPU222	CPU224	CPU226	CPU226XM
外形尺寸（mm × mm × mm）	90 × 80 × 62	90 × 80 × 62	120.5 × 80 × 62	190 × 80 × 62	190 × 80 × 62
用户程序区（Byte）	4096	4096	8192	8192	16384
数据存储区（Byte）	2048	2048	5120	5120	10240
掉电保持时间（h）	50	50	190	190	190
本机 I/O	6 入/4 出	8 入/6 出	14 入/10 出	24 入/16 出	24 入/16 出
扩展模块数量	0	2	7	7	7

续表

主机 CPU 类型		CPU221	CPU222	CPU224	CPU226	CPU226XM
高速计数器	单相（kHz）	30（4路）	30（4路）	30（6路）	30（6路）	30（6路）
	双相（kHz）	20（2路）	20（2路）	20（4路）	20（4路）	20（4路）
直流脉冲输出（kHz）		20（2路）	20（2路）	20（2路）	20（2路）	20（2路）
模拟电位器		1	1	2	2	2
实时时钟		配时钟卡	配时钟卡	内置	内置	内置
通信口		1 RS-485	1 RS-485	1 RS-485	2 RS-485	2 RS-485
浮点数运算		有				
I/O 映像区		256（128 入/128 出）				
布尔指令执行速度		0.37μs/指令				

2.3 S7-200 系列 PLC 的 I/O 扩展

当 CPU 主机需要进行某种特殊控制功能或其 I/O 点数不够时，就需要对特殊功能模块或 I/O 模块进行扩展，用户可以根据需要来控制特殊功能模块或 I/O 模块的个数。不同的 CPU 由于受其功能限制，它们的扩展规范也不尽相同。具体的规范请查阅西门子公司提供的操作手册。

2.3.1 扩展模块

S7-200 系列 PLC 中的 I/O 是系统的控制点：输入信号来自传感器和开关等现场设备，而输出信号则控制生产、生活过程中的电动机、泵等其他设备，这些都可以使用主机 I/O 和扩展 I/O 模块来达到实现系统控制功能的目的。目前，S7-200 系列 PLC 主要有 3 大类扩展模块，具体介绍如下。

（1）I/O 扩展模块

S7-200 系列 PLC 的 CPU 为用户提供了一定数量的 I/O 点，但是如果用户需要多于 CPU 单元的 I/O 点时，就要用到扩展模块的 I/O 点。S7-200 系列 PLC 中各个 CPU 的 I/O 扩展模块数量如表 2-2 所示。

表 2-2　　　　　　S7-200 系列 PLC 中各个 CPU 的 I/O 扩展模块数量

CPU 类型	CPU221	CPU222	CPU224	CPU226
I/O 扩展模块数量	无	2	7	7

S7-200 系列 PLC 为用户提供了 5 大类扩展模块，如下所示。

① 数字量输入扩展模块 EM221（8 路扩展输入）。

② 数字量输出扩展模块 EM222（8 路扩展输出）。

③ 数字量输入和输出混合扩展模块 EM223（8 输入/输出，16 输入/输出，32 输入/输出）。

④ 模拟量输入扩展模块 EM231，每个 EM231 可扩展 3 路模拟量输入通道，A/D 转换时

间为25μs，分辨率为12位。

⑤ 模拟量输入和输出混合扩展模块EM235，每个EM235可同时扩展3路模拟量输入通道和1路模拟量输出通道，其中A/D转换时间为25μs，D/A转换时间为100μs，它们的分辨率都为12位。

2.3　PLC 的 I/O 扩展

（2）热电偶/热电阻扩展模块

热电偶、热电阻扩展模块（EM231）是为CPU222、CPU224和CPU226设计的，其中S7-200系列PLC与热电偶、热电阻的连接设备有隔离接口。用户可以通过模块上的DIP开关来选择热电偶或热电阻的类型、连接方式、测量单位和开路故障的方向。

（3）通信扩展模块

S7-200系列PLC除了CPU集成有通信口以外，还可以根据用户的需要通过通信扩展模块连接更大的网络。S7-200系列PLC目前具有两种通信扩展模块，它们是PROFIBUS-DP扩展从站模块（EM227）和AS-i接口扩展模块（CP243-2）。

2.3.2　点数扩展和编址

CPU22*系列的每种主机所提供的本机I/O点的I/O地址都是固定的，进行扩展是在CPU右边连接多个扩展模块，每个扩展模块的组态地址取决于各个模块的类型和该模块在I/O链中所处的位置。

编址就是对输入/输出模块上的I/O点进行编号，以便程序执行时可以准确地识别每个I/O点。其方法是同种类型输入或输出点的模块在链中按主机的位置而递减，其他类型的模块有无及所处的位置都不影响本类型模块的编号，方法如下。

① 数字量I/O点的编址是以字长为单位的，采用标志域（I或Q）、字节号和位号3个部分的组成形式，在字节号和位号之间以点分隔，习惯上称为字节位编址。这样，每个I/O点都有了一个唯一的识别地址，数字量I/O点的编址方法如表2-3所示。

表2-3　　　　　　　　　　　　　数字量I/O点的编址方法

Q	1	"."	5
标志域（数字量输出Q、数字量输入I）	字节地址	字节号和位号的分隔点	字节中位的编号（0~7）

② 模拟量I/O点的编址是以字长（16位）为单位的。在读/写模拟量信息时，模拟量I/O点以字节为单位进行读/写。模拟输入只能进行读操作，而模拟输出只能进行写操作，每个模拟量I/O点都是一个模拟端口。模拟端口的地址由标志域（AI/AQ）、数据长度标志（W）及字节地址（0~30之间的十进制偶数）组成。模拟端口的地址从0开始，以2递增（如AIQ0、AIW2、AIW4等），对模拟端口奇数编址是不允许的，模拟量I/O点的编址方法如表2-4所示。

表2-4　　　　　　　　　　　　　模拟量I/O点的编址方法

AI	W	8
标志域（模拟量输出AQ、模拟量输入AI）	数据长度（字）	字节地址（0、2、4…）

③ 扩展模块的编址是由扩展模块I/O端口的类型及其在扩展I/O链中的位置来决定的。扩展模块的编址按照由左至右依次排序。扩展模块的数字量I/O点的编址以"字节.位"为编址形式，扩展模块的模拟量I/O点的编址仍以字长（16位）为单位。

因为 S7-200 系列 PLC 有 5 种 CPU（CPU221、CPU222、CPU224、CPU226 及 CPU226XM）。其中 CPU226XM 与 CPU226 基本相同。因此，S7-200 共有 4 种配置。S7-200 系列 PLC 的 I/O 点的编址如表 2-5 所示。

表 2-5   S7-200 系列 PLC 的 I/O 点的编址

信息类型	CPU221	CPU222	CPU224	CPU226
I_数字量输入	0.0 ~ 15.7	0.0 ~ 15.7	0.0 ~ 15.7	0.0 ~ 15.7
Q_数字量输出	0.0 ~ 15.7	0.0 ~ 15.7	0.0 ~ 15.7	0.0 ~ 15.7
M_中间标志位	0.0 ~ 31.7	0.0 ~ 31.7	0.0 ~ 31.7	0.0 ~ 31.7
C_计数器	0 ~ 255	0 ~ 255	0 ~ 255	0 ~ 255
T_定时器	0 ~ 255	0 ~ 255	0 ~ 255	0 ~ 255
AIW_模拟输入字	—	0 ~ 30	0 ~ 30	0 ~ 30
AQW_模拟输出字	—	0 ~ 30	0 ~ 30	0 ~ 30

下面举例说明 I/O 点的编址。例如，某一控制系统选用 CPU224，系统所需的输入/输出各点数位为数字量输入 24 点、数字量输出 20 点、模拟量输入 6 点和模拟量输出 2 点。系统可由多种不同模块进行组合，并且各个模块在 I/O 链中的位置排列方式也可能有多种。图 2-4 所示为其中一种模块连接方式，表 2-6 所示为其对应的各模块的编址情况。

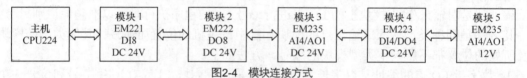

图2-4 模块连接方式

表 2-6   与图 2-4 对应的各模块编址

主机 I/O	模块 1 I/O	模块 2 I/O	模块 3 I/O	模块 4 I/O	模块 5 I/O
I0.0 Q0.0					
I0.1 Q0.1					
I0.2 Q0.2	I2.0	Q2.0			
I0.3 Q0.3	I2.1	Q2.1			
I0.4 Q0.4	I2.2	Q2.2			
I0.5 Q0.5	I2.3	Q2.3	AIW0 AQW0	I3.0 Q3.0	AIW8
I0.6 Q0.6	I2.4	Q2.4	AIW2	I3.1 Q3.1	AQW2
I0.7 Q0.7	I2.5	Q2.5	AIW4	I3.2 Q3.2	AIW10
I1.0 Q1.0	I2.6	Q2.6	AIW6	I3.3 Q3.3	AIW12
I1.1 Q1.1	I2.7	Q2.7			AIW14
I1.2					
I1.3					
I1.4					
I1.5					

由这个例子不难看出，S7-200 系列 PLC 的系统扩展对 I/O 的组态有如下规则。

① 同类型 I/O 点的模块进行顺序编址。

② 对于数字量，I/O 映像寄存器的单位长度为 8 位（1 个字节），本模块的高位实际位数未满 8 位，未使用位不能分配给 I/O 链的后续模块。

③ 对于模拟量，I/O 以 2 字节（1 个字）递增的方式来分配空间。

2.4　S7-200 系列 PLC 的地址控制方法

本节以 S7-200 系列 PLC 的 CPU224 为例介绍 S7-200 CPU 存储器的数据类型和寻址方式，其他机型编程的原理是相同的，只是 I/O 点数、存储器容量大小等技术指标有所不同，可以通过查阅西门子公司的相关技术手册得到。由于 PLC 的核心组成部分是计算机，所以指令和数据在存储器中也是按照存储单元存放的，而操作数是根据其数据类型分类存放、查找的。另外，CPU 以二进制方式存储所有常数，也可以用十进制、十六进制、ASCII 码或浮点数形式来表示，不同数据有不同的格式和大小，可以按字节、字、双字进行存储。

2.4.1　CPU224 的有效地址及性能

CPU224 的外形如图 2-5 所示。

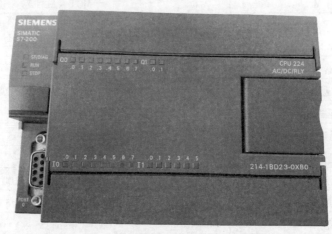

图2-5　CPU224的外形

① 在没有扩展模块的情况下，CPU224 的主要性能参数如下。

输入/输出点数：14 路数字量输入，10 路数字量输出。

用户程序空间（可永久保存）：4096 字节。

数据块空间（可永久保存）：2560 字节。

内部存储器位：256 位（可永久保存的为 112 位）。

高速计数器总数：6 个。

定时器总数：256 个。

计数器总数：256 个。

布尔指令执行速度（33MHz 下）：0.37μs/指令。

通信口数：1 路（电气接口：RS-485，最大波特率：187.5kbit/s）。

2.4 PLC 的地址
控制方法

② 在加入扩展模块的情况下，CPU224 的主要性能参数如下。

最大可扩展模块：7 个。

最大数字量输入/输出点数：94DI/74DO 点。

最大模拟量输入/输出点数：16AI/16AO 点。

CPU224 存储器范围和特性如表 2-7 所示，CPU224 操作数范围如表 2-8 所示。

表 2-7　　　　　　　　　　CPU224 存储器范围和特性表

描述	CPU224
用户程序大小	4096 字
用户数据大小	2560 字
输入映像寄存器	I0.0 ~ I15.7
输出映像寄存器	Q0.0 ~ Q15.7
模拟量输入（只读）	AIW0 ~ AIW30
模拟量输出（只写）	AQW0 ~ AQW30
变量存储器（V）	V0.0 ~ V5119.7
局部存储器（L）	L0.0 ~ L63.7
位存储器（M）	M0.0 ~ M31.7
特殊存储器（SM）	SM0.0 ~ SM179.7
特殊存储器（SW）（只读）	SM0.0 ~ SM29.7
定时器	256（T0 ~ T255）
有记忆接通延迟 1ms	T0, T64
有记忆接通延迟 10ms	T1 ~ T4, T65 ~ T68
有记忆接通延迟 100ms	T5 ~ T31, T69 ~ T95
接通/关断延迟 1ms	T32, T96
接通/关断延迟 10ms	T33 ~ T36, T97 ~ T100
接通/关断延迟 100ms	T37 ~ T63, T101 ~ T255
计数器	C0 ~ C255
高速计数器	HC0 ~ HC5
顺序控制继电器（S）	S0.0 ~ S31.7
累加寄存器	AC0 ~ AC3
跳转/标号	0 ~ 255
调用/子程序	0 ~ 63
中断程序	0 ~ 127
PID 回路	0 ~ 7
通信端口号	0

表 2-8   CPU224 操作数范围

位存取（字节、位）	字节存取	字存取	双字存取
V0.0 ~ V5119.7	VB0 ~ VB5119	VW0 ~ VW5118	VD0 ~ VD5116
I0.0 ~ I15.7	IB0 ~ IB15	IW0 ~ IW14	ID0 ~ ID12
Q0.0 ~ Q15.7	QB0 ~ QB15	QW0 ~ QW14	QD0 ~ QD12
M0.0 ~ M31.7	MB0 ~ MB31	MW0 ~ MW30	MD0 ~ MD28
SM0.0 ~ SM179.7	SMB0 ~ SMB179	SMW0 ~ SMW178	SMD0 ~ SMD176
S0.0 ~ S31.7	SB0 ~ SB31	SW0 ~ SW30	SD0 ~ SD28
T0 ~ T255	—	T0 ~ T255	—
C0 ~ C255	—	C0 ~ C255	—
L0.0 ~ L63.7	LB0 ~ LB63	LW0 ~ LW62	LD0 ~ LD60
—	AC0 ~ AC3	AC0 ~ AC3	AC0 ~ AC3
—	—	AIW0 ~ AIW30	HC0 ~ HC5
—	—	AQW0 ~ AQW30	—
—	常数	常数	常数

2.4.2 直接寻址

1. 存储器的寻址方式和数据表示

S7-200 系列 PLC 的 CPU 提供了存储器的特定区域，使控制数据的运行更快、更有效。S7-200 系列 PLC 将信息存放于不同的存储器单元，每个单元都对应唯一的地址，如果指出要存取的存储器地址，就能够直接存取这个信息。

在 S7-200 系列 PLC 中，CPU 存储器的寻址方式分为直接寻址和间接寻址两种形式。所谓直接寻址就是按给定的地址找到存储单元中的内容（即操作数）；而间接寻址是指在存储单元中放置一个地址指针，按照这一个地址找到存储单元中的数据才是所要取的操作数，相当于间接地取得数据。

要存取存储器区域中的某一位，必须指出地址，包括存储器区域标识符、字节地址及位地址。图 2-6 所示是一个位寻址的例子（又称"字节.位"寻址）。在这个例子中，存储器区域及字节地址（I = 输入，4 = 第 4 字节）和位地址（第 5 位）之间用"."隔开。

使用字节寻址方式，可以按照字节、字或双字来存取许多存储器区域（V、I、Q、M 及 SM 等）中的数据。若要存取 CPU 存储器中的一个字节、字或双字数据，则必须以类寻址的方式给出地址，包括区域标识符、数据大小及该字节、字或双字的起始字节地址，如图 2-7 所示。其他 CPU 存储器区域（如 T、C、HC 及累加器 AC）中存取数据使用的地址格式为区域标识符和设备号。

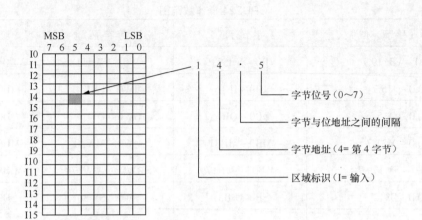

图2-6   CPU存储器中位寻址表示方法举例

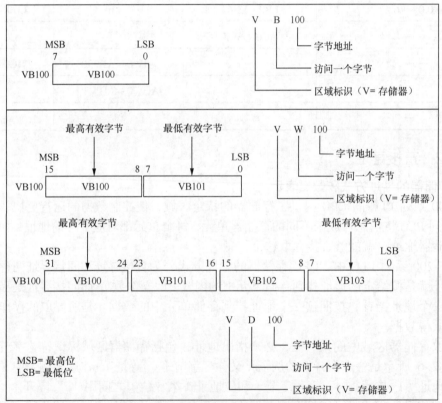

图2-7   CPU存储器中类寻址表示方法举例

实数（或浮点数）采用 32 位单精度数来表示，其格式是正数：+1.175495E-38 ~ +3.402823E+38；负数：-1.175495E-38 ~ -3.402823E+38。按照 SNSL/IEEE754 1985 标准格式，以双字长度来存取。数据大小规定及相关整数范围如表 2-9 所示。

表 2-9　　　　　　　　　　　数据大小规定及相关整数范围

数据大小	无符号整数		有符号整数	
	十进制	十六进制	十进制	十六进制
B（字节）：8 位	0～255	0～FF	−128～127	80～7F
W（字）：16 位	0～65535	0～FFFF	−32768～32767	8000～7FFF
D（双字）：32 位	0～4294967295	0～FFFFFFFF	−2147483648～2147483647	80000000～7FFFFFFF

2. 存储器的直接寻址

（1）输入映像寄存器（I）寻址

如图 2-8 所示，在每个扫描周期的开始，CPU 对输入点进行采样，并将采样值存于输入映像寄存器中，可以按位、字节、字或双字来存取输入映像寄存器。

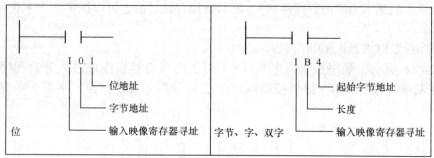

图2-8　输入映像寄存器寻址格式

（2）输出映像寄存器（Q）寻址

如图 2-9 所示，在每次扫描周期的结尾，CPU 将输出映像寄存器的数值复制到物理输出点上，可以按位、字节、字或者双字来存取输出映像寄存器。

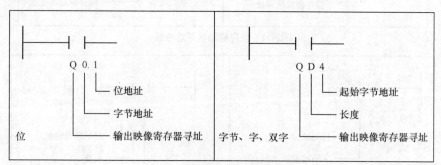

图2-9　输出映像寄存器寻址格式

（3）变量存储器（V）区寻址

如图 2-10 所示，变量存储器用于存储程序执行过程中控制逻辑操作的中间结果，也可以使用 V 存储器来保存与工序或任务相关的其他数据，可以按位、字节、字或双字来存取 V 存储器。

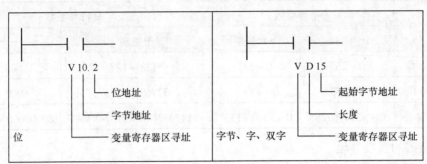

图2-10 变量存储器区寻址格式

（4）位存储器（M）区寻址

如图 2-11 所示，可以使用内部存储器标志位（M）作为控制存储器存取中间操作状态或其他控制信息。虽然名为"位存储器区"，表示按位存储，但也可以按字节、字或双字来存取位存储器区。

（5）顺序控制继电器（S）存储器区寻址

如图 2-12 所示，顺序控制继电器（S）用于组织机器操作或进入等效程序段的步控制。顺序控制继电器（SCR）提供控制程序的逻辑分段，可以按位、字节、字或双字来存取 S 位。

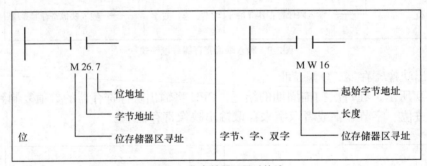

图2-11 位存储器区寻址格式

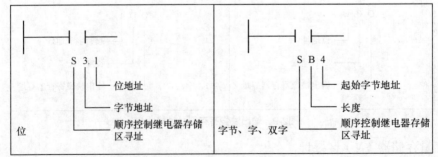

图2-12 顺序控制继电器存储器区寻址格式

（6）特殊标志储存器（SM 标志位）

如图 2-13 所示，SM 标志位提供了 CPU 和用户程序之间传递信息的方法。可以使用这些位选择和控制 S7-200 系列 PLC CPU 的一些特殊功能：第一次扫描的 ON 位、以固定速度触发位、数学运算或操作指令状态位等。尽管 SM 区是基于位存取的，但是它也可以按照位、字节或双字来存取。

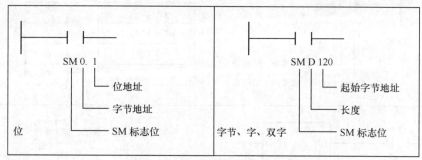

图2-13　特殊标志位存储器寻址格式

（7）局部存储器（L）区寻址

S7-200 系列 PLC 有 64 个字节的局部存储器，其中 60 个可以用作暂时存储器或给子程序传递函数。如果用梯形图或功能图编程，STEP7-Micro/WIN32 保留这些局部存储器的最后 4 个字节；如果用语句表编程，可以寻址所有的 64 个字节，但是不要使用局部存储器的最后 4 个字节。

如图 2-14 所示，可以按位、字节、字或双字访问局部存储器。可以把局部存储器作为间接寻址的指针，但不能作为间接寻址的存储器区。

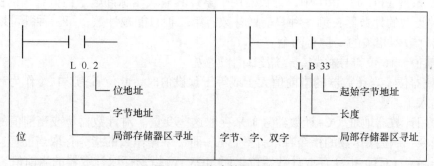

图2-14　局部存储器区寻址

（8）定时器（T）存储器区寻址

S7-200 系列 PLC 的 CPU 中，定时器是累计时间增量的设备。S7-200 系列 PLC 的定时器精度（时基增量）有 1ms、10ms 和 100ms 3 种。定时器有以下两个相关的变量。

① 当前值。16 位符号整数，存取定时器所累计的时间。

② 定时器位。定时器当前值大于预设值时，该位置为"1"（预设值作为定时器指令的一部分输入）。

可以使用定时器地址（T+定时器号）来存取这些变量。对定时器或当前值的存取依赖于所用的指令：带位操作数的指令存取定时器位，而带字操作数的指令存取当前值，如图 2-15 所示。常开触点（T3）指令存取定时器位，而 MOV_W 指令存取定时器的当前值。

其格式为：T[定时器号]　　　　　如：T24

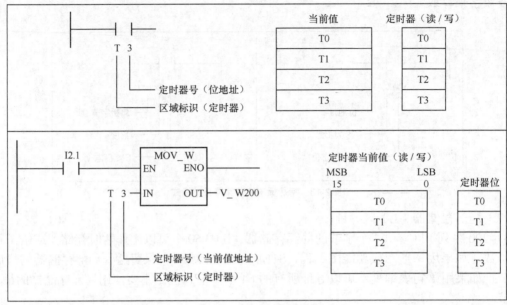

图2-15 定时器寻址举例

（9）计数器（C）存储器区寻址

S7-200 系列 PLC 的 CPU 中，计数器用于累计其输入端脉冲电平由低到高的次数。CPU 提供了 3 种类型的计数器：第一种只能增计数；第二种只能减计数；第三种既可增计数又可减计数。与计数器相关的变量有两个。

① 当前值。16 位符号整数，存储累计脉冲数。

② 计数器位。当计数器的当前值大于或等于预设值时，此位置为"1"（作为计数器指令的一部分输入）。

可以使用计数器地址（C+计数器号）来存取这些变量。对计数器位或当前值的存取依赖于所用的指令：带位操作数的指令存取计数器位，而带字操作数的指令存取当前值。如图 2-16 所示，常开触点（C3）指令存取计数器位，而 MOV_W 指令存取计数器的当前值。

其格式为：C[计数器号]   如：C20

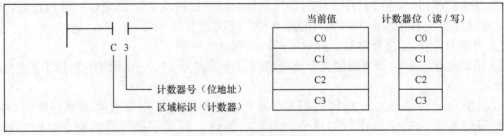

图2-16 计数器寻址举例

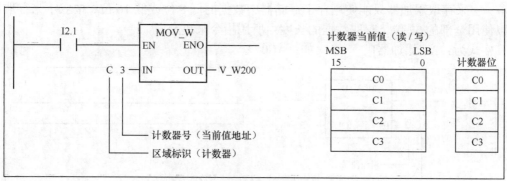

图2-16　计数器寻址举例（续）

（10）模拟量输入（AI）寻址

S7-200 系列 PLC 将实际系统中的模拟量输入值（如温度或电压）转换成 1 个字长（16 位）的数字量。可以用区域标识符（AI）、数据长度（W）及字节的起始地址来存取这些值。如图 2-17 所示，由于模拟量输入值为 1 个字长，且从偶数位字节（如 0、2 或 4）开始，因此必须用偶数字节地址（如 AIW0、AIW2、AIW4）来存取这些值。模拟量输入值的数据都是只读的。

其格式为：AIW[起始字节地址]　　　如：AIW4

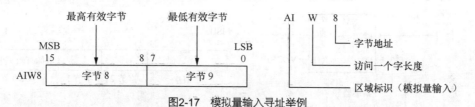

图2-17　模拟量输入寻址举例

（11）模拟量输出（AQ）寻址

S7-200 系列 PLC 将 1 个字长（16 位）的数字值按比例转换成电压或电流。可以用区域标识符（AQ）、数据长度（W）及起始字节地址来置位这些值。如图 2-18 所示，由于模拟量输出值为 1 个字长，且从偶数位字节（如 0、2 或者 4）开始，因此必须用偶数字节地址（如 AQW0、AQW2、AQW4）来设置这些值，否则用户程序无法读取模拟量输出值。

其格式为：AQW[起始字节地址]　　　如：AQW4

图2-18　模拟量输出寻址举例

（12）累加器（AC）寻址

同存储器相似，累加器也是可以存取数据的读/写设备。例如，可以用累加器向子程序传递参数，或从子程序返回参数，以及用来存储计算的中间值。CPU 提供了 4 个 32 位累加器

（AC0、AC1、AC2 及 AC3）。可以按字节、字或双字来存取累加器中的数值。如图 2-19 所示，按字节、字来存取累加器只能使用存于存储器中数据的低 8 位或低 16 位，按双字来存取累加器可以使用全部的 32 位，存取数据的长度由所用指令来决定。

其格式为：AC[累加器]　　　如：AC0

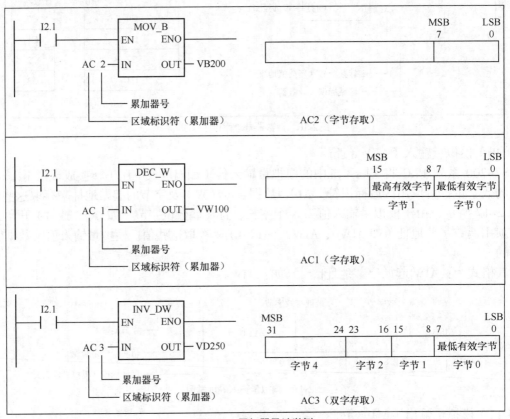

图2-19　累加器寻址举例

（13）高速计数器（HC）寻址

高速计数器用来累计比 CPU 扫描速率更快的事件。高速计数器有 32 位符号整数累计值（或当前值）。若要存取高速计数器中的值，则必须给出高速计数器的地址，即存储器类型（HC）及计数器号。如图 2-20 所示，高速计数器的当前值为只读值，可作为双字（32 位）来寻址。

其格式为：HC[高速计数器号]　　　如：HC2

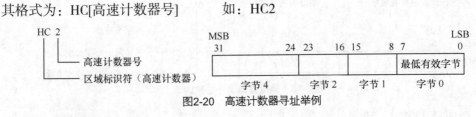

图2-20　高速计数器寻址举例

2.4.3　间接寻址

间接寻址是指使用指针来存取存储器中的数据。S7-200 系列 PLC 的 CPU 允许使用指针对下述存储器区域进行间接寻址：I、Q、V、M、S、T（仅当前值），但不允许对独立的位（bit）值或模拟量进行间接寻址。

用间接寻址方式存取数据需要做以下 3 种操作：建立指针、用指针存取数据和修改指针。

（1）建立指针

如图 2-21 所示，使用间接寻址对某个存储器单元读、写时，首先要创建一个指向该位置的指针。指针为双字（32 位），它用于存放另一个存储器的地址，只能用变量存储器（V）、局部存储器（L）或累加器（AC）作为指针的存储区。生成指针时，要使用双字传送指令（MOVD），将数据所在单元的内存地址送入指针，双字传送指令的输入操作数开始处加"&"符号，表示某存储器的地址，而不是存储器内部的值。指令输出操作数是指针地址。

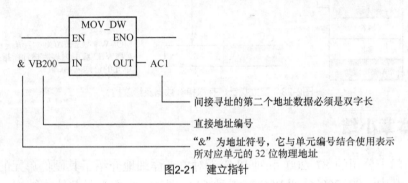

图2-21　建立指针

（2）用指针存取数据

如图 2-22 所示，指针建立好之后，可利用指针存取数据。在使用地址指针存取数据的指令中，操作数前加"*"号，表示该操作数为地址指针，如 MOVW*AC1，AC0。其中 MOVW 表示字传送指令，指令将 AC1 的内容作为起始地址的一个字长的数据（即 VB200、VB201 内部数据）送入 AC0 内。

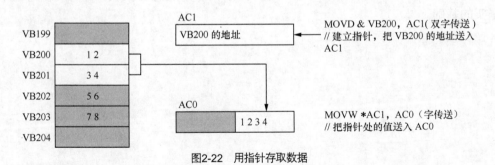

图2-22　用指针存取数据

（3）修改指针

如图 2-23 所示，连续存储数据时，通过修改指针后很容易存取其紧接的数据。简单的数学运算指令，如加法、减法、自增和自减等指令可以用来修改指针。在修改指针时，要记住访问数据的长度：存取字节时，指针加 1；存取字时，指针加 2；存取双字时，指针加 4。

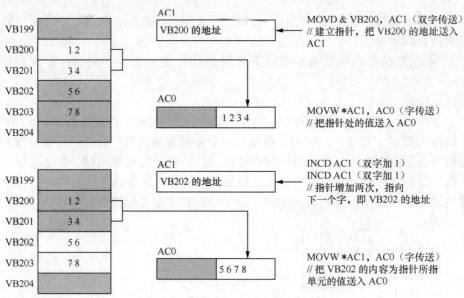

图2-23 建立指针、存取指针数据及修改指针

2.5 本章小结

本章以西门子公司的 S7-200 系列 PLC 为对象,详细地介绍了其硬件单元的结构、扩展方式和方法。其中,S7-200 系列 PLC 有 5 种 CPU 型号,它们都是整体式结构,除 CPU 221 外都可以进行 I/O 模块和功能模块的扩展。在进行 I/O 模块或特殊功能模块的扩展时,必须按照其编址方法,遵循一定的扩展原则进行。最后,本章以 S7-200 系列 PLC 为研究对象,详细介绍了 S7-200 系列 PLC 的寻址方式,包括直接寻址和间接寻址。

本章的重点是 S7-200 系列 PLC 的基本和扩展硬件单元,难点是 S7-200 系列 PLC 的寻址方式。通过本章的学习,读者可以对 S7-200 系列 PLC 形成感性认识,并为后续的程序编制奠定坚实的基础。

第3章 S7-200系列PLC的基本指令系统

了解西门子公司的 S7-200 系列 PLC 的指令系统，是对 PLC 进行编写程序的基础，对程序的设计有着非常重要的意义。本章将主要讨论 S7-200 系列 PLC 常用的基本指令及其实例，S7-200 系列 PLC 的基本指令有基本逻辑指令、立即指令、电路块指令、多路输出指令、定时器指令和其他指令（计数器指令、跳变触点指令、步进顺序控制指令、比较指令）等。

3.1 基本逻辑指令

基本逻辑指令操作时主要以位逻辑为主，其操作元件为输入映像寄存器（I）、输出映像寄存器（Q）、内部标志位存储器（M）、特殊标志位寄存器（SM）、定时器存储器（T）、计数器存储器（C）、顺序控制继电器存储器（S）和局部存储器（L）。基本逻辑指令包括标准触点指令、输出指令、置位和复位指令。

3.1 基本逻辑指令

3.1.1 标准触点指令

如表 3-1 所示，标准触点指令又可分为 LD、LDN、A、AN、O、ON 指令。

表 3-1　　　　　　　　　　　　　　标准触点指令

指令名称	指令说明	图示说明
LD 指令	LD（Load）指令叫作取指令，它表示一个逻辑行与左母线开始相连的常开触点指令，即一个逻辑行开始的各类元件常开触点与左母线起始连接时应该使用 LD 指令	LD —┤├— 左母线
LDN 指令	LDN（Load Not）指令叫作取反指令，也叫作取非指令，它表示一个与左母线相连的常闭触点指令，即各类元件常闭触点与左母线起始连接时应该使用 LDN 指令	LDN —┤/├— 左母线
A 指令	A（And）指令叫作串联指令，在逻辑上叫作"与"指令，主要用于各继电器的常开触点与其他继电器触点串联连接时的情况	LD A —┤├—┤├—
AN 指令	AN（And Not）指令叫作串联非指令，在逻辑上叫作"与非"指令，主要用于各继电器的常闭触点与其他继电器触点串联连接时的情况 用 A 指令和 AN 指令进行触点的串联连接时，串联触点的个数无限制，可以无限重复地进行串联	LD AN —┤├—┤/├—

续表

指令名称	指令说明	图示说明
O 指令	O（OR）指令叫作并联指令，在逻辑上叫作"或"指令，主要用于各个继电器的常开触点与其他继电器触点并联连接时的情况	LD O
ON 指令	ON（Or Not）指令叫作并联非指令，在逻辑上叫作"或非"指令，主要用于各个继电器的常闭触点与其他继电器触点并联连接时的情况 用 O 指令和 ON 指令进行触点的并联连接时，并联触点的个数无限制，可以无限重复地进行并联	LD ON

3.1.2 驱动线圈指令

驱动线圈的指令又称输出指令。在梯形图中，输出指令用"—( )"表示；在指令语句表中，输出指令用"="表示。

LD、LDN、A、AN、O、ON 指令及输出指令"="在梯形图中的图形符号和用法分别如图 3-1、图 3-2 所示。

3.2　输出指令

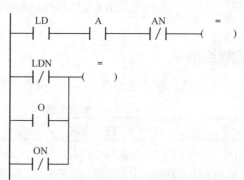

图3-1　各个基本逻辑指令在梯形图中的图形符号

3.3　置位和复位
指令

（a）梯形图　　　　　　　　（b）指令语句表

LD	I0.0
A	I0.1
AN	I0.2
=	Q0.0
LDN	I0.3
O	I0.4
ON	I0.5
=	Q0.1

图3-2　各个基本逻辑指令的用法

3.1.3　置位和复位指令

1. 置位指令 S（Set）

置位指令的功能是驱动继电器线圈。当使用置位指令 S 后，被驱动线圈接通并自锁，维持接通的状态。当继电器被驱动后，如果要使被驱动的继电器线圈复位，则要使用复位指令。

2. 复位指令 R（Reset）

复位指令用 R 表示。其功能是使置位的继电器线圈复位。

如图 3-3 所示，执行置位和复位（N 位）指令时，把从指令操作数（位）指定的地址开始的 N 个点都置位或复位。置位或复位的点数 N 可以是 1 ~ 255。

3.4　立即指令

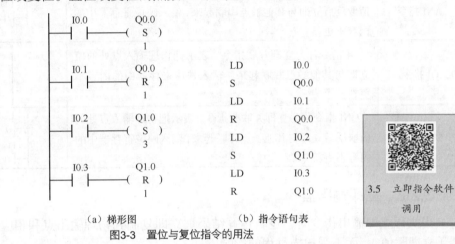

（a）梯形图　　　　　　（b）指令语句表

图3-3　置位与复位指令的用法

3.5　立即指令软件调用

在图 3-3（a）所示的梯形图中，当输入映像寄存器 I0.0 为"1"时，置位指令 S 将输出映像寄存器 Q0.0 置位为"1"，以驱动外部负载。当输入映像寄存器 I0.1 为"1"时，复位指令 R 将输出映像寄存器 Q0.0 复位为"0"，Q0.0 释放。

当输入映像寄存器 I0.2 为"1"时，置位指令 S 将输出映像寄存器 Q1.0 开始为首地址的 3 个输出映像寄存器 Q1.0、Q1.1、Q1.2 置位为"1"，以驱动外部负载。当输入映像寄存器 I0.3 为"1"时，由于在输出线圈的下方所标的数字为"1"，因此复位指令 R 将输出映像寄存器 Q1.0 复位为"0"，Q1.0 释放。而 Q1.1、Q1.2 仍然保持"1"的状态。

3.2　立即指令

立即指令包括立即触点指令、立即输出指令、立即置位和立即复位指令。

3.2.1　立即触点指令

立即触点指令包括 LDI、LDNI、AI、ANI、OI、ONI 指令，如表 3-2 所示。指令中的"I"即为立即的意思。执行立即触点指令时，直接读取物理输入点的值，输入映像寄存器中的内容不更新。指令操作数仅限于输入物理点的值。立即触点指令用常开和常闭立即触点表示。

3.6　电路块指令软件调用

表 3-2　　　　　　　　　　　　　　立即触点指令

指令名称	指令说明	图示说明
LDI 指令	LDI 指令称为立即取指令，表示直接读取物理输入点处的值，输入映像寄存器中的内容不更新	LDI
LDNI 指令	LDNI 指令称为立即取反指令，表示直接读取物理输入点处的取反值，输入映像寄存器中的内容不更新	LDNI
AI 指令	AI 指令称为立即串联指令，表示把物理输入点处的值立即与其他触点串联起来，输入映像寄存器中的内容不更新	LDI　AI
ANI 指令	ANI 指令称为立即串联非指令，表示把物理输入点处的值取反后立即与其他触点串联起来，输入映像寄存器中的内容不更新	LDI　ANI
OI 指令	OI 指令称为立即并联指令，表示把物理输入点处的值立即与其他触点并联起来，输入映像寄存器中的内容不更新	LDI / OI
ONI 指令	ONI 指令称为立即并联非指令，表示把物理输入点处的值取反后立即与其他触点并联起来，输入映像寄存器中的内容不更新	LDI / ONI

3.2.2　立即输出指令

当执行立即输出指令时，逻辑运算结果被立即复制到物理输出点和相应的输出映像寄存器（立即赋值），而不受扫描过程的影响。

如图 3-4 所示，当装载立即常开触点 I0.0、串联立即常开触点 I0.1 和立即常闭触点 I0.2 后，就立即输出线圈 Q0.0；当装载立即常闭触点 I0.3、并联立即常开触点 I0.4 和立即常闭触点 I0.5 后，就立即输出线圈 Q0.1。在图 3-4（a）所示的梯形图中，除了输出指令 Q0.1 以外，其他都为立即 I/O 指令。

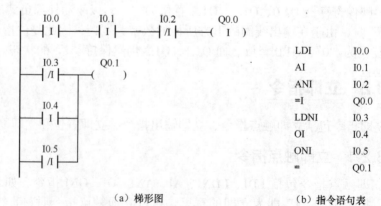

3.7　多路输出指令

（a）梯形图　　　　　　　（b）指令语句表

图3-4　立即触点指令和立即输出指令的用法

3.2.3　立即置位和立即复位指令

SI 指令称为立即置位指令，RI 指令称为立即复位指令。执行立即置位（SI）指令或立即复位

（RI）指令时，从指定位地址开始的 N 个点的映像寄存器都将被立即置位或立即复位。新值被同时写入物理输出点和相应的输出映像寄存器。立即置位或立即复位的点数 N 可以是 1～128。

如图 3-5 所示，当载入常开触点 I0.0 时，从 Q0.0 开始的 1 个触点被立即置位为 "1"；当载入常开触点 I0.1 时，从 Q0.0 开始的 1 个触点被立即复位为 "0"；当载入常开触点 I0.2 时，从 Q0.1 开始的 3 个触点被立即置位为 "1"；当载入常开触点 I0.3 时，从 Q0.1 开始的 1 个触点被立即复位为 "0"。

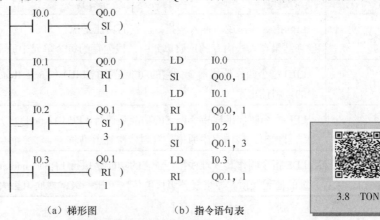

		LD	I0.0
		SI	Q0.0, 1
		LD	I0.1
		RI	Q0.0, 1
		LD	I0.2
		SI	Q0.1, 3
		LD	I0.3
		RI	Q0.1, 1

（a）梯形图　　　（b）指令语句表

图3-5　立即置位和立即复位指令的用法

3.8 TON

3.3 电路块指令

ALD 指令称为"电路块与"指令，其功能是使电路块与电路块串联。OLD 指令称为"电路块或"指令，其功能是使电路块与电路块并联。

如图 3-6 所示，将串联触点 I0.0 和 I0.1、I0.2 和 I0.3、I0.4 和 I0.5 这 3 个电路块并联起来，使用 OLD 指令；将并联触点 I1.0、I1.2、I1.4 和 I1.1、I1.3、I1.5 串联起来，使用 ALD 指令连接。

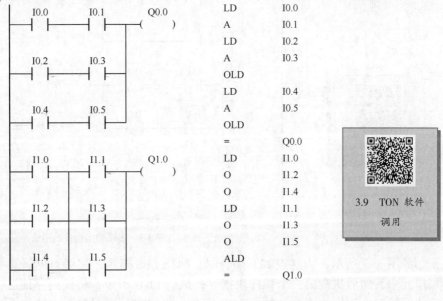

LD	I0.0
A	I0.1
LD	I0.2
A	I0.3
OLD	
LD	I0.4
A	I0.5
OLD	
=	Q0.0
LD	I1.0
O	I1.2
O	I1.4
LD	I1.1
O	I1.3
O	I1.5
ALD	
=	Q1.0

3.9 TON 软件
调用

（a）梯形图　　　（b）指令语句表

图3-6　ALD、OLD指令的用法

3.4 多路输出指令

多路输出指令有 LPS、LRD、LPP、LDS，指令说明及用法分别如表 3-3、图 3-7 所示。

表 3-3　　　　　　　　　　　　　　　多路输出指令说明

指令名称	指令说明
LPS 指令	LPS 指令叫作逻辑推入栈指令。它的功能是执行 LPS（Logic Push）指令，将触点的逻辑运算结果存入栈内存的顶层单元中，栈内存的每个单元中原来的资料依次向下推移
LRD 指令	LRD 指令叫作读栈指令。它的功能是执行 LRD（Logic Read）指令，将栈内存顶层单元中的资料读出来
LPP 指令	LPP 指令叫作出栈指令。它的功能是执行 LPP（Logic POP）指令，将栈内存顶层单元中的结果弹出，栈内存中原来的资料依次往上推移
LDS 指令	LDS 指令叫作装入堆栈指令。它的功能是执行 LDS（Load Stack）指令，复制堆栈中的第 n 级的值到栈顶。原堆栈各级栈值依次下压一级，栈底值丢失

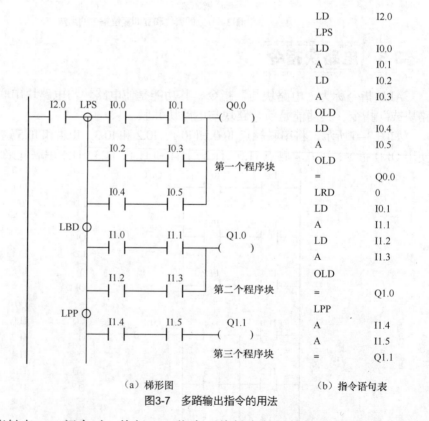

3.10　TOF

（a）梯形图　　　　　　　　　　　　　（b）指令语句表

图3-7　多路输出指令的用法

如图 3-7 所示，当触点 I2.0 闭合时，执行 LPS 指令，将触点的运算结果存入栈内存的顶层单元中，然后执行第一个程序块指令；执行 LRD 指令，将栈内存顶层中的资料读出来，然后执行第二个程序块指令；执行 LPP 指令，将栈内存顶层单元中的结果弹出，然后执行第三个程序块指令，将结果输出。

3.5　定时器和计数器指令

3.5.1　定时器指令

定时器是利用 PLC 内部的时钟脉冲计数的原理而进行定时的。

S7-200 系列 PLC 定时器的类型有 3 种：接通延时定时器（TON）、有记忆接通延时定时器（TONR）、断开延时定时器（TOF）。其定时的分辨率分为 1ms、10ms 和 100ms 3 种。

定时器的实际设定时间 T=设定值（PT）×分辨率。例如，若某定时器的设定值为 80，分辨率为 10ms，则该定时器的实际设定时间 T=80×10ms=0.8s。

如表 3-4 所示，S7-200 系列 PLC 的定时器共有 256 个，定时器号范围为 T0 ~ T255。

表 3-4　　　　　　　　S7-200 系列 PLC 定时器的型号和定时分辨率

计时器类型	分辨率（ms）	定时范围（s）	定时器号
TON、TOF	1	32.767	T32、T96
	10	327.67	T33 ~ T36、T97 ~ T100
	100	3276.7	T37 ~ T63、T101 ~ T255
TONR	1	32.767	T0、T64
	10	327.67	T1 ~ T4、T65 ~ T68
	100	3276.7	T5 ~ T31、T69 ~ T95

1．接通延时定时器（TON）指令

当输入端（IN 端）接通时，接通延时定时器（TON）开始计时；当定时器当前值（PT）等于或大于设定值时，该定时器动作，其常开触点闭合，常闭触点断开，对电路进行控制。而此时定时器继续计时，一直计到它的最大值才停止。

当输入端（IN 端）断开时，接通延时定时器（TON），定时器当前值则清零。

3.11　TOF 软件调用

如图 3-8 所示，当输入继电器 I0.0 的常开触点闭合时，定时器 T38 接通并开始计时，经过 10s 后，定时器 T38 动作，T38 的常开触点闭合，输出继电器 Q0.0 接通，驱动外部设备。当输入继电器 I0.0 的常开触点复位断开时，定时器 T38 复位断开，其常开触点复位断开，输出继电器 Q0.0 失电断开。

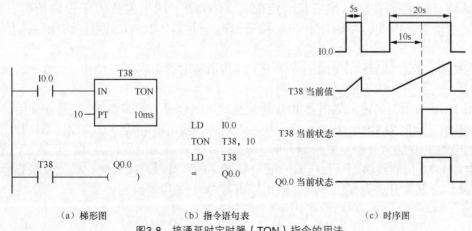

（a）梯形图　　　　　（b）指令语句表　　　　　（c）时序图
图3-8　接通延时定时器（TON）指令的用法

2. 断开延时定时器（TOF）指令

当输入端（IN）接通时，定时器位立即接通动作，即常开触点闭合，常闭触点断开，并把当前值设为 0。当输入端（IN）断开时，定时器开始计时；当断开延时定时器（TOF），当前值等于设定时间值（PT）时，定时器动作断开，此时常开触点断开，常闭触点闭合。此时就起到了断电延时的作用。

3.12 TON 用法

如图 3-9 所示，当输入继电器 I0.0 的常开触点闭合时，定时器 T98 接通立即动作，其常开触点也立即闭合，输出继电器 Q0.0 立即接通，驱动外部设备。当输入继电器 I0.0 的常开触点断开时，断开延时定时器 T98 开始计时。经过 10s 后，定时器 T98 动作复位，其常开触点复位断开，输出继电器 Q0.0 断开。

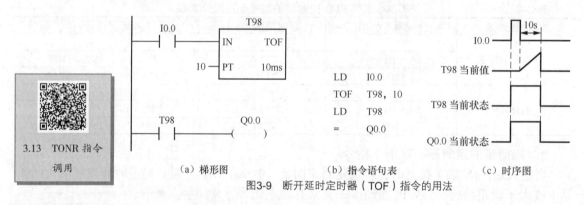

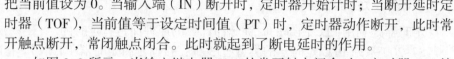
3.13 TONR 指令调用

（a）梯形图　　　　　　（b）指令语句表　　　　　（c）时序图

图3-9　断开延时定时器（TOF）指令的用法

3. 有记忆接通延时定时器（TONR）指令

当输入端（IN）接通时，有记忆接通延时定时器（TONR）接通，并开始计时。当有记忆接通延时定时器（TONR）的当前值等于或大于设定值时，该定时器位被置位动作，定时器的常开触点闭合，常闭触点断开。有记忆接通延时定时器（TONR）累计值达到设定值后继续计时，一直计到最大值。

当输入端（IN）断开时，即使未达到定时器的设定值，有记忆接通延时定时器（TONR）的当前值也保持不变。当输入端（IN）再次接通，定时器当前值从原保持值开始往上累计时间，继续计时直到有记忆接通延时定时器（TONR）的当前值等于设定值时，定时器（TONR）才动作。因此，可以用有记忆接通延时定时器（TONR）累计多次输入信号的接通时间。

当需要有记忆接通延时定时器（TONR）复位清零时，可利用复位指令（R）清除有记忆接通延时定时器（TONR）的当前值。

如图 3-10 所示，当输入继电器 I0.0 的常开触点闭合时，定时器 T5 接通并开始计时，计时累计 10s 后，定时器 T5 动作，T5 的常开触点闭合，输出继电器 Q0.0 接通，驱动外部设备。当输入继电器 I0.0 的常开触点复位断开时，定时器 T5 并不失电复位，其常开触点仍然闭合，输出继电器 Q0.0 仍然接通。只有当输入继电器 I0.1 的常开触点闭合时，接通复位指令 R，定时器 T5 复位，其常开触点复位断开，输出继电器 Q0.0 失电断开。

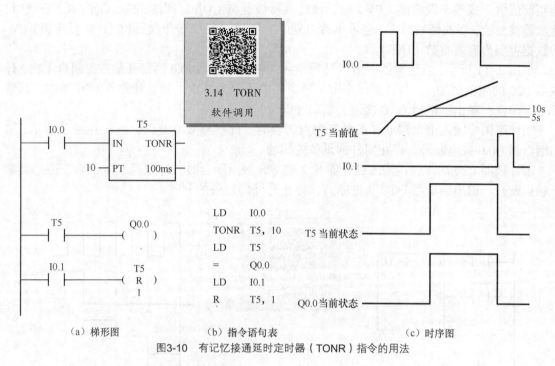

（a）梯形图　　　　　　（b）指令语句表　　　　　　（c）时序图

图3-10　有记忆接通延时定时器（TONR）指令的用法

使用定时器时要注意以下几个问题。

① 不能把一个定时器同时用作接通延时定时器（TON）和断开延时定时器（TOF）。从表 3-4 中可以看出，定时器 T37 ~ T63 及 T101 ~ T255 既可以用作接通延时定时器（TON），也可以用作断开延时定时器（TOF），但同一个定时器不能在同一个程序中作为不同用途的定时器使用。例如，在某一个程序中，T37 如果作为接通延时定时器（TON）使用，则不能再作为断开延时定时器（TOF）使用；如果程序中需要有断开延时定时器，则可选其他编号的定时器，如 T38、T39 等。

② 使用复位（R）指令对定时器重定位后，计时器当前值为零。

③ 有记忆接通延时定时器（TONR）只能通过复位指令进行复位操作。

④ 对于断开延时定时器（TOF），须在输入端有一个负跳变（由 ON 到 OFF）的输入信号启动计时。

3.5.2　计数器指令

计数器是对外部的或由程序产生的计数脉冲进行计数，累计其计数输入端的计数脉冲由低到高的次数。S7-200 系列 PLC 有 3 种类型的计数器：增计数器（CTU）、减计数器（CTD）、增/减计数器（CTUD）。计数器共有 256 个，计数器号范围为 C0 ~ C255。

计数器有两个相关的变量。

① 当前值：计数器累计计数的当前值。

② 计数器位：当计数器的当前值大于或等于设定值时，计数器位被置位为 "1"。

1. 增计数器（CTU）指令

当增计数器的计数输入端（CU）有一个计数脉冲的上升沿（由 OFF 到 ON）信号时，增计数器被接通且计数值加 1，计数器进行递增计数，计数至最大值 32767 时停止计数。当计数器当前值大于或等于设定值（PV）时，该计数器被置位（ON）。当复位输入端（R）有效时，计数器被复位，当前值被清零。也可单独用复位指令（R）复位增计数器（CTU）。设定值（PV）的数据类型为有效整数（INT）。

如图 3-11 所示，当计数器 C20 的计数输入端输入继电器 I0.0 的常开触点每闭合 1 次，计数器 C20 的当前值加 1。当达到设定值（梯形图中设定为 2 次）时，计数器 C20 动作，其常开触点闭合，输出继电器 Q0.0 接通，驱动外部设备。

当梯形图中输入继电器 I0.1 的常开触点闭合时，计数器 C20 复位，其常开触点断开，输出继电器 Q0.0 失电断开，停止对外部设备的驱动。

若计数器 C20 动作后，输入继电器 I0.2 的常开触点闭合时，计数器 C20 也会复位。其常开触点断开，输出继电器 Q0.0 失电断开，停止对外部设备的驱动。

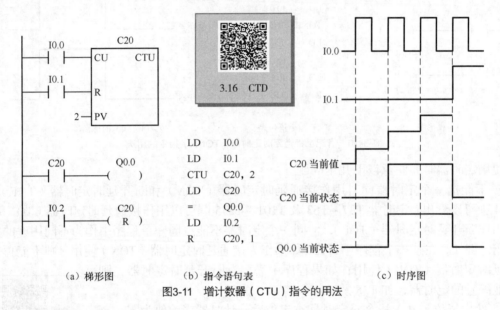

（a）梯形图　　　　　（b）指令语句表　　　　　（c）时序图

图3-11　增计数器（CTU）指令的用法

2. 减计数器（CTD）指令

当装载输入端（LD）有效时，计数器重定位并把设定值（PV）装入当前值寄存器（CV）中。当减计数器的计数输入端（CD）有一个计数脉冲的上升沿（由 OFF 到 ON）信号时，计数器从设定值开始进行递减计数，直至计数器当前值等于 0 时，停止计数，同时计数器位被复位。减计数器（CTD）指令无复位端，它是在装载输入端（LD）接通时，使计数器重定位并把设定值装入当前寄存器中。

如图 3-12 所示，当输入继电器 I0.1 的常开触点闭合时，计数器 C20 复位，并把设定值 2 装入寄存器中。当接在减计数器 C20 输入端的输入继电器 I0.0 的常开触点闭合一次时，计数器 C20 从设定值 2 开始进行递减计数。当计数器 C20 计数递减至 0 时，停止计数，且计数器 C20 动作。其常开触点闭合，输出继电器 Q0.0 接通，驱动外部负载。

当输入继电器 I0.1 的常开触点断开时，计数器 C20 动作，其常开触点断开，输出继电器 Q0.0 失电断开。但此时计数器 C20 的当前值仍为 0，直到下一次输入继电器 I0.1 的常开触点闭合时，计数器 C20 复位，并再次把设定值 2 装入当前寄存器中。

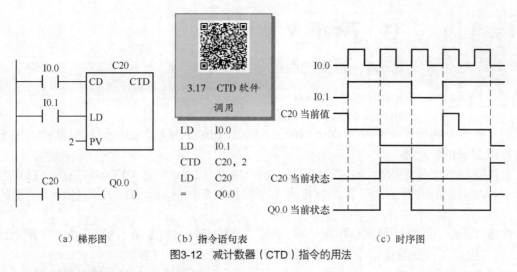

（a）梯形图	（b）指令语句表	（c）时序图

图3-12　减计数器（CTD）指令的用法

3. 增/减计数器（CTUD）指令

当增/减计数器的计数输入端（CU）有 1 个计数脉冲的上升沿（由 OFF 到 ON）信号时，计数器进行递增计数。当增/减计数器的另 1 个计数输入端（CD）有 1 个计数脉冲的上升沿（由 OFF 到 ON）信号时，计数器进行递减计数；当计数器当前值大于或等于设定值（PV）时，该计数器被置位。当复位输入端（R）有效时，计数器被复位。

计数器在达到计数最大值 32767 后，下一个 CU 输入端上升沿将使计数值变为最小值 −32768，同样在达到最小计数值−32768 后，下一个 CD 输入端上升沿将使计数值变为最大值 32767。当用复位（R）指令复位计数器时，计数器被复位，计数器当前值清零。

在图 3-13 所示的梯形图中，当输入继电器 I0.0 的常开触点从断开到闭合时，计数器 C28 增计数 1 次；当输入继电器 I0.1 的常开触点闭合时，计数器 C28 减计数 1 次。当计数器 C28 计数至设定值 4 时，计数器 C28 动作，其常开触点闭合，输出继电器 Q0.0 接通，驱动外部负载。若计数器 C28 的当前值由于减计数器脉冲的到来而使当前值小于设定值 4 时，计数器 C28 回到原来的状态，其常开触点断开，输出继电器 Q0.0 也失电断开。

当输入继电器 I0.2 的常开触点闭合时，计数器 C28 复位，计数器当前值清零，此时，计数器从零开始计数。

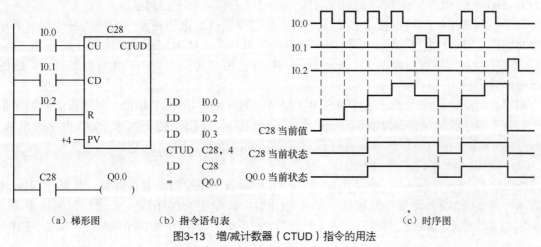

（a）梯形图	（b）指令语句表	（c）时序图

图3-13　增/减计数器（CTUD）指令的用法

3.18 CTU

3.6 其他指令

3.6.1 跳变触点指令

跳变触点指令分为正跳变触点指令和负跳变触点指令。

正跳变触点指令是指指令在检测到每一次正脉冲（由 OFF 到 ON）信号后，触点会闭合 1 个扫描周期的时间，产生 1 个宽度为 1 个扫描周期的脉冲，用于驱动各种可驱动的继电器。

负跳变触点指令是指指令在检测到每一次负跳变（由 ON 到 OFF）信号后，触点会闭合 1 个扫描周期的时间，产生 1 个宽度为 1 个扫描周期的脉冲，用于驱动各种可驱动的继电器。

在梯形图中，正跳变触点指令用"P"表示，负跳变触点指令用"N"表示；在指令语句表（STL）中，正跳变触点指令用 EU 表示，负跳变触点指令用 ED 表示。

如图 3-14 所示，当输入继电器 I0.0 的常开触点从断开到闭合时，输出继电器 Q0.0 接通 1 个扫描周期；当输入继电器 I0.1 的常开触点从断开到闭合时，输出继电器 Q0.1 接通 1 个扫描周期。

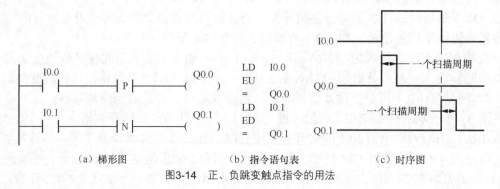

（a）梯形图　　　　　（b）指令语句表　　　　（c）时序图

图3-14　正、负跳变触点指令的用法

3.6.2 步进顺控指令

步进顺控指令又称顺序控制继电器指令（SCR），主要用于对复杂的顺序控制程序进行编程。S7-200 系列 PLC 中的顺序控制继电器 S 专门用于编制顺序控制程序。

顺序控制即使生产过程按工艺要求事先安排的顺序自动进行控制。它依据被控对象采用顺序功能图（SFC）进行编程，将控制程序进行逻辑分段，从而实现顺序控制。用 SCR 指令编制的顺序控制程序有清晰明了、统一性强的特点，适合初学者和不熟悉继电器控制系统的工程技术人员使用。

顺序控制继电器指令 SCR 包括 LSCR（程序段的开始）指令、SCRT（程序段的转换）指令、SCRE（程序段的结束）指令。1 个 SCR 程序段包括从 LSCR（程序段的开始）指令到 SCRE（程序段的结束）指令。1 个 SCR 程序段对应于功能图中的一步。

（1）LSCR（程序段的开始）指令

LSCR（Load Sequential Control Relay）指令又称装载顺序控制继电器指令。指令 LSCR n 用来表示一个 SCR 段，即顺序功能图中的步的开始。指令中的操作数 n 为顺序控制继电器 S（BOOL 型）的地址。顺序控制继电器为 1 状态时，对应的 SCR 段中的程序被执行，反之不执行。

（2）SCRT（程序段的转换）指令

SCRT（Sequential Control Relay Transition）指令又称顺序控制继电器转换指令。指令 SCRT *n* 用来表示 SCRT 段的转换，即步的活动状态的转换。当 SCRT 线圈通电时，SCRT 中指定的顺序功能图中的后续步对应的顺序控制继电器 *n* 变为 1 状态，同时当前活动步对应的顺序控制继电器变为 0 状态，当前步变为不活动步。

（3）SCRE（程序段的结束）指令

SCRE（Sequential Control Relay End）指令又称顺序控制继电器结束指令。SCRE 指令用来表示 SCR 段的结束。

3.19　CTU 软件调用

下面举例说明顺序控制继电器指令的用法。

例如，利用顺序控制继电器指令控制一个小车的运动，如图 3-15 ~ 图 3-17 所示。设小车初始状态为停在左边的位置。当按下控制系统的启动按钮时，输入继电器 I0.0 闭合，小车开始向右运动。运行至行程开关 ST1 处，撞击行程开关 ST1，输入继电器 I0.1 闭合，此时小车停止运动，经过 10s 后，小车向左运动。当运动至行程开关 ST2 处时，撞击行程开关 ST2，输入继电器 I0.2 的常开触点闭合，小车停止运动，并为下一次运动做好准备。

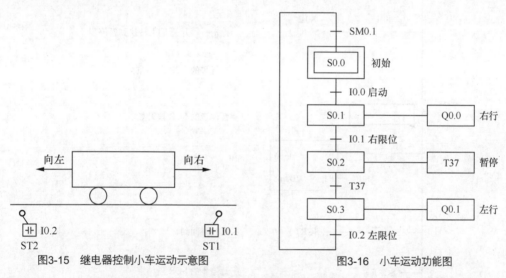

图3-15　继电器控制小车运动示意图　　　　图3-16　小车运动功能图

在图 3-17 所示的梯形图中，当接通 PLC 的控制电源后，特殊标志位存储器 SM0.1 闭合一个扫描周期，使顺序控制继电器存储器 S0.0 置位，控制系统进入初始状态。

当按下控制系统的启动按钮时，输入控制继电器 I0.0 的常开触点闭合，程序段转换到 S0.1 段，同时 S0.0 自动复位，S0.0 段程序结束。特殊标志位存储器 SM0.0 闭合，输出继电器 Q0.0 接通闭合，小车开始右行。

当运动至行程开关 ST1 处时，撞击行程开关 ST1，输入继电器 I0.1 的常开触点闭合，程序段转换到 S0.2 段，同时 S0.1 复位，S0.1 段程序结束，小车停止运动。特殊标志位存储器 SM0.0 闭合，接通定时器 T37 线圈电源，定时器 T37 开始计时。

经过 10s 后，T37 动作，其常开触点闭合，程序段转换到 S0.3 段，同时 S0.2 自动复位，S0.2 段程序结束。特殊标志位存储器 SM0.0 闭合，输出继电器 Q0.1 接通闭合，小车开始向左运动。

当运动至行程开关 ST2 处时，撞击行程开关 ST2，输入继电器 I0.2 的常开触点闭合，程序段转换到 S0.0 初始状态段，同时 S0.3 自动复位，S0.3 段程序结束，小车停止运动。为下一次控制做好准备。

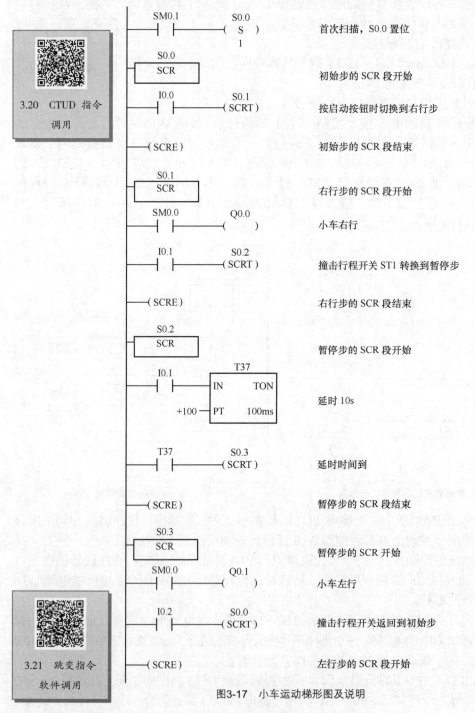

3.20 CTUD 指令调用

梯形图	说明
SM0.1 — (S) S0.0 / 1	首次扫描，S0.0 置位
S0.0 SCR	初始步的 SCR 段开始
I0.0 — (SCRT) S0.1	按启动按钮时切换到右行步
— (SCRE)	初始步的 SCR 段结束
S0.1 SCR	右行步的 SCR 段开始
SM0.0 — ( ) Q0.0	小车右行
I0.1 — (SCRT) S0.2	撞击行程开关 ST1 转换到暂停步
— (SCRE)	右行步的 SCR 段结束
S0.2 SCR	暂停步的 SCR 段开始
I0.1 — IN TON T37 / +100 — PT 100ms	延时 10s
T37 — (SCRT) S0.3	延时时间到
— (SCRE)	暂停步的 SCR 段结束
S0.3 SCR	暂停步的 SCR 开始
SM0.0 — ( ) Q0.1	小车左行
I0.2 — (SCRT) S0.0	撞击行程开关返回到初始步
— (SCRE)	左行步的 SCR 段开始

3.21 跳变指令软件调用

图3-17 小车运动梯形图及说明

顺序控制继电器指令梯形图的指令语句表如表 3-5 所示。

表 3-5 指令语句表

指令	操作数	指令	操作数	指令	操作数	指令	操作数	指令	操作数
LD	SM0.1	SCRE		SCRT	S0.2	LD	T37	=	Q0.1
S	S0.0	LSCR	S0.1	SCRE		SCRT	S0.3	LD	I0.2
LSCR	S0.0	LD	SM0.0	LSCR	S0.2	SCRE		SCRT	S0.0
LD	I0.0	=	Q0.0	LD	I0.1	LSCR	S0.3	SCRE	
SCRT	S0.1	LD	I0.1	TON	T37,+100	LD	SM0.0		

3.6.3　比较触点指令

比较触点指令就是将指定的两个操作数进行比较，当某条件符合时，触点接通，从而达到控制的目的。比较触点指令为上、下限控制提供了方便。

图 3-18 中列举了字节型（BYTE）的 6 种比较关系，即 IN1=IN2（两操作数相等）；IN1>=IN2（第一操作数大于等于第二操作数）；IN1<=IN2（第一操作数小于等于第二操作数）；IN1>IN2（第一操作数大于第二操作数）；IN1<IN2（第一操作数小于第二操作数）；IN1< >IN2（第一操作数不等于第二操作数）。

当内部标志位寄存器 MB0 中的数据与常数 8 相等时，触点接通，输出继电器 Q0.0 接通，驱动外部负载；当内部标志位寄存器 MB1 中的数据与常数 8 不相等时，触点接通，输出继电器 Q0.1 接通，驱动外部负载；当内部标志位寄存器 MB2 中的数据小于常数 8 时，触点接通，输出继电器 Q0.2 接通，驱动外部负载；当内部标志位寄存器 MB3 中的数据小于或等于常数 8 时，触点接通，输出继电器 Q0.3 接通，驱动外部负载；当内部标志位寄存器 MB4 中的数据大于或等于常数 8 时，触点接通，输出继电器 Q0.4 接通，驱动外部负载；当内部标志位寄存器 MB5 中的数据大于常数 8 时，触点接通，输出继电器 Q0.5 接通，驱动外部负载。

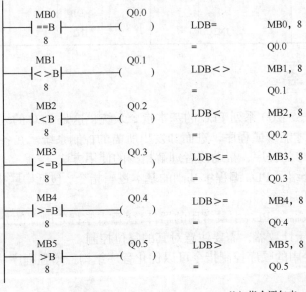

3.22　比较触点指令软件调用

（a）梯形图　　　　（b）指令语句表

图3-18　比较触点指令的用法

如表 3-6 所示，在比较触点指令中，比较触点指令的两个操作数（IN1，IN2）的数据类型可以是字节型（BYTE），也可以是符号整数型（INT）、符号双字整数型（DINT）及实数型（REAL）。按操作数的数据类型，比较触点指令可分为字节比较、整数比较、双字比较和实数比较指令。这些指令中除了字节比较指令，其他比较指令都是有符号的。

表 3-6　　　　　　　　　　　　　梯形图中各类比较触点指令

字节比较指令	整数比较指令	双字比较指令	实数比较指令
IN1 =B IN2	IN1 =I IN2	IN1 =DB IN2	IN1 =R IN2
IN1 <>B IN2	IN1 <>I IN2	IN1 <>DB IN2	IN1 <>R IN2
IN1 >=B IN2	IN1 >=I IN2	IN1 >=DB IN2	IN1 >=R IN2
IN1 <=B IN2	IN1 <=I IN2	IN1 <=DB IN2	IN1 <=R IN2
IN1 >B IN2	IN1 >I IN2	IN1 >DB IN2	IN1 >R IN2
IN1 <B IN2	IN1 <I IN2	IN1 <DB IN2	IN1 <R IN2

3.7　本章小结

本章主要介绍了 S7-200 系列 PLC 的基本指令系统，这是 PLC 的编程基础，只有熟练掌握各种指令的用法，才能读懂程序，进而开发出所需的控制系统。在各种指令的用法介绍之后，还给出了一些简单的程序，帮助读者理解指令的使用方法。

① 常用指令中介绍了 PLC 编程中基础的基本逻辑指令，包括串联指令、并联指令、置位指令、复位指令和立即指令等。

② 定时器和计数器是 PLC 中最常用的器件，要重点掌握定时器的分辨率及不同分辨率定时器的刷新方式，对于计数器，需要注意对其的复位控制。

③ 程序控制指令中的顺序控制指令可以优化程序结构，增强程序功能。

第4章 S7-200系列PLC的功能指令系统

PLC 作为一个计算机控制系统，不仅可以用来实现继电器接触系统的位控功能，而且也能够应用于多位数据的处理、过程控制等领域。几乎所有的 PLC 生产厂家都开发增设了用于特殊控制要求的指令，这些指令称之为功能指令。

本章所介绍的功能指令主要包括数据处理指令、算术和逻辑运算指令、表功能指令、转换指令、中断指令、高速计数器指令、高速脉冲输出指令及 PID 运算指令等。

本章对于以上数据类型和寻址方式不再重复，对于个别稍有变化的指令，读者也可参阅 S7-200 编程手册。

4.1 数据处理指令

4.1 数据处理指令

数据处理指令主要用于各个编程元件之间进行数据传送，主要包括单数据处理指令、数据块处理指令、交换指令、循环填充指令。

4.1.1 单数据处理指令

单数据处理指令每次传送一个数据，传送数据的类型分为：字节（B）传送、字（W）传送、双字（D）传送和实数（R）传送，对于不同的数据类型采用不同的传送指令。

1. 字节传送指令

字节传送指令以字节作为数据传送单元，包括字节传送（MOVB）指令、立即读字节传送（BIR）指令和立即写字节传送（BIW）指令。

（1）字节传送（MOVB）指令

MOVB 格式如下。

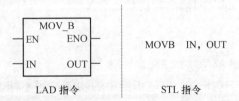

4.2 数据处理指令
软件调用

MOV_B：字节传送梯形图指令盒标识符（也称功能符号，B 表示字节数据类型，下同）。

MOVB：语句表指令操作码助记符。

EN：使能控制输入端（I、Q、M、T、C、SM、V、S、L 中的位）。

IN：传送数据输入端。

OUT：数据输出端。

ENO：指令和能流输出端（即传送状态位）。

（后续指令的 EN、IN、OUT、ENO 功能同上，只是 IN 和 OUT 的数据类型不同）

指令功能：在使能输入端 EN 有效时，将由 IN 指定的一个 8 位字节数据传送到由 OUT 指定的字节单元中。

（2）立即读字节传送（BIR）指令

BIR 格式如下。

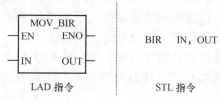

MOV_BIR：立即读字节传送梯形图指令盒标识符。

BIR：语句表指令操作码助记符。

指令功能：当使能输入端 EN 有效时，BIR 指令立即（不考虑扫描周期）读取由 IN 指定的字节（IB）数据，并送入由 OUT 指定的字节单元（并未立即输出到负载）。

注意：IN 只能为 IB。

（3）立即写字节传送（BIW）指令

BIW 格式如下。

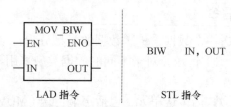

MOV_BIW：立即写字节传送梯形图指令盒标识符。

BIW：语句表指令操作码助记符。

指令功能：当使能输入端 EN 有效时，BIW 指令立即（不考虑扫描周期）将由 IN 指定的字节数据写入到由 OUT 指定的 QB，即立即输出到负载。

注意：OUT 只能是 QB。

2. 字/双字传送指令

字/双字传送指令以字/双字作为数据传送单元。

字/双字传送指令格式类同字节传送指令，只是指令中的功能符号（标识符或助记符，下同）中的数据类型符号不同而已。

MOV_W/MOV_DW：字/双字梯形图指令盒标识符。

MOVW/MOVD：字/双字语句表指令操作码助记符。

【例 4-1】在 I0.1 控制开关导通时，将 VW100 中的字数据传送到 VW200 中，程序如图 4-1 所示。

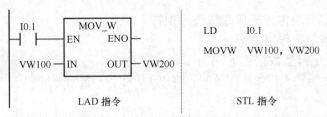

图4-1　字数据传送指令应用示例

【例 4-2】在 I0.1 控制开关导通时，将 VD100 中的双字数据传送到 VD200 中，程序如图 4-2 所示。

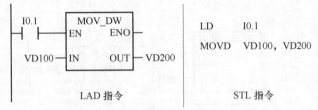

图4-2　双字数据传送指令应用示例

3. 实数传送（MOVR）指令

实数传送指令以 32 位实数双字作为数据传送单元。

实数传送指令功能符号如下。

MOV_R：实数传送梯形图指令盒标识符。

MOVR：实数传送语句表指令操作码助记符。

【例 4-3】在 I0.1 控制开关导通时，将常数 3.14 传送到双字单元 VD200 中，程序如图 4-3 所示。

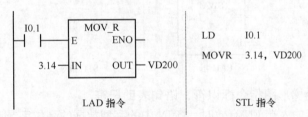

图4-3　实数数据传送指令应用示例

4.1.2　数据块处理指令

数据块处理指令可用来一次传送多个同一类型的数据，最多可将 255 个数据组成一个数据块，数据块的类型可以是字节块、字块和双字块。下面仅介绍字节块传送（BMB）指令。

BMB 格式如下。

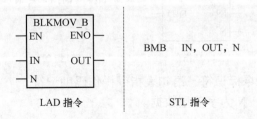

LAD 指令　　　　　　　　STL 指令

65

BLKMOV_B：字节块传送梯形图指令标识符。

BMB：语句表指令操作码助记符。

N：块的长度，字节型数据（下同）。

指令功能：当使能输入端 EN 有效时，将以 IN 为字节起始地址的 N 个字节型数据传送到以 OUT 为起始地址的 N 个字节存储单元中。

与字节块传送指令比较，字块传送指令为 BMW（梯形图标识符为 BLKMOV_W），双字块传送指令为 BMD（梯形图标识符为 BLKMOV_D）。

【例 4-4】在 I0.1 控制开关导通时，将 VB10 开始的 10 个字节单元数据传送到 VB100 开始的数据块中，程序如图 4-4 所示。

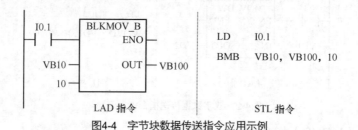

图4-4　字节块数据传送指令应用示例

4.1.3　字节交换与填充指令

1. 字节交换指令 SWAP

SWAP 指令专用于对 1 个字长的字型数据进行处理。

SWAP 指令格式如下。

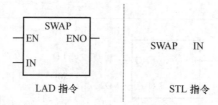

SWAP：字节交换梯形图指令标识符、语句表助记符。

指令功能：当使能输入端 EN 有效时，将 IN 中的字型数据的高位字节和低位字节进行交换。

2. 填充指令 FILL

填充指令 FILL 用于处理字型数据。

FILL 指令格式如下。

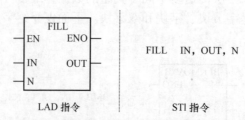

FILL：填充梯形图指令标识符、语句表指令操作码助记符。

N：填充字单元个数，N 为字节型数据。

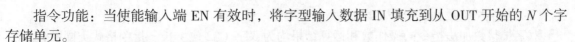

指令功能：当使能输入端 EN 有效时，将字型输入数据 IN 填充到从 OUT 开始的 N 个字存储单元。

注意：在使用本指令时，OUT 必须为字单元寻址。

【例 4-5】在 I0.0 控制开关导通时，将 VW100 开始的 128 个字节全部清零。程序如图 4-5 所示。

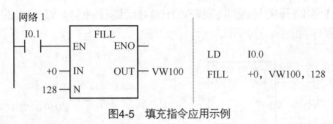

图4-5 填充指令应用示例

4.2 算术和逻辑运算指令

算术运算指令包括加法、减法、乘法、除法及一些常用的数学函数指令；逻辑运算指令包括逻辑与、或、非、异或及数据比较等指令。

4.3 算数和逻辑运算指令

4.2.1 算术指令

1. 加法指令

加法操作是对两个有符号数进行相加操作，包括整数加法指令、双整数加法指令和实数加法指令。

（1）整数加法指令（+I）

+I 格式如下。

ADD_I：整数加法梯形图指令标识符。

+I：整数加法语句表指令操作码助记符。

IN1：输入操作数 1（下同）。

IN2：输入操作数 2（下同）。

OUT：输出运算结果（下同）。

操作数和运算结果均为单字长。

指令功能：当使能输入端 EN 有效时，将两个 16 位的有符号整数 IN1 与 IN2（或 OUT）相加，产生一个 16 位的整数，结果送到单字存储单元 OUT 中。

4.4 算数运算指令调用

在使用整数加法指令时特别要注意：对于梯形图指令实现功能为 OUT←IN1+IN2，若 IN2 和 OUT 为同一存储单元，在转为 STL 指令时实现的功能为 OUT←OUT+IN1；若 IN2 和 OUT 不为同一存储单元，在转为 STL 指令时实现的功能为先把 IN1 传送给 OUT，然后顺序 OUT←IN2+OUT。

（2）双字长整数加法指令（+D）

双字长整数加法指令的操作数和运算结果均为双字（32位）长。指令格式类同整数加法指令。

ADD_DI：双字长整数加法梯形图指令盒标识符。

+D：双字长整数加法语句表指令助记符。

【例4-6】在I0.1控制开关导通时，将VD100的双字数据与VD110的双字数据相加，结果送入VD110中。程序如图4-6所示。

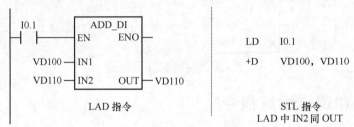

图4-6　双字长加法指令应用示例

（3）实数加法指令（+R）

实数加法指令实现两个双字长的实数相加，产生一个32位的实数。指令格式类同整数加法指令。

ADD_R：实数加法梯形图指令盒标识符。

+R：实数加法语句表指令操作码助记符。

上述加法指令运算结果置位特殊继电器 SM1.0（结果为零）、SM1.1（结果溢出）、SM1.2（结果为负）。

2. 减法指令

减法指令是对两个有符号数进行相减操作，与加法指令一样，可分为整数减法指令（-I）、双字长整数减法指令（-D）和实数减法指令（-R）。其指令格式类同加法指令。

执行过程为：对于梯形图指令实现功能为 OUT←IN1-IN2；对于 STL 指令实现功能为 OUT←OUT-IN1。

【例4-7】在I0.1控制开关导通时，将VW100（IN1）整数（16位）与VW110（IN2）整数（16位）相减，其差送入VW110（OUT）中。程序如图4-7所示。

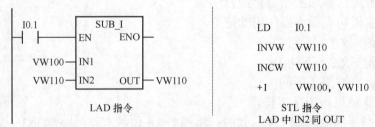

图4-7　整数减法指令应用示例

【例4-8】在I0.1控制开关导通时，将VD100（IN1）整数（32位）与VD110（IN2）整数（32位）相减，其差送入VD200（OUT）中。程序如图4-8所示。

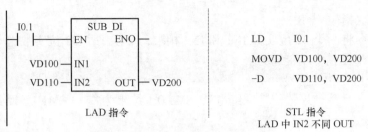

图4-8 双字长整数减法指令应用示例

① 梯形图指令中若 IN2 和 OUT 为同一存储单元，在转为 STL 指令时如下所示。

INVW   OUT   //求反
INCW   OUT   //加1，转换为补码
+I   IN1, OUT   //为补码加法

② 梯形图指令中若 IN2 和 OUT 不为同一存储单元，在转为 STL 指令时如下所示。

MOVW   IN1, OUT   //先把 IN1 传送给 OUT，
-I   IN2, OUT   //然后顺序 OUT←OUT-IN2

减法指令对特殊继电器位的影响同加法指令。

3. 乘法指令

乘法指令是对两个有符号数进行乘法操作。乘法指令可分为整数乘法指令（*I）、完全整数乘法指令（MUL）、双整数乘法指令（*D）和实数乘法指令（*R）。其指令格式类同加、减法指令。

对于梯形图指令为 OUT←IN1*IN2；对于 STL 指令为 OUT←IN1*OUT。

在梯形图指令中，IN2 和 OUT 可以为同一存储单元。

（1）整数乘法指令（*I）

*I 格式如下。

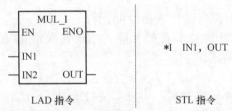

LAD 指令   STL 指令

指令功能：当使能输入端 EN 有效时，将两个 16 位单字长有符号整数 IN1 与 IN2 相乘，运算结果仍为单字长整数送 OUT 中。运算结果超出 16 位二进制数表示的有符号数的范围，则产生溢出。

（2）完全整数乘法指令（MUL）

完全整数乘法指令将两个 16 位单字长的有符号整数 IN1 和 IN2 相乘，运算结果为 32 位的整数送 OUT 中。

梯形图及语句表指令中功能符号均为 MUL。

（3）双整数乘法指令（*D）

双整数乘法指令将两个 32 位双字长的有符号整数 IN1 和 IN2 相乘，运算结果为 32 位的整数送 OUT 中。

MUL_DI：梯形图指令功能符号。

DI：语句表指令功能符号。

（4）实数乘法指令（*R）

实数乘法指令将两个 32 位实数 IN1 和 IN2 相乘，产生一个 32 位实数送 OUT 中。

MUL_R：梯形图指令功能符号。

*R：语句表指令功能符号。

上述乘法指令运算结果置位特殊继电器 SM1.0（结果为零）、SM1.1（结果溢出）、SM1.2（结果为负）。

【例 4-9】在 I0.1 控制开关导通时，将 VW100（IN1）整数（16 位）与 VW110（IN2）整数（16 位）相乘，结果为 32 位数据送入 VD200（OUT）中。程序如图 4-9 所示。

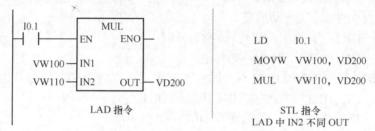

图4-9　完全整数乘法指令应用示例

4. 除法指令

除法指令是对两个有符号数进行除法操作，类同乘法指令。

（1）整数除法指令：两个 16 位整数相除，结果只保留 16 位商，不保留余数。

DIV_I：梯形图指令盒标识符。

/I：语句表指令助记符。

（2）完全整数除法指令：两个 16 位整数相除，产生一个 32 位的结果，其中低 16 位存商，高 16 位存余数。

DIV：梯形图指令盒标识符与语句表指令助记符。

（3）双整数除法指令：两个 32 位整数相除，结果只保留 32 位整数商，不保留余数。

DIV_DI：梯形图指令盒标识符。

/D：语句表指令助记符。

（4）实数除法指令：两个实数相除，产生一个实数商。

DIV_R：梯形图指令盒标识符。

/R：语句表指令助记符。

除法指令对特殊继电器位的影响同乘法指令。

【例 4-10】在 I0.1 控制开关导通时，将 VW100（IN1）整数除以 10（IN2）整数，结果为 16 位数据送入 VW200（OUT）中。程序如图 4-10 所示。

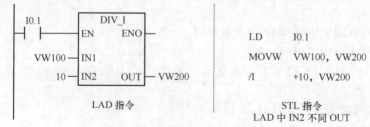

图4-10　整数除法指令应用示例

【例4-11】乘除运算指令应用示例如图4-11所示。

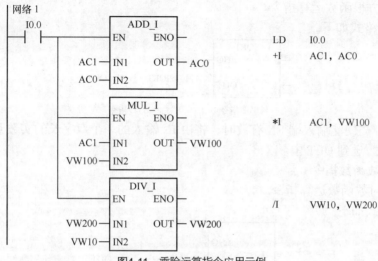

图4-11 乘除运算指令应用示例

4.2.2 自增/自减指令

自增/自减即自动加1和自动减1指令，可分为字节增/减指令（INCB/DECB）、字增/减指令（INCW/DECW）和双字增/减指令（INCD/DECD）。下面仅介绍常用的字节增/减指令。

① INCB 格式如下。

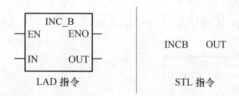

② DECB 格式如下。

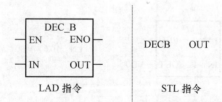

指令功能：当使能输入端 EN 有效时，将一个无符号字节数据 IN 自动加（减）1，得到的8位结果送到 OUT 中。

在梯形图中，若 IN 和 OUT 为同一存储单元，则执行该指令后，IN 单元字节数据自动加（减）1。

4.2.3 函数指令

4.5 函数指令软件调用

S7-200 系列 PLC 中的函数指令包括指数运算指令、对数运算指令、求三角函数的正弦值指令、余弦及正切值指令，其操作数均为双字长的32位实数。

1. 平方根函数

SQRT：平方根函数运算指令。

SQRT 指令格式如下。

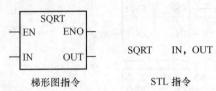

| 梯形图指令 | STL 指令 |

SQRT   IN, OUT

指令功能：当使能输入端 EN 有效时，将由 IN 输入的一个双字长的实数开平方，运算结果为 32 位的实数送到 OUT 中。

2. 自然对数函数指令

LN：自然对数函数运算指令。

LN 指令格式如下。

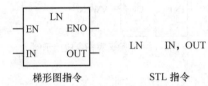

LN   IN, OUT

指令功能：当使能输入端 EN 有效时，将由 IN 输入的一个双字长的实数取自然对数，运算结果为 32 位的实数送到 OUT 中。

当求解以 10 为底 x 的常用对数时，可以分别求出 LNx 和 $LN10$（$LN10=2.302585$），然后用实数除法指令（/R）实现相除即可。

【例 4-12】求 $\log_{10}100$，其程序如图 4-12 所示。

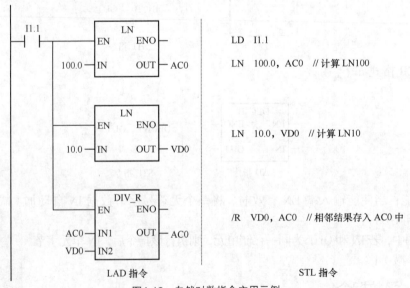

图4-12   自然对数指令应用示例

3. 指数函数指令

EXP：指数函数指令。

EXP 指令格式如下。

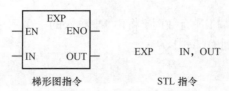

梯形图指令　　　　　　STL 指令

指令功能：当使能输入端 EN 有效时，将由 IN 输入的一个双字长的实数取以 e 为底的指数运算，其结果为 32 位的实数送到 OUT 中。

由于数学恒等式 $y^x = e^{x \ln y}$，故该指令可与自然对数指令相配合，完成以 y（任意数）为底，x（任意数）为指数的计算。

4. 正弦函数指令

SIN：正弦函数指令。

SIN 指令格式如下。

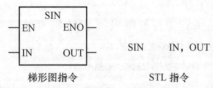

梯形图指令　　　　　　STL 指令

指令功能：当使能输入端 EN 有效时，将由 IN 输入的一个字节长的实数弧度值求正弦值，运算结果为 32 位的实数送到 OUT 中。

注意：输入字节所表示必须是弧度值（若是角度值应首先转换为弧度值）。

【例 4-13】计算 130° 的正弦值。

首先将 130° 转换为弧度值，然后输入给函数，程序如图 4-13 所示。

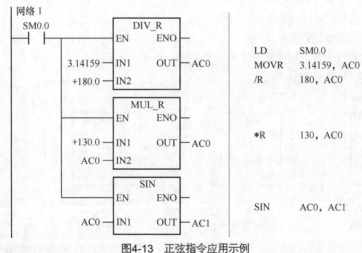

图4-13　正弦指令应用示例

5. 余弦函数指令

COS：余弦函数指令。

COS 指令格式如下。

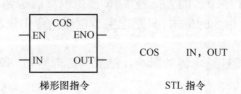

梯形图指令　　　　　　STL 指令

指令功能：当使能输入端 EN 有效时，将由 IN 输入的一个双字长的实数弧度值求余弦值，结果为一个 32 位的实数送到 OUT 中。

6. 正切函数指令

TAN：正切函数指令。

TAN 指令格式如下。

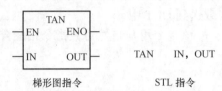

梯形图指令　　　　　　　　STL 指令

指令功能：当使能输入端 EN 有效时，将由 IN 输入的一个双字长的实数弧度值求正切值，结果为一个 32 位的实数送到 OUT 中。

上述数学函数指令运算结果置位特殊继电器 SM1.0（结果为零）、SM1.1（结果溢出）、SM1.2（结果为负）、SM4.3（运行时刻出现不正常状态）。

当 SM1.1=1（溢出）时，ENO 输出出错标志 0。

4.2.4　逻辑指令

逻辑指令是对要操作的数据按二进制位进行逻辑运算，主要包括逻辑与、逻辑或、逻辑非、逻辑异或等操作。逻辑运算指令可实现字节、字、双字运算。其指令格式类同，这里仅介绍一般字节逻辑运算指令。

字节逻辑指令包括下面 4 条。

① ANDB：字节逻辑与指令。

② ORB：字节逻辑或指令。

③ XORB：字节逻辑异或指令。

④ INVB：字节逻辑非指令。

各指令格式如下。

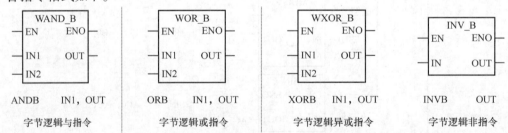

ANDB　IN1, OUT　　ORB　IN1, OUT　　XORB　IN1, OUT　　INVB　OUT

字节逻辑与指令　　　字节逻辑或指令　　　字节逻辑异或指令　　　字节逻辑非指令

指令功能：当使能输入端 EN 有效时，逻辑与、逻辑或、逻辑异或指令中的 8 位字节数 IN1 和 8 位字节数 IN2 按位相与（或、异或），结果为 1 个字节无符号数送到 OUT 中；在语句表指令中，IN1 和 OUT 按位与，其结果送入 OUT 中。

对于逻辑非指令，把 1 字节长的无符号数 IN 按位取反后送到 OUT 中。

对于字逻辑、双字逻辑指令的格式，只是把字节逻辑指令中表示数据类型的"B"改为"W"或"DW"即可。

逻辑运算指令结果对特殊继电器的影响：结果为零时置位 SM1.0，运行出现不正常状态时置位 SM4.3。

【例 4-14】利用逻辑运算指令实现下列功能：屏蔽 AC1 的高 8 位；然后 AC1 与 VW100 进行或运算结果送入 VW100；AC1 与 AC0 进行字异或结果送入 AC0；最后，AC0 字节取反后输出给 QB0。

程序如图 4-14 所示。

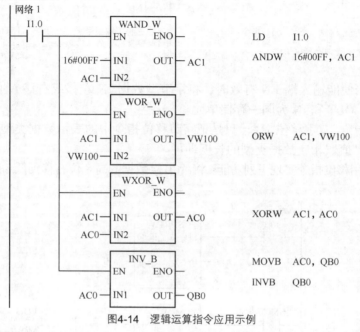

	LD I1.0
	ANDW 16#00FF, AC1
	ORW AC1, VW100
	XORW AC1, AC0
	MOVB AC0, QB0
	INVB QB0

图4-14　逻辑运算指令应用示例

4.3　移位指令

移位指令的作用是对操作数按二进制位进行移位操作，移位指令包括：左移位、右移位、循环左移位、循环右移位以及移位寄存器指令。

4.3.1　非循环移位指令

4.6　移位指令

非循环移位指令包括左移位和右移位指令，功能分别是将输入数据 IN 左移或右移 N 位，其结果送到 OUT 中。

移位指令使用时应注意以下几点。

① 被移位的数据：字节操作是无符号的；对于字和双字操作，当使用有符号数据类型时，符号位也将被移动。

② 在移位时，存放被移位数据的编程元件的移出端与特殊继电器 SM1.1 相连，移出位送 SM1.1，另一端补 0。

③ 移位次数 N 为字节型数据，它与移位数据的长度有关，如 N 小于实际的数据长度，则执行 N 次移位，如 N 大于数据长度，则执行移位的次数等于实际数据长度的位数。

④ 左、右移位指令对特殊继电器的影响：结果为零时置位 SM1.0，结果溢出时置位 SM1.1。

⑤ 运行出现不正常状态时置位 SM4.3，ENO=0。

移位指令分字节、字、双字移位指令，其指令格式类同。这里仅介绍一般字节移位指令。

字节移位指令包括字节左移位指令（SLB）和字节右移位指令（SRB），指令格式如下。

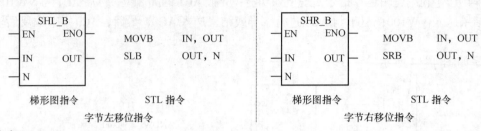

梯形图指令　　　STL 指令　　　　　　　梯形图指令　　　STL 指令

字节左移位指令　　　　　　　　　　　　字节右移位指令

其中 N≤8。

指令功能：当使能输入端 EN 有效时，将字节型数据 IN 左移或右移 N 位后，送到 OUT 中。在语句表中，OUT 和 IN 为同一存储单元。

对于字移位指令、双字移位指令，只是把字节移位指令中的表示数据类型的"B"改为"W"或"DW（D）"，N 值取相应数据类型的长度即可。

【例 4-15】利用移位指令实现下列功能：将 AC0 字数据的高 8 位右移到低 8 位，输出给 QB0。程序如图 4-15 所示。

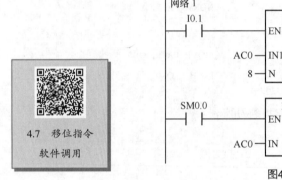
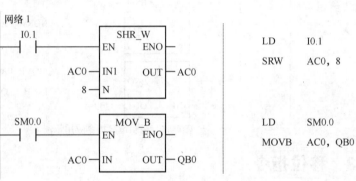

图4-15　逻辑运算指令应用示例

4.3.2　循环移位指令

循环移位指令包括循环左移和循环右移指令，分别是指将输入数据 IN 进行循环左移或循环右移 N 位后，把结果送到 OUT 中。

循环移位指令使用时应注意如下几点。

① 被移位的数据：字节操作是无符号的；对于字和双字操作，当使用有符号数据类型时，符号位也将被移动。

② 在移位时，存放被移位数据的编程元件的最高位与最低位相连，又与特殊继电器 SM1.1 相连。循环左移时，低位依次移至高位，最高位移至最低位，同时进入 SM1.1；循环右移时，高位依次移至低位，最低位移至最高位，同时进入 SM1.1。

③ 移位次数 N 为字节型数据，它与移位数据的长度有关，如 N 小于实际的数据长度，则执行 N 次移位；如 N 大于数据长度，则执行移位的次数为 N 除以实际数据长度的余数。

④ 循环移位指令对特殊继电器影响为：结果为零时置位 SM1.0，结果溢出时置位 SM1.1；运行出现不正常状态时置位 SM4.3，ENO=0。

循环移位指令也分为字节、字、双字移位指令，其指令格式类同。这里仅介绍字循环移位指令。

字循环移位指令有字循环左移指令（RLW）和字循环右移指令（RRW），指令格式如下。

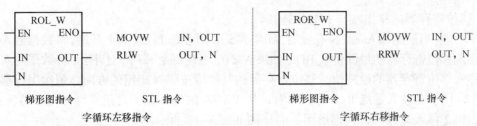

字循环左移指令   字循环右移指令

指令功能：当使能输入端 EN 有效时，把字型数据 IN 循环左移/右移 N 位后，送到 OUT 指定的字单元中。

4.3.3 寄存器移位指令

寄存器移位（SHRB）指令又称自定义位移位指令。

SHRB 格式如下。

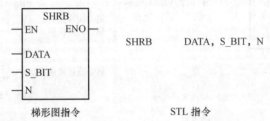

梯形图指令   STL 指令

其中：DATA 为移位寄存器的数据输入端，即要移入的位；S_BIT 为移位寄存器的最低位；N 为移位寄存器的长度和移位方向。

寄存器移位指令使用时应注意如下几点。

① 移位寄存器的操作数据由移位寄存器的长度 N（N 的绝对值≤64）任意指定。

② 移位寄存器最低位的地址为 S_BIT；最高位地址的计算方法为：

$$MSB = （|N|-1+（S\_BIT 的（位序）号））/8（商）$$

$$MSB\_M =（|N|-1+（S\_BIT 的（位序）号）)MOD 8（余数）$$

则最高位的字节地址为：MSB +S_BIT 的字节号（地址）。

最高位的位序号为：MSB_M。

例如：设 S_BIT=V20.5（字节地址为 20，位序号为 5），N=16。

则 MSB=(16−1+5)/8 的商 MSB=2、余数 MSB_M=4。

则移位寄存器的最高位的字节地址为 MSB +S_BIT 的字节号（地址）=2+20=22、位序号为 MSB_M=4，最高位为 22.4，自定义位移位寄存器为 20.5 ~ 22.4，共 16 位，如图 4−16 所示。

位号

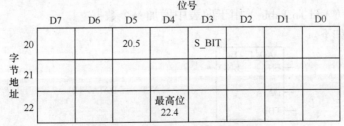

图4-16 自定义位移位寄存器示意图

③ $N > 0$ 时，为正向移位，即从最低位依次向最高位移位，最高位移出。

④ $N < 0$ 时，为反向移位，即从最高位依次向最低位移位，最低位移出。

⑤ 移位寄存器的移出端与 SM1.1 连接。

指令功能：当使能输入端 EN 有效时，如果 $N > 0$，则在每个 EN 的上升沿，将数据输入 DATA 的状态移入移位寄存器的最低位 S_BIT；如果 $N < 0$，则在每个 EN 的上升沿，将数据输入 DATA 的状态移入移位寄存器的最高位，移位寄存器的其他位按照 N 指定的方向，依次串行移位。

【例 4-16】在输入触点 I0.1 的上升沿，从 VB100 的低 4 位（自定义移位寄存器）由低向高移位，I0.2 移入最低位，其梯形图、时序图如图 4-17 所示。

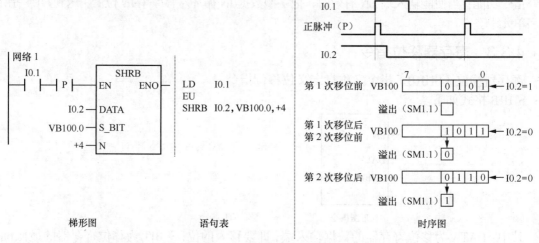

图4-17 移位寄存器应用示例

本例工作过程如下。

① 建立移位寄存器的位范围为 V100.0~V100.3，长度 $N = +4$。

② 在 I0.1 的上升，移位寄存器由低位→高位移位，最高位移至 SM1.1，最低位由 I0.2 移入。

移位寄存器指令对特殊继电器影响为：结果为零时置位 SM1.0，结果溢出时置位 SM1.1；运行出现不正常状态时置位 SM4.3，ENO=0。

4.4　表功能指令

所谓表是指定义一块连续存放数据的存储区，通过专设的表功能指令可以方便地实现对表中数据的各种操作，S7-200PLC 表功能指令包括填入指令、查找指令、取数指令。

4.4.1　填入指令

填入指令 ATT（Add To Table）用于向表中增加一个数据。

ATT 指令格式如下。

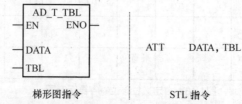

梯形图指令　　　　　STL 指令

其中：DATA 为字型数据输入端；TBL 为字型表格首地址。

指令功能：当使能输入端 EN 有效时，将输入的字型数据填写到指定的表格中。

在填表时，新数据填写到表格中最后一个数据的后面。

填入指令使用时要注意以下几点。

① 表中的第一个字存放表的最大长度（TL）；第二个字存放表内实际的项数（EC），如图 4-18 所示。

② 每填入一个新数据 EC 自动加 1。表最多可以装入 100 个有效数据（不包括 LTL 和 EC）。

③ 该指令对特殊继电器影响为：表溢出时置位 SM1.4，运行出现不正常状态时置位 SM4.3，同时 ENO=0（以下同类指令略）。

【例 4-17】将 VW100 中数据填入表中（首地址为 VW200），如图 4-18 所示。

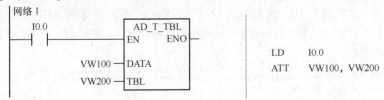

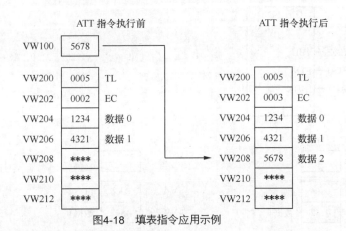

4.8　表功能指令软件调用

图4-18　填表指令应用示例

本例工作过程如下。

① 设首地址为 VW200 的表存储区（表中数据在执行本指令前已经建立，表中第一字单元存放表的长度为 5，第二字单元存放实际数据项 2 个，表中两个数据项为 1234 和 4321）。

② 将 VW100 单元的字数据 5678 追加到表的下一个单元（VW208）中，且 EC 自动加 1。

4.4.2　查表指令

查表（Table Find，FND）指令用于查找表中符合条件的字型数据所在的位置编号。

FND 指令格式如下。

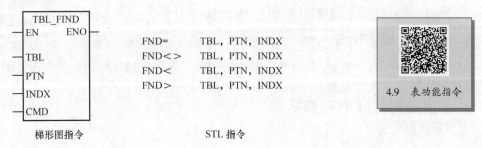

4.9　表功能指令

梯形图指令　　　　　　　　　　STL 指令

TBL：表的首地址。

PTN：需要查找的数据。

INDX：用于存放表中符合查表条件的数据的地址。

CMD：比较运算符代码 "1" "2" "3" "4" 分别代表查找条件："=" "<>" "<" ">"。

指令功能：在执行查表指令前，首先对 INDX 清零，当使能输入端 EN 有效时，从 INDX 开始搜索 TBL，查找符合 PTN 且 CMD 所决定的数据，每搜索一个数据项，INDX 自动加 1；如果发现了一个符合条件的数据，那么 INDX 指向表中该数的位置。为了查找下一个符合条件的数据，在激活查表指令前，必须先对 INDX 加 1。如果没有发现符合条件的数据，那么 INDX 等于 EC。

注意：查表指令不需要 ATT 指令中的最大填表数 TL。因此，查表指令的 TBL 操作数比 ATT 指令的 TBL 操作数高两个字节。例如，ATT 指令创建的表的 TBL=VW200，对该表进行查表指令时的 TBL 应为 VW202。

【例 4-18】查表找出 3130 数据的位置存入 AC1 中（设表中数据均为十进制数表示），程序如图 4-19 所示。

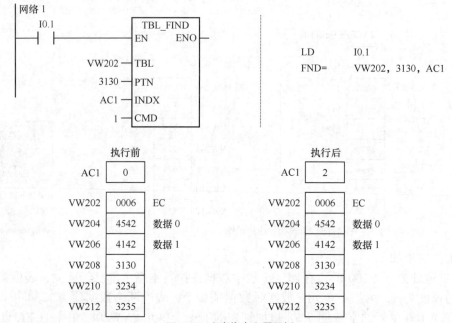

图4-19　查表指令应用示例

执行过程如下。

① 表首地址 VW202 单元，内容 0006 表示表的长度，表中数据从 VW204 单元开始。

② 若 AC1=0，在 I0.1 有效时，从 VW204 单元开始查找。

③ 在搜索到 PTN 数据 3130 时，AC1=2，其存储单元为 VW208。

4.4.3　取数指令

在 S7-200 中，可以将表中的字型数据按照 "先进先出" 或 "后进先出" 的方式取出，送到指定的存储单元。每取一个数，EC 自动减 1。

1. 先进先出（FIFO）指令

FIFO 格式如下。

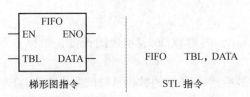

指令功能：当使能输入端 EN 有效时，从 TBL 指定的表中，取出最先进入表中的第一个数据，送到 DATA 指定的字型存储单元中，剩余数据依次上移。

FIFO 指令对特殊继电器影响为：表空时置位 SM1.5。

【例 4-19】先进先出指令应用示例如图 4-20 所示。

执行过程如下。

① 表首地址 VW200 单元，内容 0006 表示表的长度，数据 3 项，表中数据从 VW204 单元开始。

② 在 I0.0 有效时，将最先进入表中的数据 3256 送入 VW300 单元，下面数据依次上移，EC 减 1。

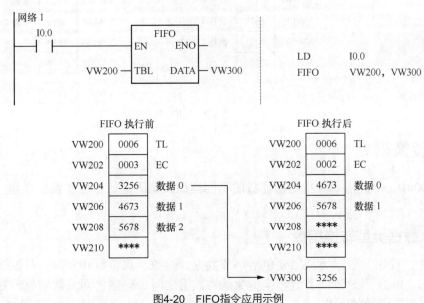

图4-20 FIFO指令应用示例

2. 后进先出（LIFO）指令

LIFO 格式如下。

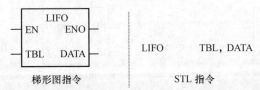

指令功能：当使能输入端 EN 有效时，从 TBL 指定的表中，取出最后进入表中的数据，送到 DATA 指定的字型存储单元，其余数据位置不变。

LIFO 指令对特殊继电器的影响为：表空时置位 SM1.5。

【例 4-20】后进先出指令应用示例如图 4-21 所示。

执行过程如下。

① 表首地址 VW100 单元，内容 0006 表示表的长度，数据 3 项，表中数据从 VW104 单元开始。

② 在 I0.0 有效时，将最后进入表中的数据 3721 送入 VW200 单元，EC 减 1。

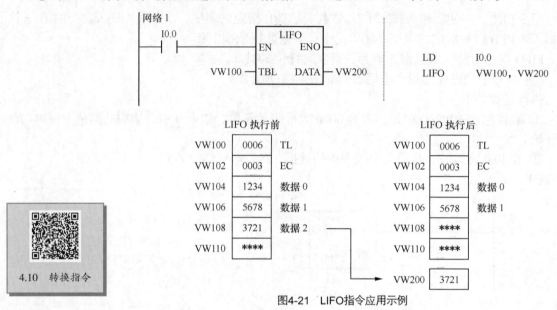

图4-21　LIFO指令应用示例

4.10　转换指令

4.5　转换指令

在 S7-200 中，转换指令是指对操作数的不同类型及编码进行相互转换的操作，以满足程序设计的需要。

4.5.1　数据类型转换指令

在 PLC 中，使用的数据类型主要包括字节数据、整数、双整数和实数，对数据的编码主要有 ASCII 码、BCD 码。数据类型转换指令是将数据之间、码制之间或数据与码制之间进行转换，以满足程序设计的需要。

1. 字节与整数转换指令

字节到整数的转换（BTI）指令和整数到字节的转换（ITB）指令的指令格式如下。

字节到整数的转换指令功能：当使能输入端 EN 有效时，将字节型数据 IN 转换成整数型数据，结果送到 OUT 中。

整数到字节的转换指令功能：当使能输入端 EN 有效时，将整数型数据 IN 转换成字节型数据，结果送到 OUT 中。

2. 整数与双整数转换指令

整数到双整数的转换（ITD）指令和双整数到整数的转换（DTI）指令的指令格式如下。

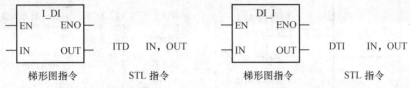

整数到双整数的转换指令功能：当使能输入端 EN 有效时，将整数型输入数据 IN 转换成双整数型数据，结果送到 OUT 中。

双整数到整数的转换指令功能：当使能输入端 EN 有效时，将双整数型输入数据 IN 转换成整数型数据，结果送到 OUT 中。

3. 双整数与实数转换指令

（1）实数到双整数转换（ROUND）指令

① ROUND 指令格式如下。

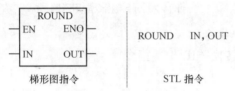

4.11 转换指令
软件调用

指令功能：当使能输入端 EN 有效时，将实数型输入数据 IN 转换成双整数型数据（对 IN 中的小数四舍五入），结果送到 OUT 中。

② 实数到双整数转换（TRUNC）指令

TRUNC 指令格式如下。

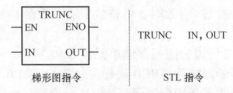

指令功能：当使能输入端 EN 有效时，将实数型输入数据 IN 转换成双整数型数据（舍去 IN 中的小数部分），结果送到 OUT 中。

（2）双整数到实数转换（DTR）指令

DTR 指令格式如下。

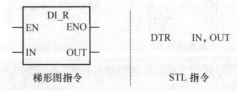

指令功能：当使能输入端 EN 有效时，将双整数型输入数据 IN 转换成实数型，结果送到 OUT 中。

【例 4-21】将计数器 C10 数值（101 英寸）转换为厘米，转换系数 2.54 存于 VD8 中，转换结果存入 VD12 中，程序如图 4-22 所示。

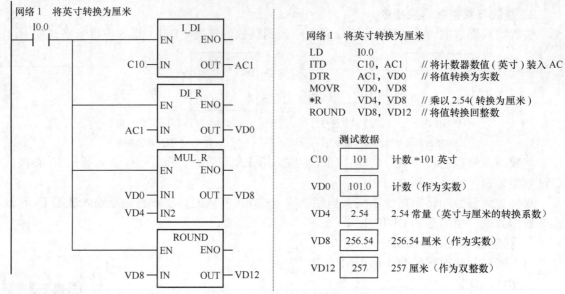

网络 1 将英寸转换为厘米

```
LD      I0.0
ITD     C10, AC1    // 将计数器数值（英寸）装入 AC
DTR     AC1, VD0    // 将值转换为实数
MOVR    VD0, VD8
*R      VD4, VD8    // 乘以 2.54（转换为厘米）
ROUND   VD8, VD12   // 将值转换回整数
```

测试数据

C10	101	计数 =101 英寸
VD0	101.0	计数（作为实数）
VD4	2.54	2.54 常量（英寸与厘米的转换系数）
VD8	256.54	256.54 厘米（作为实数）
VD12	257	257 厘米（作为双整数）

图4-22　转换指令应用示例

4. 整数与 BCD 码转换指令

（1）整数到 BCD 码的转换（IBCD）指令

IBCD 指令格式如下。

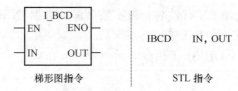

梯形图指令　　　　　　　　STL 指令

指令功能：当使能输入端 EN 有效时，将整数型输入数据 IN（0~9999）转换成 BCD 码数据，结果送到 OUT 中。

在语句表中，IN 和 OUT 可以为同一存储单元。

上述指令对特殊继电器的影响为：BCD 码错误，置位 SM1.6。

（2）BCD 码到整数的转换（BCDI）指令

BCDI 指令格式如下。

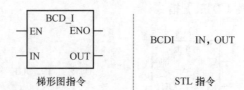

梯形图指令　　　　　　　　STL 指令

指令功能：当使能输入端 EN 有效时，将 BCD 码输入数据 IN（0~9999）转换成整数型数据，结果送到 OUT 中。

在语句表中，IN 和 OUT 可以为同一存储单元。

上述指令对特殊继电器的影响为：BCD 码错误，置位 SM1.6。

【例 4-22】将存放在 AC0 中的 BCD 码数 0001 0110 1000 1000（图中使用十六进制数表示

为 1688）转换为整数，指令如图 4-23 所示。

图4-23 BCD码到整数的转换指令应用示例

转换结果 AC0=0698（十六进制数）。

4.5.2 编译码指令

1. 编码（ENCO）指令

在数字系统中，编码是指用二进制代码表示相应的信息位。

ENCO 指令格式如下。

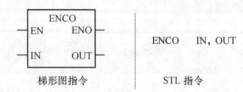

IN：字型数据。

OUT：字节型数据低 4 位。

指令功能：当使能输入端 EN 有效时，将 16 位字型输入数据 IN 的最低有效位（值为 1 的位）的位号进行编码，编码结果送到由 OUT 指定字节型数据的低 4 位。

例如：设 VW20=0000000 00010000（最低有效位号为 4）；

  执行指令：ENCO VW20,VB1

  结果：VW20 的数据不变，VB1=×××× 0100（VB1 高 4 位不变）。

2. 译码（DECO）指令

译码是指将二进制代码用相应的信息位表示。

DECO 指令格式如下。

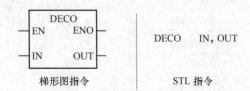

IN：字节型数据。

OUT：字型数据。

指令功能：当使能输入端 EN 有效时，将字节型输入数据 IN 的低 4 位的内容译成位号（00~15），由该位号指定 OUT 字型数据中对应位置 1，其余位置 0。

例如：设 VB1=00000100=4；

  执行指令：DECO VB1,AC0

  结果：VB1 的数据不变，AC0=00000000 00010000（第 4 位置 1）。

4.5.3　七段 LED 数码管显示指令

1. 七段 LED 显示数码管

在一般控制系统中，用 LED 作状态指示器具有电路简单、功耗低、寿命长、响应速度快等特点。LED 显示器是由若干个发光二极管组成显示字段的显示器件，应用系统中通常使用七段 LED 显示器，如图 4-24 所示。

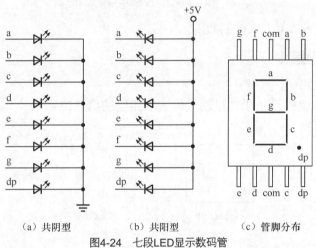

（a）共阴型　　　　　（b）共阳型　　　　　（c）管脚分布

图4-24　七段LED显示数码管

控制显示各数码加在数码管上的二进制数据成为断码，显示各数码共阴和共阳七段 LED 数码管所对应的段码见表 4-1。

表 4-1　　　　　　　　　　　　　七段 LED 显示数码管的段码

显示数码	共阴型段码	共阳型段码	显示数码	共阴型段码	共阳型段码
0	00111111	11000000	A	01110111	10001000
1	00000110	11111001	b	01111100	10000011
2	01011011	10100100	c	00111001	11000110
3	01001111	10110000	d	01011110	10100001
4	01100110	10011001	E	01111001	10000110
5	01101101	10010010	F	01110001	10001110
6	01111101	10000010			
7	00000111	11111000			
8	01111111	10000000			
9	01101111	10010000			

注：表中段码顺序为 "dp gfedcba"。

在 LED 共阳极连接时，各 LED 阳极共接电源正极，如果向控制端 abcdefgdp 对应送入 00000011 信号，则该显示器显示 "0" 字形；在 LED 共阴极连接时，各 LED 阴极共接电源负极（地），如果向控制端 abcdefgdp 对应送入 11111100 信号，则该显示器显示 "0" 字形。

2. 七段显示码（SEG）指令

七段显示码（SEG）指令专用于 PLC 输出端外接七段数码管的显示控制。

SEG 指令格式如下。

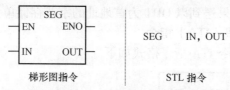

梯形图指令　　　　　　　　STL 指令

指令功能：当使能输入端 EN 有效时，将字节型输入数据 IN 的低 4 位对应的七段共阴极显示码，输出到 OUT 指定的字节单元（如果该字节单元是输出继电器字节 QB，则 QB 可直接驱动数码管）中。

例如：设 QB0.0~QB0.7 分别连接数码管的 a、b、c、d、e、f、g 及 dp（数码管共阴极连接），显示 VB1 中的数值（设 VB1 的数值在 0~F 内）。

若 VB1=00000100=4；

执行指令：SEG　VB1, QB0

结果：VB1 的数据不变，QB0= 01100110（"4" 的共阴极七段码），该信号使数码管显示 "4"。

4.5.4　字符串转换指令

字符串是指由 ASCII 码所表示的字符的序列，如 "ABC"，其 ASCII 码分别为 "65、66、67"。字符串转换指令是实现由 ASCII 码表示字符串数据与其他数据类型之间的转换。

1. ASCII 码与十六进制数的转换

（1）ASCII 码转换为十六进制数（ATH）指令

ATH 指令格式如下。

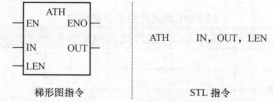

梯形图指令　　　　　　　　STL 指令

其中：IN 为开始字符的字节首地址；LEN 为字符串长度，字节型，最大长度 255；OUT 为输出字节首地址。

指令功能：当使能输入端 EN 有效时，把从 IN 开始的 LEN（长度）个字节单元的 ASCII 码，相应转换成十六进制数，依次送到 OUT 开始的 LEN 个字节存储单元中。

（2）十六进制数转换为 ASCII 码（HTA）指令

HTA 指令格式如下。

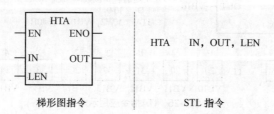

梯形图指令　　　　　　　　STL 指令

其中：IN 为十六进制开始位的字节首地址；LEN 为转换位数，字节型，最大长度 255；OUT 为输出字节首地址。

指令功能：当使能输入端 EN 有效时，把从 IN 开始的 LEN 个十六进制数的每一数位转换为相应的 ASCII 码，并将结果送到以 OUT 为首地址的字节存储单元中。

2. 整数转换为 ASCII 码（ITA）指令

整数转换为 ASCII 码指令 ITA 指令格式如下。

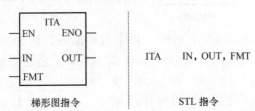

梯形图指令   STL 指令

其中：IN 为整数数据输入；FMT 为转换精度或转换格式（小数位或格式整数的表示方式）；OUT 为连续 8 个输出字节的首地址。

指令功能：当 EN 有效时，把整数输入数据 IN，根据 FMT 指定的转换精度，转换成 8 个字符的 ASCII 码，并将结果送到以 OUT 为首地址的 8 个连续字节存储单元中。

操作数 FMT 的定义如下。

在 FMT 中，高 4 位必须是 0。C 为小数点的表示方式，C=0 时，用小数点来分隔整数和小数；C=1 时，用逗号来分隔整数和小数。nnn 表示在首地址为 OUT 的 8 个连续字节中小数的位数，nnn=000~101，分别对应 0~5 个小数位，小数部分的对齐方式为右对齐。

例如：在 C=0，nnn=011 时，其数据格式在 OUT 中的表示方式见表 4-2。

表 4-2　　　　　　　　　　　　经 FMT 格式化后的数据格式

IN	OUT	OUT+1	OUT+2	OUT+3	OUT+4	OUT+5	OUT+6	OUT+7
12				0	.	0	1	2
−123			−	0	.	1	2	3
1234				1	.	2	3	4
−12345		−	1	2	.	3	4	5

【例 4-23】ITA 指令应用示例如图 4-25 所示。

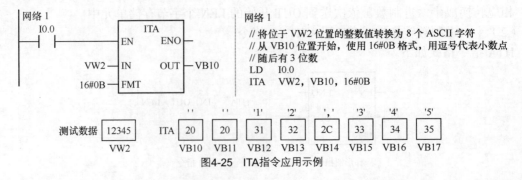

网络 1
// 将位于 VW2 位置的整数值转换为 8 个 ASCII 字符
// 从 VB10 位置开始，使用 16#0B 格式，用逗号代表小数点
// 随后有 3 位数
LD   I0.0
ITA   VW2, VB10, 16#0B

图4-25　ITA指令应用示例

① 图中 VB10~VB17 单元存放的为十六进制表示的 ASCII 码。

② FMT 操作数 16#0B 的二进制数为 00001011。

双整数转换为 ASCII 码（DTA）指令类同 ITA，读者可查阅 S7-200 编程手册。

3. 实数转换为 ASCII 码（RTA）指令

RTA 指令格式如下。

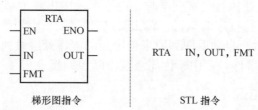

梯形图指令 | STL 指令

其中：IN 为实数数据输入；FMT 为转换精度或转换格式（小数位表示方式）；OUT 为连续 3~15 个输出字节的首地址。

指令功能：当 EN 有效时，把实数输入 IN，根据 FMT 指定的转换精度，转换成始终是 8 个字符的 ASCII，并将结果送到以 OUT 为首地址的 3~15 个连续字节存储单元中。

FMT 的定义如下。

```
MSB                              LSB
7                                  0
 s   s   s   s   c   n   n   n
```

在 FMT 中，高 4 位 SSSS 表示以 OUT 为首地址的连续存储单元的字节数，SSSS=3~15。C 及 nnn 同前面 FMT 介绍。

例如：在 SSSS=0110，C=0，nnn=001 时，用小数点进行格式化处理的数据格式，在 OUT 中的表示格式见表 4-3。

表 4-3　　　　　　　　　　　　经 FMT 后的数据格式

IN	OUT	OUT+1	OUT+2	OUT+3	OUT+4	OUT+5
1234.5	1	2	3	4	.	5
0.0004				0	.	0
1.96				2	.	0
−3.6571			−	3	.	7

【例 4-24】RTA 指令应用示例如图 4-26 所示。

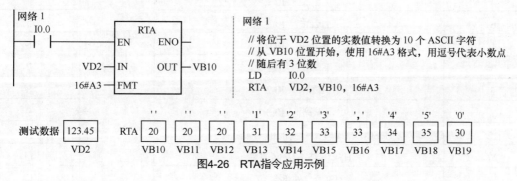

图4-26　RTA指令应用示例

其中，16#A3 的二进制数为 10100011，高 4 位 1010 表示以 OUT 为首地址的连续 10 个字节存储单元存放转换结果。

4.6　中断指令

所谓中断是指当 PLC 在执行正常程序时，由于系统中出现了某些急需处理的特殊情况或请求，使 PLC 暂时停止现行程序的执行，转去对这种特殊情况或请求进行处理（即执行中断服务程序），当处理完毕后，自动返回到原来被中断的程序处继续执行。S7-200 系列 PLC 中断系统包括中断源、中断事件号、中断优先级及中断控制指令。

4.6.1　中断预备知识

S7-200 对申请中断的事件、请求及其中断优先级在硬件上都进行了明确的规定和分配，通过软中断指令可以方便地对中断进行控制和调用。

1. 中断源及中断事件号

中断源是请求中断的来源。在 S7-200 中，中断源分为三大类：通信中断、输入/输出中断和时基中断，共 34 个中断源。每个中断源都分配一个编号，称为中断事件号，中断指令是通过中断事件号来识别中断源的，见表 4-4。

表 4-4　　　　　　　　　　　　中断事件号及优先级顺序

中断事件号	中断源描述	优先级	组内优先级
8	端口 0：接收字符	通信中断（最高）	0
9	端口 0：发送完成		0
23	端口 0：接收信息完成		0
24	端口 1：接收信息完成		1
25	端口 1：接收字符		1
26	端口 1：发送完成		1
19	PTO　0 完成中断	I/O 中断（中等）	0
20	PTO　1 完成中断		1
0	上升沿　I0.0		2
2	上升沿　I0.1		3
4	上升沿　I0.2		4
6	上升沿　I0.3		5
1	下降沿　I0.0		6
3	下降沿　I0.1		7
5	下降沿　I0.2		8
7	下降沿　I0.3		9
12	HSC0　CV=PV（当前值=预置值）		10
27	HSC0　输入方向改变		11
28	HSC0　外部复位		12

续表

中断事件号	中断源描述	优先级	组内优先级
13	HSC1　CV=PV（当前值=预置值）		13
14	HSC1　输入方向改变		14
15	HSC1　外部复位		15
16	HSC2　CV=PV（当前值=预置值）		16
17	HSC2　输入方向改变		17
18	HSC2　外部复位	I/O 中断	18
19	HSC3　CV=PV（当前值=预置值）	（中等）	19
20	HSC4　CV=PV（当前值=预置值）		20
21	HSC4　输入方向改变		21
22	HSC4　外部复位		22
23	HSC5　CV=PV（当前值=预置值）		23
10	定时中断 0　SMB34		0
11	定时中断 1　SMB35	定时中断	1
21	定时器 T32　CT=PT 中断	（最低）	2
22	定时器 T96　CT=PT 中断		3

（1）通信中断

PLC 与外部设备或上位机进行信息交换时可以采用通信中断，它包括 6 个中断源（中断事件号为：8、9、23、24、25、26）。通信中断源在 PLC 的自由通信模式下，通信口的状态可由程序来控制。用户可以通过编程来设置协议、波特率和奇偶校验等参数。

（2）I/O 中断

I/O 中断是指由外部输入信号控制引起的中断。

① 外部输入中断：利用 I0.0~I0.3 的上升沿可以产生 4 个外部中断请求；利用 I0.0~I0.3 的下降沿可以产生 4 个外部中断请求。

② 脉冲输入中断：利用高速脉冲输出 PTO0、PTO1 的串，输出完成可以产生 2 个中断请求。

③ 高速计数器中断：利用高速计数器 HSCn 的计数当前值等于设定值、输入计数方向的改变、计数器外部复位等事件，可以产生 14 个中断请求。

（3）时基中断

通过定时和定时器的时间到达设定值引起的中断为时基中断。

① 定时中断：设定定时时间以 ms 为单位（范围为 1~255ms），当时间到达设定值时，对应的定时器溢出产生中断，在执行中断处理程序的同时，继续下一个定时操作，周而复始，因此，该定时时间称为周期时间。定时中断有定时中断 0 和定时中断 1 两个中断源，设置定时中断 0 需要把周期时间值写入 SMB34；设置定时中断 1 需要把周期时间写入 SMB35。

② 定时器中断：利用定时器定时，时间到达设定值时产生中断，定时器只能使用分辨率为 1ms 的 TON/TOF 定时器 T32 和 T96。当定时器的当前值等于设定值时，在主机正常的定时刷新中，执行中断程序。

2. 中断优先级

在 PLC 应用系统中通常有多个中断源,给各个中断源指定处理的优先次序称为中断优先级。这样,当多个中断源同时向 CPU 申请中断时,CPU 将优先响应处理优先级高的中断源的中断请求。西门子公司 CPU 规定的中断优先级由高到低依次是:通信中断、输入/输出中断、定时中断,而每类中断的中断源又有不同的优先权,见表 4-4。

经过中断判优后,将优先级最高的中断请求送给 CPU,CPU 响应中断后首先自动保护现场数据(如逻辑堆栈、累加器和某些特殊标志寄存器位),然后暂停正在执行的程序(断点),转去执行中断处理程序。中断处理完成后,又自动恢复现场数据,最后返回断点继续执行原来的程序。在相同的优先级内,CPU 是按先来先服务的原则以串行方式处理中断的,因此,任何时间内,只能执行一个中断程序。对于 S7-200 系统,一旦中断程序开始执行,它不会被其他中断程序及更高优先级的中断程序所打断,而是一直执行到中断程序的结束。当另一个中断正在处理中,新出现的中断需要排队,等待处理。

4.6.2 中断指令的指令格式

中断功能及操作通过中断指令来实现,S7-200 提供的中断指令有 5 条:中断允许指令、中断禁止指令、中断连接指令、中断分离指令及中断返回指令,指令格式及功能见表 4-5。

表 4-5 中断类指令的指令格式

LAD	STL	功能描述
—(ENI)	ENI	中断允许指令 开中断指令,输入控制有效时,全局地允许所有中断事件中断
—(DISI)	DISI	中断禁止指令 关中断指令,输入控制有效时,全局地关闭所有被连接的中断事件
ATCH EN ENO INT EVENT	ATCH INT, EVENT	中断连接指令 又称中断调用指令,使能输入有效时,把一个中断源的中断事件号 EVENT 和相应的中断处理程序 INT 联系起来,并允许这一中断事件
DTCH EN ENO EVENT	DTCH EVENT	中断分离指令 使能输入有效时,切断一个中断事件号 EVENT 和所有中断程序的联系,并禁止该中断事件
—(RETI)	CRETI	有条件中断返回指令 输入控制信号(条件)有效时,中断程序返回

中断指令使用说明如下。

① 操作数 INT:输入中断服务程序号 INTn($n = 0 \sim 127$),该程序为中断要实现的功能操作,其建立过程同子程序。

② 操作数 EVENT:输入中断源对应的中断事件号(字节型常数 $0 \sim 33$)。

③ 当 PLC 进入正常运行 RUN 模式时，系统初始状态为禁止所有中断，在执行中断允许指令 ENI 后，允许所有中断，即开中断。

④ 中断分离指令 DTCH 禁止该中断事件 EVENT 和中断程序之间的联系，即用于关闭该事件中断；全局中断禁止指令 DISI，禁止所有中断。

4.12　中断指令

⑤ RETI 为有条件中断返回指令，需要用户编程实现；Step-Micro/WIN 自动为每个中断处理程序的结尾设置无条件返回指令，不需要用户书写。

⑥ 多个中断事件可以调用同一个中断程序，但一个中断事件不能同时连续调用多个中断程序。

4.6.3　中断设计方法

为实现中断功能操作，执行相应的中断程序（也称中断服务程序或中断处理程序），在 S7-200 中，中断设计方法如下。

① 确定中断源（中断事件号）申请中断所需要执行的中断处理程序，并建立中断处理程序 INTn，其建立方法类同子程序，唯一不同的是在子程序建立窗口中的 Program Block 中选择 INTn 即可。

② 在上面所建立的编辑环境中编辑中断处理程序。中断服务程序由中断程序号 INTn 开始，以无条件返回指令结束。在中断程序中，用户也可根据前面逻辑条件使用条件返回指令，返回主程序。注意，PLC 系统中的中断指令与一般微机中的中断有所不同，它不允许嵌套。

中断服务程序中禁止使用以下指令：DISI、ENI、CALL、HDEF、FOR/NEXT、LSCR、SCRE、SCRT、END。

③ 在主程序或控制程序中，编写中断连接（调用）指令（ATCH），操作数 INT 和 EVENT 由步骤①所确定。

④ 设中断允许指令（开中断 ENI）。

⑤ 在需要的情况下，可以设置中断分离指令（DTCH）。

4.13　中断指令
软件调用

【例 4-25】编写实现中断事件 0 的控制程序。

中断事件 0 是中断源 I0.0 上升沿产生的中断事件。

当 I0.0 有效且开中断时，系统可以对中断 0 进行响应，执行中断服务程序 INT0，中断服务程序的功能为是若使 I1.0 接通，则 Q1.0 为 ON。

若 I0.0 发生错误（自动 SM5.0 接通有效），则立即禁止其中断。

主程序及中断子程序如图 4-27 所示。

【例 4-26】编写定时中断周期性（每隔 100ns）采样模拟输入信号的控制程序。

（1）由主程序调用子程序 SBR_0。

（2）子程序中：

① 设定定时中断 0（中断事件 10 号），时间间隔 100ms（即将 100 送入 SMB34）；

② 通过 ATCH 指令把 10 号中断事件和中断处理程序 INT_0 连接起来；

③ 允许全局中断。

从而实现子程序每隔 100ms 调用一次中断程序 INT_0。

（3）中断程序中，读取模拟通道输入寄存器的值送入 VW4 字单元。

控制程序如图 4-28 所示。

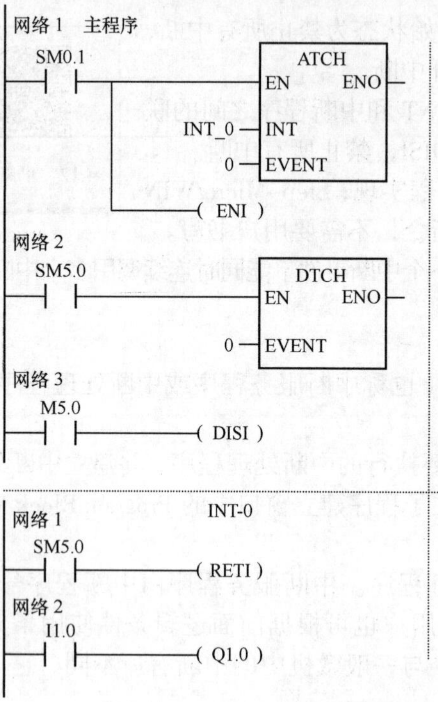

网络1　主程序
SM0.1

```
        ATCH
     EN    ENO
INT_0─INT
    0─EVENT
```

（ ENI ）

网络1　主程序
// 在首次扫描时，将中断处理程序 INT_0 定义为
// I0.0 上升沿中断（0 号），并全局启用中断

```
LD      I0.0
ATCH    INT_0, 0
ENI
```

网络2
SM5.0

```
        DTCH
     EN    ENO
    0─EVENT
```

网络2
// 检测到 I/O 错误，置位 SM5.0 则禁用 I0.0 的下降沿中断

```
LD      SM5.0
DTCH    0
```

网络3
M5.0
（ DISI ）

网络3
// 当 M5.0 打开时，禁止所有的中断

```
LD      M5.0
DISI
```

网络1　　　　INT-0
SM5.0
（ RETI ）

网络2
I1.0
（ Q1.0 ）

网络1　中断程序 INT-0
// I0.0 上升沿中断处理程序
// 根据 I/O 错误执行的有条件返回

```
LD      SM5.0
CRET
```
网络2
```
LD  I1.0
=   Q1.0
```

图4-27　中断程序示例

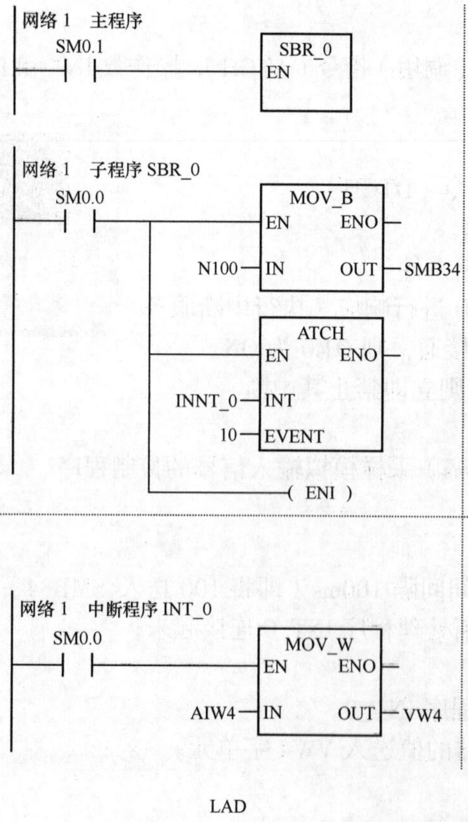

网络1　主程序
SM0.1

```
     SBR_0
   EN
```

网络1　主程序

```
LD  SM0.1
CALL SBR_0 // 在首次扫描时，调用子程序 SBR_0
```

网络1　子程序 SBR_0
SM0.0

```
        MOV_B
     EN    ENO
N100─IN   OUT─SMB34
```

```
        ATCH
     EN    ENO
INNT_0─INT
    10─EVENT
```

（ ENI ）

子程序　SBR_0

网络1　　　　　　// 每 100ms 调用一次中断程序 INT0

```
LD      SM0.0
MOVB    100SMB34    // 设置定时中断时间间隔 100ms
ATCH    INT_0, 10   // 连接中断程序 INT0 到定时中断 0
                    // （中断事件号 10 号）
ENI                 // 允许全局中断
```

网络1　中断程序 INT_0

// 每 100ms 执行一次中断程序

网络1　中断程序 INT_0
SM0.0

```
        MOV_W
     EN    ENO
AIW4─IN   OUT─VW4
```

```
LD  SM0.0
MOVW    AIW4, VW4  // 读取模拟通道输入寄存器 AIW4 值
                   // 送入 VW4
```

LAD　　　　　　　　　　　　　　　　　　STL

图4-28　定时中断周期性读取模拟输入信号示例

4.7 高速处理指令

高速处理指令有高速计数指令和高速脉冲输出指令两类。

4.7.1 高速计数指令

高速计数器（High Speed Counter，HSC）用来累计比 PLC 扫描频率高得多的脉冲输入（30kHz），适用于自动控制系统的精确定位等领域。高速计数器是通过在一定的条件下产生的中断事件完成预定的操作。

1. S7-200 高速计数器

不同型号 PLC 主机，高速计数器的数量不同，使用时每个高速计数器都有地址编号 HSCn，其中，HSC 表示该编程元件是高速计数器，n 为地址编号。S7-200 系列中 CPU221 和 CPU222 支持 4 个高速计数器，它们是 HSC0、HSC3、HSC4 和 HSC5；CPU224 和 CPU226 支持 6 个高速计数器，它们是 HSC0~HSC5。每个高速计数器包含有两方面的信息：计数器位和计数器当前值。高速计数器的当前值为双字长的有符号整数，且为只读值。

2. 中断事件类型

高速计数器的计数和动作可采用中断方式进行控制。不同型号的 PLC 采用高速计数器的中断事件有 14 个，大致可分为三种类型。

① 计数器当前值等于预设值中断。

② 计数输入方向改变中断。

③ 外部复位中断。

所有高速计数器都支持当前值等于预设值中断，但并不是所有的高速计数器都支持三种类型，高速计数器产生的中断源、中断事件号及中断源优先级见表 4-4。

3. 工作模式和输入点的连接

（1）工作模式

每种高速计数器有多种功能不同的工作模式，高速计数器的工作模式与中断事件密切相关。使用任一个高速计数器，首先要定义高速计数器的工作模式（可用 HDEF 指令来进行设置）。

在指令中，高速计数器使用 0 ~ 11 表示 12 种工作模式。

不同的高速计数器有不同的模式，见表 4-6 和表 4-7。

表 4-6　　　　HSC0、HSC3、HSC4、HSC5 工作模式

计数器名称	HSC0			HSC3	HSC4			HSC5
计数器工作模式	I0.0	I0.1	I0.2	I0.1	I0.3	I0.4	I0.5	I0.4
0：带内部方向控制的单向计数器	计数			计数	计数			计数
1：带内部方向控制的单向计数器	计数		复位		计数		复位	
2：带内部方向控制的单向计数器								
3：带外部方向控制的单向计数器	计数	方向			计数	方向		
4：带外部方向控制的单向计数器	计数	方向	复位		计数	方向	复位	
5：带外部方向控制的单向计数器								
6：增、减计数输入的双向计数器	增计数	减计数			增计数	减计数		

续表

计数器名称	HSC0			HSC3	HSC4			HSC5
7：增、减计数输入的双向计数器	增计数	减计数	复位		增计数	减计数	复位	
8：增、减计数输入的双向计数器								
9：A/B 相正交计数器（双计数输入）	A 相	B 相			A 相	B 相		
10：A/B 相正交计数器（双计数输入）	A 相	B 相	复位		A 相	B 相	复位	
11：A/B 相正交计数器（双计数输入）								

例如，模式 0（单相计数器）：一个计数输入端，计数器 HSC0、HSC1、HSC2、HSC3、HSC4、HSC5 可以工作在该模式。HSC0 ～ HSC5 计数输入端分别对应为 I0.0、I0.6、I1.2、I0.1、I0.3、I0.4。

表 4-7 　　　　　　　　　　　HSC1、HSC2 工作模式

计数器名称	HSC1				HSC2			
计数器工作模式	I0.6	I0.7	I1.0	I1.1	I1.2	I1.3	I1.4	I1.5
0：带内部方向控制的单向计数器	计数				计数			
1：带内部方向控制的单向计数器	计数		复位		计数		复位	
2：带内部方向控制的单向计数器	计数		复位	启动	计数		复位	启动
3：带外部方向控制的单向计数器	计数	方向			计数	方向		
4：带外部方向控制的单向计数器	计数	方向	复位		计数	方向	复位	
5：带外部方向控制的单向计数器	计数	方向	复位	启动	计数	方向	复位	启动
6：增、减计数输入的双向计数器	增计数	减计数			增计数	减计数		
7：增、减计数输入的双向计数器	增计数	减计数	复位		增计数	减计数	复位	
8：增、减计数输入的双向计数器	增计数	减计数	复位	启动	增计数	减计数	复位	启动
9：A/B 相正交计数器（双计数输入）	A 相	B 相			A 相	B 相		
10：A/B 相正交计数器（双计数输入）	A 相	B 相	复位		A 相	B 相	复位	
11：A/B 相正交计数器（双计数输入）	A 相	B 相	复位	启动	A 相	B 相	复位	启动

例如，模式 11（正交计数器）：两个计数输入端，只有计数器 HSC1、HSC2 可以工作在该模式，HSC1 计数输入端为 I0.6（A 相）和 I0.7（B 相），所谓正交指当 A 相计数脉冲超前 B 相计数脉冲时，计数器执行增计数；当 A 相计数脉冲滞后 B 相计数脉冲时，计数器执行减计数。

（2）输入点的连接

在使用一个高速计数器时，除了要定义它的工作模式外，还必须注意系统定义的固定输入点的连接。如 HSC0 的输入连接点有 I0.0（计数）、I0.1（方向）、I0.2（复位）；HSC1 的输入连接点有 I0.6（计数）、I0.7（方向）、I1.0（复位）、I1.1（启动）。

使用时必须注意，高速计数器输入点、输入/输出中断的输入点都在一般逻辑量输入点的编号范围内。一个输入点只能作为一种功能使用，即一个输入点可以作为逻辑量输入或高速计数输入或外部中断输入，但不能重叠使用。

4. 高速计数器控制字、状态字、当前值及设定值

（1）控制字

在设置高速计数器的工作模式后，可通过编程控制计数器的操作要求，如启动和复位计数器、计数器计数方向等参数。

S7-200 为每一个计数器提供一个控制字节存储单元，并对单元的相应位进行参数控制定义，这一定义称其为控制字。编程时，只需要将控制字写入相应计数器的存储单元即可。控制字定义格式及各个计数器使用的控制字存储单元见表 4-8。

表 4-8　　　　　　　　　　　　　高速计数器控制字格式

位地址	控制字各位功能	HSC0 SM37	HSC1 SM47	HSC2 SM57	HSC3 SM137	HSC4 SM147	HSC5 SM157
0	复位电平控制 0：高电平 1：低电平	SM37.0	SM47.0	SM57.0		SM147.0	
1	启动控制 1：高电平启动 0：低电平启动	SM37.1	SM47.1	SM57.1		SM147.1	
2	正交速率 1：1 倍速率 0：4 倍速率	SM37.2	SM47.2	SM57.2		SM147.2	
3	计数方向 0：减计数 1：增计数	SM37.3	SM47.3	SM57.3	SM137.3	SM147.3	SM157.3
4	计数方向改变 0：不能改变 1：改变	SM37.4	SM47.4	SM57.4	SM137.4	SM147.4	SM157.4
5	写入预设值允许：0：不允许 1：允许	SM37.5	SM47.5	SM57.5	SM137.5	SM147.5	SM157.5
6	写入当前值允许 0：不允许 1：允许	SM37.6	SM47.6	SM57.6	SM137.6	SM147.6	SM157.6
7	HSC 指令允许 0：禁止 HSC 1：允许 HSC	SM37.7	SM47.7	SM57.7	SM137.7	SM147.7	SM157.7

例如，选用计数器 HSC0 工作在模式 3，要求复位和启动信号为高电平有效、1 倍计数速率、减方向不变、允许写入新值、允许 HSC 指令，则其控制字节为 SM37=2#11100100。

（2）状态字

每个高速计数器都配置一个 8 位字节单元，每一位用来表示这个计数器的某种状态，在程序运行时自动使某些位置位或清零，这个 8 位字节称其为状态字。HSC0~HSC5 配备相应的状态字节单元为特殊存储器 SM36、SM46、SM56、SM136、SM146、SM156。

各字节的 0 ~ 4 位未使用；第 5 位表示当前计数方向（1 为增计数）；第 6 位表示当前值是否等于预设值（0 为不等于，1 为等于）；第 7 位表示当前值是否大于预设值（0 为小于等于，1 为大于），在设计条件判断程序结构时，可以读取状态字判断相关位的状态，来决定程序应该执行的操作。

（3）当前值

各个高速计数器均设 32 位特殊存储器字单元为计数器当前值（有符号数），计数器 HSC0~HSC5 当前值对应的存储器为 SMD38、SMD48、SMD58、SMD138、SMD148、SMD158。

（4）预设值

各个高速计数器均设 32 位特殊存储器字单元为计数器预设值（有符号数），计数器 HSC0~HSC5 预设值对应的存储器为 SMD42、SMD52、SMD62、SMD142、SMD152、SMD162。

5. 高速计数指令

高速计数指令有两条：HDEF 和 HSC，其指令格式和功能见表 4-9。

使用时要注意以下几点。

① 每个高速计数器都有固定的特殊功能存储器与之配合，完成高速计数功能。这些特殊功能寄存器包括 8 位状态字节、8 位控制字节、32 位当前值、32 位预设值。

② 对于不同的计数器，其工作模式是不同的。

③ HSC 的 EN 是使能控制，不是计数脉冲，外部计数输入端见表 4-6、表 4-7。

表 4-9 高速计数指令的格式、功能

LAD	STL	功能及参数
HDEF EN ENO HSC MODE	HDEF HSC, MODE	高速计数器定义指令： 使能输入有效时，为指定的高速计数器分配一种工作模式。 HSC：输入高速计数器编号（0~5）。 MODE：输入工作模式（0~11）
HSC EN ENO N	HSC N	高速计数器指令： 使能输入有效时，根据高速计数器特殊存储器的状态，并按照 HDEF 指令指定的模式，设置高速计数器并控制其工作。 N：高速计数器编号（0~5）

6. 高速计数器初始化程序

使用高速计数器必须编写初始化程序，其编写步骤如下。

（1）人工选择高速计数器、确定工作模式。

根据计数的功能要求，选择 PLC 主机型号，如 S7-200 中，CPU222 有 4 个高速计数器（HSC0、HSC3、HSC4 和 HSC5）；CPU224 有 6 个高速计数器（HSC0~HSC5），由于不同的计数器其工作模式是不同的，故主机型号和工作模式应统筹考虑。

（2）编程写入设置的控制字。

根据控制字（8 位）的格式，设置控制计数器操作的要求，并根据选用的计数器号将其通过编程指令写入相应的 SMB××中。

（3）执行高速计数器定义指令 HDEF。

在该指令中，输入参数为所选计数器的号值（0~5）及工作模式（0~11）。

（4）编程写入计数器当前值和预设值。

将 32 位的计数器当前值和 32 位的计数器的预设值写入与计数器相应的 SMD××中，初始化设置当前值是指计数器开始计数的初值。

（5）执行中断连接指令 ATCH。

在该指令中，输入参数为中断事件号 EVENT 和中断处理程序 INTn，建立 EVENT 与 INTn的联系（一般情况下，可根据计数器的当前值与预设值的比较条件是否满足产生中断）。

（6）执行全局开中断指令 ENI。

（7）执行 HSC 指令。

在该指令中，输入计数器编号，在 EN 信号的控制下，开始对计数器对应的计数输入端脉冲计数。

【例 4-27】带外部方向控制的单向计数器，增计数、外部低电平复位、外部低电平启动、允许更新当前值、允许更新预设值、初始计数值=0、预设值=50、1 倍计数速率、当计数器当前值（CV）等于预设值（PV）时，响应中断事件（中断事件号为 13），连接（执行）中断处理程序 INT_0。

编程步骤如下。

① 根据题中要求，选用高速计数器 HSC1；定义为工作模式 5。

② 控制字（节）为 16#FC，写入 SMB47。

③ HDEF 指令定义计数器，HSC=1，MODE=5。

④ 当前值（初始计数值=0）写入 SMD48；预设值 50 写入 SMD52。

⑤ 执行中断连接指令 ATCH：INT=INT_0，EVENT=13。

⑥ 执行 ENI 指令。

⑦ 执行 HSC 指令，N=1。

中断处理程序 INT_0 的设计略。

初始化程序如图 4-29 所示。

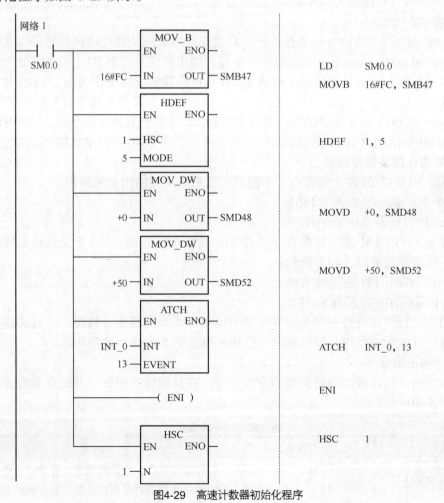

图4-29　高速计数器初始化程序

4.7.2 高速脉冲输出

高速脉冲输出功能是在 PLC 的某些输出端产生高速脉冲，用来驱动负载实现高速输出和精确控制。

1. 高速脉冲的输出方式和输出端子的连接

（1）高速脉冲的输出方式

高速脉冲输出可分为高速脉冲串输出（PTO）和宽度可调脉冲输出（PWM）两种方式。

① 高速脉冲串输出（PTO）主要是用来输出指定数量的方波，用户可以控制方波的周期和脉冲数，其参数如下。

占空比：50%。

周期变化范围：以 μs 或 ms 为单位，50~65 535μs 或 2~65 535ms（16 位无符号数据），编程时周期值一般设置为偶数。

脉冲串的个数范围：1~4 294 967 295（双字长无符号数）。

② 宽度可调脉冲输出（PWM）主要用来输出占空比可调的高速脉冲串，用户可以控制脉冲的周期和脉冲宽度，PWM 的周期或脉冲宽度以 μs 或 ms 为单位，周期变化范围同高速脉冲串 PTO。

（2）输出端子的连接

每个 CPU 有两个 PTO/PWM 发生器产生高速脉冲串或脉冲宽度可调的波形，系统为其分配两个位输出端 Q0.0 和 Q0.1。PTO/PWM 发生器和输出映像寄存器共同使用 Q0.0 和 Q0.1，但一个位输出端在某一时刻只能使用一种功能，在执行高速输出指令中使用了 Q0.0 和 Q0.1，则这两个位输出端就不能作为通用输出使用，或者说如何其他操作及指令对其操作无效。

如果 Q0.0 或 Q0.1 设定为 PTO 或 PWM 功能输出但未执行其输出指令时，仍然可以将 Q0.0 和 Q0.1 作为通用输出使用，但一般是通过操作指令将其设置为 PTO 或 PWM 输出时的起始电位 0。

2. 相关的特殊功能寄存器

（1）每个 PTO/PWM 发生器都有 1 个控制字节来定义其输出位的操作。

① Q0.0 的控制字节位为 SMB67。

② Q0.1 的控制字节位为 SMB77。

（2）每个 PTO/PWM 发生器都有 1 个单元（或字或双字或字节）定义其输出周期时间、脉冲宽度、脉冲计数值等，如下所示。

① Q0.0 周期时间数值为 SMW68。

② Q0.1 周期时间数值为 SMW78。

其他相关的特殊功能寄存器及参数定义的使用方式类同高速计数器。一旦这些特殊功能寄存器的值被设成所需操作，即可通过执行脉冲指令 PLS 来执行这些功能。

3. 脉冲输出指令

脉冲输出指令可以输出两种类型的方波信号，在精确位置控制中有很重要的应用，其指令格式见表 4-10。

表 4-10　　　　　　　脉冲输出指令的格式

LAD	STL	功能
PLS EN　ENO Q0.X	PLS　Q	脉冲输出指令，当使能端输入有效时，检测用程序设置的特殊功能寄存器位，激活由控制位定义的脉冲操作。从 Q0.0 或 Q0.1 输出高速脉冲

① 脉冲串输出 PTO 和宽度可调脉冲输出都由 PLC 指令来激活输出。

② 输入数据 Q 必须为字型常数 0 或 1。

③ 脉冲串输出 PTO 可采用中断方式进行控制，而宽度可调脉冲输出 PWM 只能由指令 PLS 来激活。

【例 4-28】编写实现脉冲宽度调制 PWM 的程序。根据要求控制字节（SMB77）=16#DB 设定周期为 10000ms，通过 Q0.1 输出。

设计程序如图 4-30 所示。

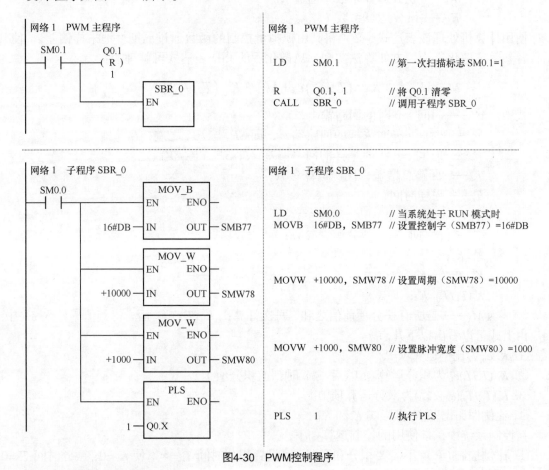

图4-30　PWM控制程序

4.8　PID 操作指令

在模拟量作为被控参数的控制系统中，为了使被控参数按照一定的规律变化，需要在控制回路中设置比例（P）、积分（I）、微分（D）运算及其运算组合，S7-200 设置了专用于 PID 运算的回路表参数和 PID 回路指令，可以方便地实现 PID 运算操作。

4.8.1　PID 相关知识

1. PID 算法

在一般情况下，控制系统主要针对被控参数 PV（又称过程变量）与期望值 SP（又称给定值）之间产生的偏差 e 进行 PID 运算。其数学函数表达式为：

$$M(t) = K_p e + K_i \int e\, dt + K_d de/dt$$

式中　$M(t)$ ——PID 运算的输出，M 是时间 t 的函数；

　　　　e——控制回路偏差，PID 运算的输入参数；

　　　　K_p——比例运算系数（增益）；

　　　　K_i——积分运算系数（增益）；

　　　　K_d——微分运算系数（增益）。

使用计算机处理该表达式，必须将其由模拟量控制的函数通过周期性地采样偏差 e，使其函数各参数离散化，为了方便算法实现，离散化后的 PID 表达式可整理为：

$$M_n = K_c e_n + K_c\,(T_s/T_i) e_n + M_X + K_c(T_d/T_s)(e_n - e_{n-1})$$

式中　M_n——时间 $t=n$ 时的回路输出；

　　　　e_n——时间 $t=n$ 时采样的回路偏差，即 SP_n 与 PV_n 之差；

　　　e_{n-1}——时间 $t=n-1$ 时采样的回路偏差，即 SP_{n-1} 与 PV_{n-1} 之差；

　　　　K_c——回路总增益，比例运算参数；

　　　　T_s——采样时间；

　　　　T_i——积分时间，积分运算参数；

　　　　T_d——微分时间，微分运算参数；

　　　　$K_c=K_p$；

　　　　$K_c(T_s/T_i)=K_i$；

　　　　$K_c(T_d/T_s)=K_d$；

　　　　M_X——是所有积分项前值之和，每次计算出 $K_c(T_s/T_i)e_n$ 后，将其值累计入 M_X 中。

由上式可以看出以下几点。

① $K_c e_n$ 为比例运算项 P。

② $K_c(T_s/T_i)e_n$ 为积分运算项 I（不含 n 时刻前积分值）。

③ $K_c(T_d/T_s)(e_n-e_{n-1})$ 为微分运算项 D。

④ 比例回路增益 K_p 将影响 K_i 和 K_d。

在控制系统中，常使用的控制运算如下。

① 比例控制（P）：不需要积分和微分，可设置积分时间 $T_i=\infty$，使 $K_i=0$；微分时间 $T_d=0$，使 $K_d=0$。其输出为：

$$M_n = K_c e_n$$

② 比例、积分控制（PI）：不需要微分，可设置微分时间 $T_d=0$，$K_d=0$。其输出为：

$$M_n = K_c e_n + K_c\,(T_s/T_i)\,e_n$$

③ 比例、积分、微分控制（PID）：可设置比例系数 K_p、积分时间 T_i、微分时间 T_d，其输出为：

$$M_n = K_c e_n + K_c\,(T_s/T_i)\,e_n + K_c\,(T_d/T_s)\,(e_n - e_{n-1})$$

2. PID 回路输入转换及标准化数据

（1）PID 回路

S7-200 为用户提供了 8 条 PID 控制回路，回路号为 0 ~ 7，即可以使用 8 条 PID 指令实现 8 个回路的 PID 运算。

（2）回路输入转换及标准化数据

每个 PID 回路有两个输入量，给定值（SP）和过程变量（PV）。一般控制系统中，给定值通常是一个固定的值。由于给定值和过程变量都是现实世界的某一物理量值，其大小、范围和工程单位都可能有差别，所以，在 PID 指令对这些物理量进行运算之前，必须对它们及其他输入量进行标准化处理，即通过程序将它们转换成标准的浮点型表达形式。其过程如下。

① 将 PLC 读取的输入参数（16 位整数值）转成浮点型实数值，其实现方法可通过下列指令序列实现：

| ITD | AIW0，AC0 | //将输入值转换为双整数 |
| DTR | AC0，AC0 | //将 32 位双整数转换为实数 |

② 将实数值表达形式转换成 0.0~1.0 的标准化值，可采用下面公式来实现：

$$R_{Norm} = (R_{Raw}/S_{pan}) + Offset$$

式中，R_{Norm}：经标准化处理后对应的实数值。

　　　R_{Raw}：没有标准化的实数值或原值。

　　Offset：单极性（即 R_{Norm} 变化范围在 0.0 ~ 1.0）为 0.0；双极性（即 R_{Norm} 在 0.5 上下变化）为 0.5。

　　　S_{pan}：值域大小，可能的最大值减去可能的最小值，单极性为 32 000（典型值）双极性为 64 000（典型值）。

把双极性实数标准化为 0.0~1.0 的实数可通过下列指令序列来实现：

/R	64000.0，AC0	//累加器中的标准化值
+R	0.5，AC0	//加上偏置，使其在 0.0~1.0
MOVR	AC0，VD100	//标准化的值存入回路表

3. 回路输出值转换成标定数据

PID 回路输出值一般是用来控制系统的外部执行部件（如电炉丝加热、电动机转速等），由于执行部件 PID 回路输出的是 0.0~1.0 标准化的实数值，对于模拟量控制的执行部件，回路输出在驱动模拟执行部件之前，必须将标准化的实数值转换成一个 16 位的标定整数值，这一转换，是上述标准化处理的逆过程。转换过程如下。

① 将回路输出转换成一个标定的实数值，公式为：

$$R_{scal} = (M_n - Offset) * S_{pan}$$

式中：R_{scal}：回路输出按工程标定的实数值。

　　　M_n：回路输出的标准化实数值。

　　Offset：单极性为 0.0，双极性为 0.5。

　　　S_{pan}：值域大小，可能的最大值减去可能的最小值，单极性为 32000（典型值）双极性为 64000（典型值）。

这一过程可通过下列指令序列来实现：

| MOVR | VD108，AC0 | //把回路输出值移入累加器(PID 回路表首地址为 VB100） |

| —R | 0.5，AC0 | //仅双极性有此句 |
| *R | 64000.0，AC0 | //在累加器中得到标定值 |

② 把回路输出标定实数值转换成 16 位整数，可通过下面的指令序列来实现：

ROUND	AC0，AC0	//把 AC0 中的实数转换为 32 位整数
DTI	AC0，LW0	//把 32 位整数转换为 16 位整数
MOVW	LW0，AQW0	//把 16 位整数写入模拟输出寄存器

4. 作用和反作用回路

在控制系统中，PID 回路只是整个控制系统中的一个（调节）环节，在确定系统其他环节的正、反作用（如执行部件为调节阀时，根据需要可为有信号开阀或有信号关阀）后，为了保证整个系统为一个负反馈的闭合系统，必须正确选择 PID 回路的正、反作用。

如果 PID 回路增益为正，则该回路为正作用回路；如果 PID 回路增益为负，则该回路为反作用回路；对于增益值为 0.0 的 I 或 D 控制，如果设定积分时间、微分时间为正，就是正作用回路；如果设定其为负值，就是反作用回路。

5. 回路输出变量范围、控制方式及特殊操作

（1）过程变量及范围

过程变量和给定值是 PID 运算的输入值，因此回路表中的这些变量只能被 PID 指令读而不能被改写，而输出变量是由 PID 运算产生的，所以在每一次 PID 运算完成之后，需更新回路表中的输出值，输出值被限定在 0.0~1.0。当输出由手动转变为 PID（自动）控制时，回路表中的输出值可以用来初始化输出值。

如果使用积分控制，积分项前值要根据 PID 运算结果更新。这个更新后的值用作下一次 PID 运算的输入，当计算输出值超过范围（大于 1.0 或小于 0.0），那么积分项前值必须根据下列公式进行调整：

当输出 $M_n > 1.0$ 时：$M_X = 1.0 - (MP_n + MD_n)$

当输出 $M_n < 0.0$ 时：$M_X = -(MP_n + MD_n)$

式中　　M_X——积分前项值；

　　　　MP_n——第 n 采样时刻的比例项值；

　　　　MD_n——第 n 采样时刻的微分项值；

　　　　M_n——第 n 采样时刻的输出值。

这样调整积分前项值，一旦输出回到范围后，可以提高系统的响应性能。而且积分前项值限制在 0.0~0.1，在每次 PID 运算结束时，把积分前项值写入回路表，以备在下次 PID 运算中使用。

在实际运用中，用户可以在执行 PID 指令以前修改回路表中积分项前值，以求对控制系统的扰动影响最小。手工调整积分项前值时，应保证写入的值在 0.0~1.0。

回路表中的给定值与过程变量的差值 e 是用于 PID 运算中的差分运算，用户最好不要去修改此值。

（2）控制方式

S7-200 的 PID 回路没有设置控制方式，只有当 PID 盒接通时，才执行 PID 运算。在这种意义上说，PID 运算存在一种"自动"运行方式。当 PID 运算不被执行时，称之为"手动"模式。

同计数器指令相似，PID 指令有一个使能位，当该使能位检测到一个信号的正跳变（从 0 到 1），PID 指令执行一系列的动作，使 PID 指令从手动方式无扰动地切换到自动方式。为了达到无扰动切换，在转变到自动控制前，必须把手动方式下的输出值填入回路表中的输出栏

中。PID 指令对回路表中的值进行下列动作，以保证当使能位出现正跳变时，从手动方式无扰动切换到自动方式。

置给定值 SP_n=过程变量 PV_n

置过程变量前值 PV_{n-1}=过程变量现值 PV_{n-1}

置积分项前值 M_X=输出值 M_n

（3）特殊操作

特殊操作是指故障报警、回路变量的特殊计算、跟踪检测等操作。虽然 PID 运算指令简单、方便且功能强大，但对于一些特殊操作，则须使用 S7-200 支持的基本指令来实现。

4.8.2 PID 回路表

回路表用来存放控制和监视 PID 运算的参数，每个 PID 控制回路都有一个确定起始地址（TBL）的回路表。每个回路表长度为 80 字节，0～35 字节（36～79 字节保留给自整定变量）用于填写 PID 运算公式的 9 个参数，这些参数分别是过程变量当前值（PV_n）、过程变量前值（PV_{n-1}）、给定值（SP_n）、输出值（M_n）、增益（K_c）、采样时间（T_s）、积分时间（T_i）、微分时间（T_d）和积分项前值（M_X）。PID 回路表见表 4-11。

表 4-11 PID 回路表

地址	参数（域）	数据格式	类型	数据说明
表起始地址+0	过程变量（PV_n）	实数	IN	在 0.0~0.1
表起始地址+4	设定值（SP_n）	实数	IN	在 0.0~0.1
表起始地址+8	输出（M_n）	实数	IN/OUT	在 0.0~0.1
表起始地址+12	增益（K_c）	实数	IN	比例常数可大于 0 或小于 0
表起始地址+16	采样时间（T_s）	实数	IN	单位：秒（正数）
表起始地址+20	积分时间（T_i）	实数	IN	单位：分钟（正数）
表起始地址+24	微分时间（T_d）	实数	IN	单位：分钟（正数）
表起始地址+28	积分前项（M_X）	实数	IN/OUT	在 0.0~0.1
表起始地址+32	过程变量前值（PV_{n-1}）	实数	IN/OUT	上一次执行 PID 指令时的过程变量

注：表中偏移地址是指相对于回路表的起始地址的偏移量

注意：PID 的 8 个回路都应有对应的回路表，可以通过数据传送指令完成对回路表的操作。

4.8.3 PID 回路指令

PID 运算通过 PID 回路指令来实现，其指令格式如下。

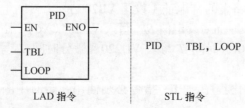

LAD 指令   STL 指令

EN：启动 PID 指令输入信号。

TBL：PID 回路表的起始地址（由变量存储器 VB 指定字节性数据）。

LOOP：PID 控制回路号（0～7）。

指令功能：在输入有效时，根据回路表（TBL）中的输入配置信息，对相应的 LOOP 回路执行 PID 回路计算，其结果经回路表指定的输出域输出。

PID 回路指令使用时应注意以下几点。

① 在使用该指令前，必须建立回路表，因为该指令是以回路表 TBL 提供的过程变量、设定值、增益、积分时间、微分时间、输出等进行运算的。

② PID 指令不检查回路表中的一些输入值，必须保证过程变量和设定值在 0.0～1.0。

③ 该指令必须使用在以定时产生的中断程序中。

④ 如果指令指定的回路表起始地址或 PID 回路号操作数超出范围，则在编译期间，CPU 将产生编译错误（范围错误），从而编译失败；如果 PID 算术运算发生错误，则特殊存储器标志位 SM1.1 置 1，并且中止 PID 指令的执行（在下一次执行 PID 运算之前，应改变引起算术运算错误的输入值）。

4.8.4　PID 编程步骤

综合前面几节所述，下面结合某一水箱的水位控制来说明 PID 控制程序编写步骤。

水箱控制要求如下。

① 被控参数（过程变量）：水箱水位通过液位变送器产生与水位下限至上限线性对应的单极性模拟量输入信号。

② 设定值：满水箱水位液位的 60%。

③ 调节参数：通过控制水箱进水调节阀门的开度调节水位，回路输出单极性模拟量控制调节阀开度（0%～100%）。

④ 要求水位维持在设定值，在水位发生变化时，快速消除余差。

根据以上要求，控制系统宜采用 PI 或 PID 控制回路，设正回路可构成控制系统为闭合负反馈系统，依据工程设备特点及经验参数，初步设置 PID 回路的参数：

增益：K_c=0.5；

积分时间：T_i=35min；

微分时间：T_d=20min；

采样时间：T_s=0.2s（采用定时中断周期为 200ms 实现）。

在实际工程中，系统的输入信号（如量程、零点迁移、A/D 转换等）、输出信号（如 D/A 转换、负载所需物理量等）及 PID 参数整定等工程问题都要综合考虑及处理（这些问题读者可参考有关控制系统的资料）。

下面仅给出 PID 控制回路的编程步骤及程序。

① 指定内存变量区回路表的首地址（设为 VB200）。

② 根据表 4-11 格式及地址，设定值 SP_n 写入 VD204（双字，下同）、增益 K_c 写入 VD212、采样时间 T_s 写入 VD216、积分时间 T_i 写入 VD220、微分时间 T_d 写入 VD224、PID 输出值由 VD208 输出。

③ 设置定时中断初始化程序，PID 指令必须使用在定时中断程序中（中断事件号为 9 或 10）。

④ 读取过程变量模拟量 AIW2，并进行回路输入转换及标准化处理后写入回路表首 VD200。

⑤ 执行 PID 回路运算指令。

⑥ 对 PID 回路运算的输出结果 VD208 进行数据转换后送入模拟量输出 AQW21，作为控制调节阀的信号。

在实际工程中，还要设置参数报警、手动与自动之间无扰动切换等。

程序如图 4-31（PID 回路表和定时中断 0 初始化程序）、图 4-32（PID 运算中断处理程序）所示。

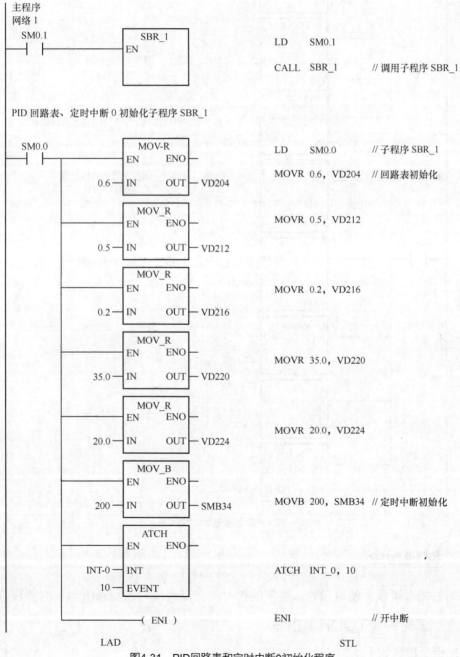

图4-31 PID回路表和定时中断0初始化程序

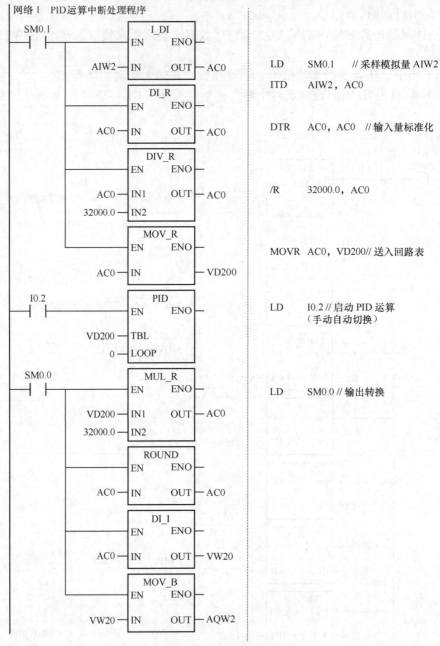

图4-32 PID运算中断处理程序

4.9 时钟指令

利用时钟指令可以方便地设置、读取时钟时间，以实现对控制系统的实时监视等操作。

4.9.1 读时钟（TODR）指令

TODR 指令格式如下。

其中操作数T：指定8个字节缓冲区的首地址，T存放"年"、T+1存放"月"、T+2存放"日"、T+3存放"小时"、T+4"分钟"、T+5存放"秒"、T+1存放0、T+7存放"星期"。

指令功能：当EN有效时，读取当前时间和日期存放在以T开始的8个字节的缓冲区内。

读时钟指令使用时应注意以下几点。

① S7-200 CPU不检查和核实日期与星期是否合理，例如，对于无效日期February 30（2月30日）可能被接受，因此必须确保输入的数据是正确的。

② 不要同时在主程序和中断程序中使用时钟指令，否则，中断程序中的时钟指令不会被执行。

③ S7-200 PLC只使用年信息的后两位。

④ 日期和时间数据表示均为BCD码，如用16#09表示2009年。

4.9.2 写时钟（TODW）指令

TODW指令格式如下。

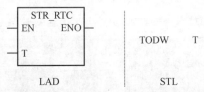

其中操作数T含义同TODR指令。

指令功能：当EN有效时，将以地址T开始的8个字节的缓冲区中设定的当前时间和日期写入硬件时钟。

注意事项同TODR指令。

4.10 本章小结

本章重点介绍了S7-200系列PLC的功能指令及其使用方法，并举例使读者能更好地理解指令作用、用法和在实际应用中如何编程。

数据处理类指令包括字符的传送、移位指令以及数据类型之间的转换指令，实际应用中使用最多的就是数据间的传递和转换。数据处理指令还包括数学运算和逻辑运算指令。

① 中断指令在复杂和特殊的控制系统中是必需的，在一些控制系统中要求实时响应外部的影响，主要应用在实时处理、高速处理、通信和网络控制系统中。

② PID指令在有模拟量的控制系统中应用比较广泛，使用PID指令可以使一些控制任务的编程变得简单和易于实现。对于PID指令需要掌握PID回路表中参数的设置。

③ 高速指令包括高速计数器指令和高速脉冲输出指令，使PLC也可以处理一些频率高于自身扫描周期的信号。对于高速指令，主要掌握其控制字、特殊寄存器等参数的设置。

提高篇

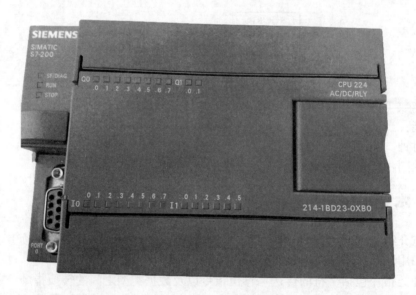

第5章 S7-200系列PLC的编程软件

PLC的程序输入可以通过专用编程器（包括简易编程器、智能编程器）或计算机来完成。其中，简易编程器体积小，携带方便，在现场调试时具有明显的优越性，但是在程序输入、调试、故障分析时就比较烦琐；而智能编程器的功能强大，可视化程度高，使用也很方便，但是价格高，通用性差。因此，近年来PLC的程序开发主流工具转换为计算机编程软件。这是因为利用计算机进行PLC的编程、通信更具优势，计算机除了可进行PLC的编程外，还具有兼容性好、利用率高等特点。各PLC生产厂家均开发了各自的PLC编程软件和专用通信模块。在PLC工程应用开发过程中，需要利用计算机软件的编程系统与PLC相配合，这个编程系统主要用于梯形图的设计及其代码的编译、写入等。

本章主要介绍S7-200系列PLC编程系统STEP 7-Micro/WIN软件的安装、概况及程序的运行与监控。

5.1 S7-200系列PLC编程软件介绍

S7-200系列PLC是西门子公司的S7系列中的微型机，在使用S7-200系列PLC时，需要对其进行程序编写。S7-200 Micro PLC的编程系统包括一个S7-200 CPU、一个编程器和一个连接电缆，如图5-1所示。

STEP7-Micro/WIN是用于开发S7-200系列PLC的专业软件，是西门子公司专门为S7-200系列PLC而设计的基于Windows的应用软件。其功能强大，主要供用户开发控制程序时使用，同时也可以实时监控用户程序的执行状态。

STEP 7-Micro/WIN是S7-200系列PLC用户必不可少的开发工具。其编程环境具有操作方便、使用简单、易于掌握等特点，用户能很快地学会并进行程序开发。

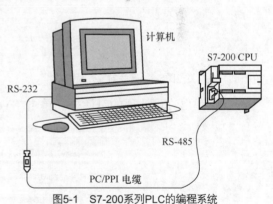

图5-1　S7-200系列PLC的编程系统

5.2 STEP 7-Micro/WIN 编程软件的安装步骤

5.2.1 系统要求

① 操作系统：Windows XP、Vista、Windows 7、Windows 8、Windows 10。

注意：要在 Windows XP 操作系统下安装 STEP 7-Micro/WIN，必须有管理员权限。在上述操作系统下使用 STEP 7-Micro/WIN，至少需要 Power User 权限。

② 系统配置：IBM 586 以上兼容机，256MB 以上内存，200MB 以上的硬盘剩余空间，VGA 以上显示器。

③ 通信电缆：一根连到串行通信口的 PC/PPI 电缆。

5.2.2 安装步骤

目前，WindowsXP、Vista 等操作系统使用人数较少，大部分用户的操作系统安装的是 Windows 7 及 Windows 10 版本，本节以 Windows 10 为背景进行说明，运行的软件版本为 STEP 7-Micro/WIN V4.0.9.25。

S7-200 系列 PLC 的编程软件可以按照以下几步进行安装。

① 解压安装包，在文件夹内找到 setup.exe 文件，双击鼠标左键（或右键单击，选择"打开"）。

② 桌面上弹出"STEP 7-Micro/WIN-Install Shield Wizard"对话框，如图 5-2 所示，单击"Next"按钮，如图 5-3 所示。

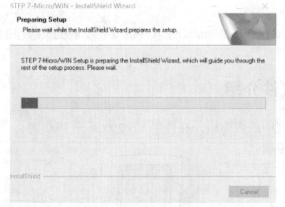

图5-2　安装向导界面加载　　　　　图5-3　安装向导界面

③ 弹出许可认证的对话框，单击"Yes"按钮，如图 5-4 所示。

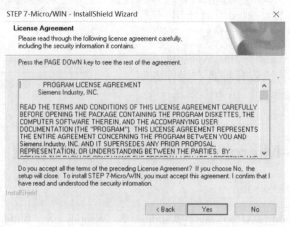

图5-4　许可认证的对话框

④ 弹出选择安装路径的对话框，单击"Browse..."按钮进行更改，如图 5–5 所示。

A. 如果使用程序默认的安装路径，则在对话框中直接单击"Next"按钮。

B. 如果需要更改安装路径，则单击"Browse..."按钮，弹出更改安装路径对话框，如图 5–6 所示，可在"Path"文本框中填写路径，或在"Directories"下拉列表框中用鼠标选择路径。修改完成后单击对话框下方的"确定"按钮。

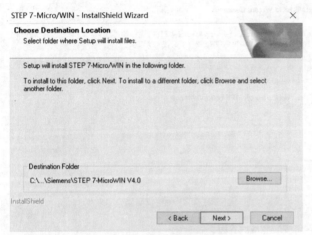 

图5-5　选择安装路径的对话框　　　　　　图5-6　更改安装路径对话框

⑤ 出现图 5–7 所示的对话框。稍等片刻，直至安装程序准备完成。

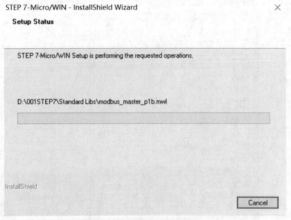

图5-7　安装程序准备对话框

⑥ 如果中途出现警告对话框，单击"确认"按钮即可。接下来会出现图 5–8 所示的对话框，稍等片刻待程序准备好。

图5-8　安装过程

⑦ 安装完成后，出现图 5-9 所示的对话框，表示安装已完成。

同时 Micro/WIN Tools TD Keypad Designer 和 S7-200 Explorer 也将一起被安装。

⑧ 此时，软件操作界面如图 5-10 所示（英文界面）。

图5-9 安装完成的界面

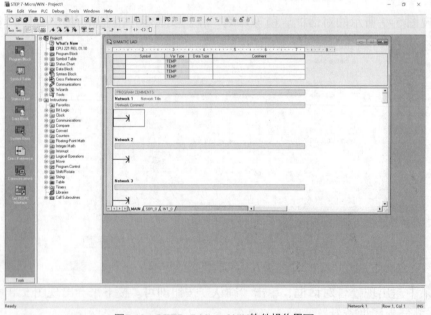

图5-10 STEP 7-Micro/WIN软件操作界面

5.2.3 界面设置

在 STEP 7-Micro/WIN 软件安装成功后，打开软件操作界面，选择工具栏中的 "Tools" →
"Options" 命令，如图 5-11 所示，即打开了 "选项" 菜单；将弹出 "Options" 对话框，如
图 5-12 所示。单击 "Options" 树形菜单中的 "General" 选项，在 "Language" 列表框中选择
"Chinese" 选项，即完成中文界面的设置。设置完成后，单击 "OK" 按钮，重新运行软件，

再次打开 STEP 7-Micro/WIN 软件，其操作界面转换成为中文界面，如图 5-13 所示。

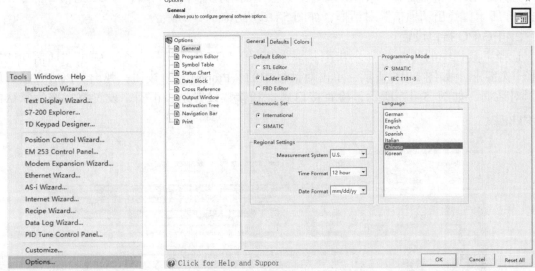

图5-11　选择"Options"命令　　　　图5-12　　"Options"对话框界面

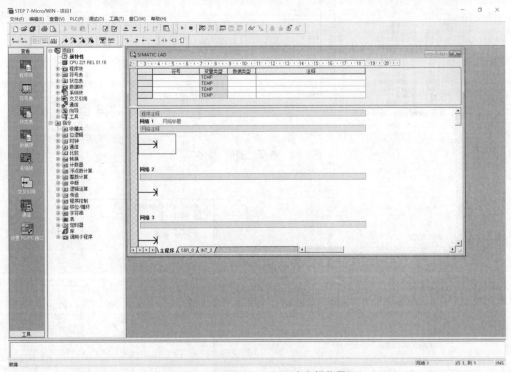

图5-13　STEP 7-Micro/WIN中文操作界面

5.2.4　参数修改

安装成功后，对 STEP 7-Micro/WIN 软件进行一些参数的修改，包括通信设置和 PG/PC 接口设置等。

1. 通信设置

打开 STEP 7-Micro/WIN 软件，选择工具栏中的"查看"→"组件"→"通信"命令，如图 5-14 所示，弹出"通信"对话框，如图 5-15 所示。

2. PG/PC 接口设置

选择工具栏中的"查看"→"组件"→"设置 PG/PC 接口"命令，弹出"通信功能的选择"对话框，如图 5-16 所示，单击对话框中的"Properties"按钮，弹出"PG/PC 接口属性"对话框，如图 5-17 所示，检查接口属性和参数设置是否正确，设置波特率为默认的 9.6kbit/s。

图5-14　选择"通信"命令

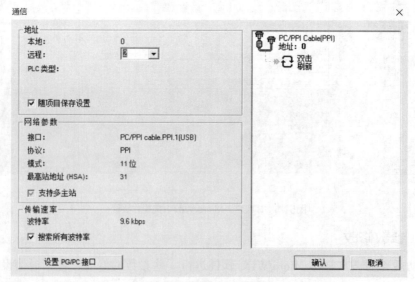

图5-15　"通信"对话框

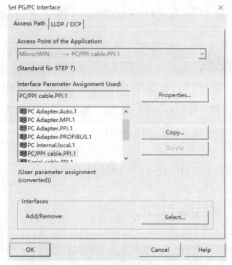

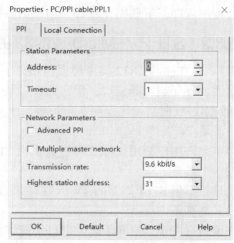

图5-16 "通信功能的选择"对话框   图5-17 "PG/PC接口属性"对话框

3. 建立计算机与 S7-200 CPU 的在线联系

① 确认计算机与 CPU 的通信电缆连接好，并让 CPU 工作方式的选择开关处于"TERM"位置。

② 选择工具栏中的"查看"→"通信"命令，或单击"通信"图标，弹出"通信设定"对话框，此时显示没有 CPU。

③ 双击"通信设定"对话框中的"刷新"图标，STEP 7-Micro/WIN 检查所连接的 S7-200 CPU 或站。在"通信设定"对话框中所连接的每个站显示为一个 CPU 图标。

④ 双击要进行通信的站，在"通信设置"对话框中可以看到所选站的通信参数。

⑤ 完成了计算机与 S7-200 CPU 的在线连接（下载、上载与监控）。

5.3 STEP 7-Micro/WIN32 软件概况

5.3.1 STEP 7-Micro/WIN32 的特点

STEP 7-Micro/WIN32 编程软件的基本功能是协助用户完成应用软件的开发，其主要的特点如下。

① 在脱机（离线）方式下创建用户程序，修改和编辑原有的用户程序。在脱机方式下，计算机与 PLC 断开连接，此时能完成大部分的功能，如编程、编译、调试和系统组态等，但所有的程序和参数都只能存放在计算机的磁盘上，不能完成对 PLC 的实时控制。

② 在联机（在线）方式下可以对与计算机建立通信关系的 PLC 直接进行各种操作，如上载、下载用户程序和组态数据等。

③ 在编辑程序的过程中进行语法检查，可以避免一些语法、数据类型方面的错误。在语法检查后，在梯形图中出现错误的地方会出现红色的波浪线，语句表的错误行前会有红色"*"标记，且在错误处加上红色波浪线。

④ 对用户程序进行文档管理、加密处理等。

⑤ 设置 PLC 的工作方式、参数和运行监控等。

注意：脱机（离线）和联机（在线）两种方式的区别是：脱机（离线）方式下，个人计算机不直接与 PLC 联系，所有的程序和参数都暂时存放在计算机的硬盘上，等联机（在线）

后再上载到 PLC 中；联机（在线）方式下，可以直接对与个人计算机相连的 PLC 进行操作，如上载用户程序、下载用户程序及组态数据等。

5.3.2 STEP 7-Micro/WIN32 的窗口组成

STEP 7-Micro/WIN32 操作界面包括以下组件：菜单、工具条、浏览条、项目/指令树、局部变量表、程序编辑器窗口、输出窗口、状态条、"符号表/全局变量表"窗口、"状态表"窗口、"数据块/数据初始化程序"窗口等。下面介绍各组件的功能和作用。

（1）菜单

菜单允许用户使用鼠标或者键盘执行 STEP 7-Micro/WIN32 的各种操作。

（2）工具条

工具条提供 STEP 7-Micro/WIN32 的最常使用功能的操作按钮。

（3）浏览条

在编程过程中，浏览条提供窗口快速切换的功能，可用"查看（View）"菜单中的"组件"命令来选择是否打开浏览条。浏览条中有 7 种组件，包括程序编辑器、符号表、状态表、数据块、系统块、交叉引用、通信等。

（4）项目/指令树

项目/指令树提供所有项目对象和当前程序编辑器可用的所有的指令（LAD，FBD 或者 STL）的一个树形浏览。可以用鼠标左键单击指令树中的"+""-"按钮，实现展开或者隐藏树中的内容。

（5）局部变量表

局部变量表使用 CPU 的临时存储区，地址分配由系统处理。变量的使用仅限于定义了此变量的程序。

（6）程序编辑器窗口

程序编辑器窗口中包括项目使用的编辑器的局部变量表和程序视图（LAD、FBD 或 STL）。

（7）输出窗口

在执行各项操作后，显示系统的输出信息。

（8）状态条

状态条显示执行 STEP 7-Micro/WIN32 时的状态信息。

（9）"符号表/全局变量表"窗口

允许对符号表/全局变量表进行编辑并对全局的符号赋值。"符号表/全局变量表"窗口可以通过浏览条或指令树中的"符号表"按钮打开，也可单击"查看"菜单中的"符号表"命令打开。

（10）"状态表"窗口

对程序的输入、输出或变量的状态进行监视。"状态表"窗口可以通过浏览条或指令树中的"状态图"按钮打开，也可单击"查看"菜单中的"状态图"命令打开。

（11）"数据块/数据初始化程序"窗口

在窗口中显示并且编辑数据块内容。"数据块/数据初始化程序"窗口可以通过浏览条或指令树中的"数据块"按钮打开，也可单击"查看"菜单命令中的"数据块"命令打开。

（12）用户窗口

分别打开图 5-18 中的 6 个用户窗口，即交叉引用、数据块、状态表、符号表、程序编辑器、局部变量表。

① 交叉引用（Cross Reference）。在程序编译成功后，可用两种方法打开"交叉引用"窗

口, 如图 5-19 所示。

- 选择菜单栏中"查看"→"交叉引用"(Cross Reference)命令。
- 单击浏览条中的"交叉引用" ⊡按钮。

"交叉引用"窗口中的列表显示在程序中使用的操作数所在的 POU(程序组织单元)、网络和行位置,以及每次使用的操作数的语句表指令。通过"交叉引用"窗口中的列表可以查看内存区域已经被使用的部分是作为位还是字节。在运行方式下编辑程序,可以查看程序当前正在使用的跳变信号的地址。"交叉引用"窗口中的列表不能下载到 PLC 中,在程序编译成功后,才能打开"交叉引用"窗口中的列表。双击列表中的某操作数,可以显示出包含该操作数的程序。

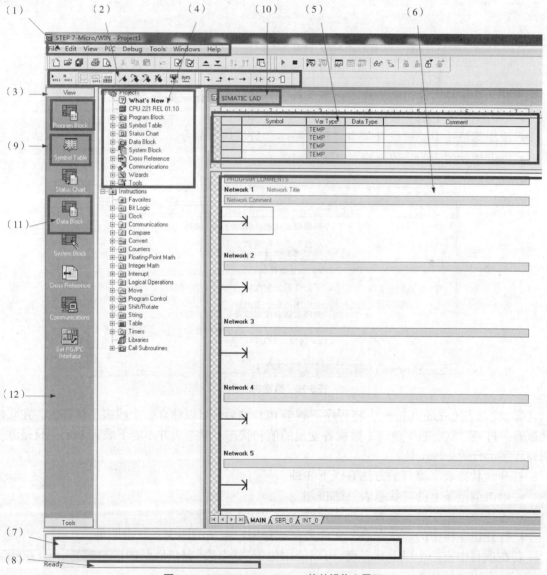

图5-18 STEP 7-Micro/WIN32软件操作主界面

② 数据块。"数据块"窗口可以设置和修改变量存储器的初始值和常数值，并加入必要的注释说明。

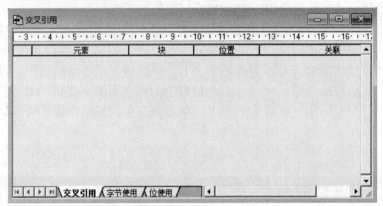

图5-19　交叉引用列表示意图

打开"数据块"窗口的方法有以下 3 种，打开后的数据块如图 5-20 所示。

- 单击浏览条上的"数据块"按钮。
- 选择菜单栏中的"查看"→"元件"→"数据块"命令。
- 单击指令树中的"数据块"图标。

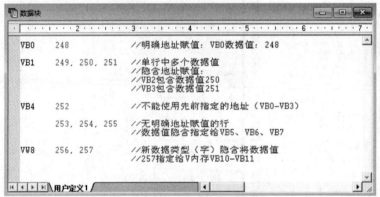

图5-20　数据块示意图

③ 状态表（Status Chart）。将程序下载至 PLC 之后，可以建立一个或多个状态表，在联机调试时，打开"状态表"窗口，监视各变量的值和状态。状态表并不能下载到 PLC，只是监视用户程序运行的一种工具。

打开"状态表"窗口的方法有以下 3 种。

- 单击浏览条上的"状态表"按钮。
- 选择菜单栏中的"查看"→"元件"→"状态表"命令。
- 打开指令树中的"状态表"文件夹，选择用户定义的图表，双击即可。

若在项目中有一个以上状态表，可以使用位于"状态表"窗口底部的 CHT1 CHT2 CHT3 标签在状态表之间切换。

可在状态表的地址列输入需监视的程序变量地址，在 PLC 运行时，打开"状态表"窗口，在程序扫描执行时，自动地更新状态图表的数值。

④ 符号表（Symbol Table）。符号表是程序员用符号编址的一种工具。在编程时不采用元件的直接地址作为操作数，而用有实际含义的自定义符号名作为编程元件的操作数，这样可使程序更容易理解。符号表建立了自定义符号名与直接地址编号之间的关系。程序被编译后下载到 PLC 时，所有的符号地址被转换成绝对地址。符号表中的信息不下载到 PLC 中。

打开"符号表"窗口的方法有以下 3 种，打开的符号表如图 5-21 所示。

- 单击浏览条中的"符号表" 按钮。
- 选择菜单栏中的"查看"→"符号表"命令。
- 打开指令树中的符号表或全局变量文件夹，然后双击"表格" 图标。

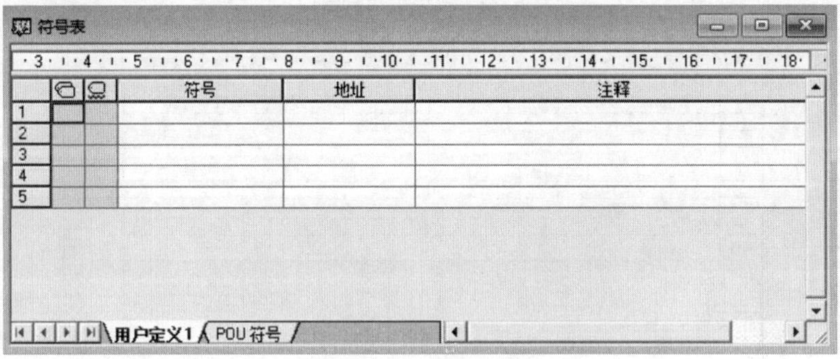

图5-21　符号表示意图

⑤ 程序编辑器。选择菜单栏中的"文件"→"新建"命令，"文件"→"打开"命令或"文件"→"导入"命令，打开一个项目。

打开程序编辑器窗口的方法有以下两种，可建立、修改程序，如图 5-22 所示。

- 单击浏览条中的"程序块" 按钮，打开主程序（OB1）。可以单击子程序或中断程序标签，打开另一个程序组织单元（POU）。
- 打开指令树中的"程序块"文件夹，双击主程序（OB1）图标、子程序图标或中断程序图标。

用下面的方法可以改变程序编辑器类型及相关参数。

- 更改编辑器类型：选择菜单栏中的"查看"→"LAD、FBD、STL"命令。
- 更改编辑器（LAD、FBD 或 STL）和编程模式（SIMATIC 或 IEC 1131-3）：选择菜单栏中的"工具"→"选项"→"一般"命令。
- 设置编辑器选项：选择菜单栏中的"工具"→"选项"→"程序编辑器"命令。
- 设置"程序编辑器"选项：使用"选项" 快捷按钮。

⑥ 局部变量表。程序中的每个程序组织单元（POU）都有自己的局部变量表，局部变量存储器（L）有 64 个字节。局部变量表用来定义局部变量，局部变量只在建立该局部变量的程序组织单元中才有效。在带参数的子程序调用中，参数的传递就是通过局部变量表传递的。

在程序编辑器窗口将水平分裂条下拉后显示局部变量表，将水平分裂条拉至程序编辑器窗口的顶部，局部变量表不再显示，但仍旧存在，如图 5-23 所示。

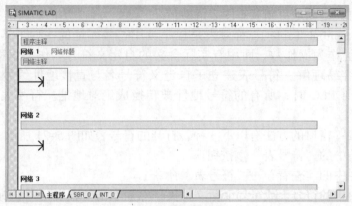

图5-22　程序编辑器窗口

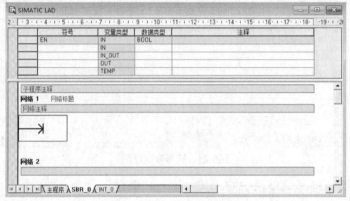

图5-23　局部变量表示意图

5.3.3　STEP 7-Micro/WIN32 主菜单简介

主菜单包括文件、编辑、查看、PLC、调试、工具、窗口和帮助 8 个菜单项。各个菜单项介绍如下。

1. 文件

"文件"菜单如图 5-24 所示，包括新建、打开、关闭、保存、另存为、导入、导出、上载、下载、页面设置、打印、预览、最近使用文件、退出等命令。

- 导入：若从 STEP 7-Micro/WIN 32 编辑器之外导入程序，可使用"导入"命令导入 ASCII 文本文件。
- 导出：使用"导出"命令创建程序的 ASCII 文本文件，并导出至 STEP7-Micro/WIN32 编辑器的外部。
- 上载：在运行 STEP 7-Micro/WIN32 软件的个人计算机和 PLC 之间建立通信后，从 PLC 将程序上载至运行 STEP 7-Micro/WIN 32 软件的个人计算机。
- 下载：在运行 STEP 7-Micro/WIN32 软件的个人计算机和 PLC 之间建立通信后，从计算机将程序下载至 PLC。下载之前，PLC 应位于"停止"模式。

2. 编辑

"编辑"菜单如图 5-25 所示，包括撤销、剪切、复制、粘贴、全选、插入、删除、查找、替换、转到等命令。

新建 (N)	Ctrl+N
打开 (O)...	Ctrl+O
关闭 (C)	
保存 (S)	Ctrl+S
另存为 (A)...	
设置密码 (W)...	
导入 (I)...	
导出 (E)...	
上载 (U)...	Ctrl+U
下载 (D)...	Ctrl+D
新建库 (L)...	
添加/删除库 (R)...	
库存储区 (M)...	
页面设置 (T)...	
打印预览 (V)	
打印 (P)...	Ctrl+P
退出 (X)	

图5-24　"文件"菜单

撤消 (U)	Ctrl+Z
剪切 (T)	Ctrl+X
复制 (C)	Ctrl+C
粘贴 (P)	Ctrl+V
全选 (L)	Ctrl+A
插入 (I)	▶
删除 (D)	▶
查找 (F)...	Ctrl+F
替换 (R)...	Ctrl+H
转到 (G)...	Ctrl+G

图5-25　"编辑"菜单

剪切/复制/粘贴：可以在 STEP 7-Micro/WIN 32 项目中选择文本、数据栏、指令、单个网络和多个相邻的网络、程序组织单元中的所有网络、状态图行和列、整个状态图、符号表行和列、整个符号表、数据块进行操作。但是，不能同时选择多个不相邻的网络执行，不能从一个局部变量表成块剪切数据粘贴至另一个局部变量表中，因为每个表的只读内存赋值必须唯一。

插入：在 LAD 编辑器中，可以通过"插入"命令在光标上方插入行（在程序或局部变量表中）；在光标下方插入行（在局部变量表中）；在光标左侧插入列（在程序中）；插入竖线（在程序中）；在光标上方插入网络，并为所有网络重新编号；在程序中插入新的中断程序；在程序中插入新的子程序。

查找/替换/转到：可以在程序编辑器窗口、局部变量表、"符号表"窗口、"状态表"窗口、"交叉引用"窗口和"数据块"窗口中使用"查找""替换"和"转到"命令。

"查找"功能：查找指定的字符串，如操作数、网络标题和指令助记符。（"查找"功能不能搜索网络注释，只能搜索网络标题，也不能搜索 LAD 和 FBD 中的网络符号信息表。）

"替换"功能：替换指定的字符串（"替换"功能对语句表指令不起作用）。

"转到"功能：通过指定网络数目的方式将光标快速移至另一个位置。

3. 查看

"查看"菜单如图 5-26 所示，通过"查看"菜单可以选择不同的程序编辑器：LAD、STL、FBD；进行数据块（Data Block）、符号表（Symbol Table）、状态图表（Chart Status）、系统块、交叉引用、通信参数的设置；设置 POU 注释、网络注释是否显示；设置浏览条、指令树及输出窗口是否显示；对程序块的属性进行设置。

4. PLC

"PLC"菜单如图 5-27 所示，用于与 PLC 联机时的操作。例如，用软件改变 PLC 的运行方式（运行、停止），对用户程序进行编译、清除 PLC 程序、电源启动重置、查看 PLC 的信息、时钟、存储卡的操作、程序比较、PLC 类型选择等操作。其中，对用户程序进行编译可以离线进行。

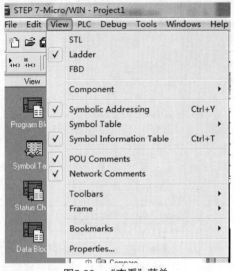

图5-26 "查看"菜单

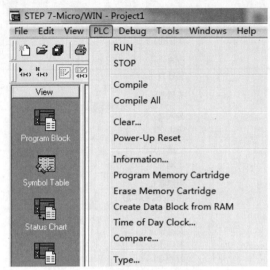

图5-27 "PLC"菜单

联机方式（在线方式）：有编程软件的计算机与 PLC 连接，两者之间可以直接通信。

离线方式：有编程软件的计算机与 PLC 断开连接，此时可进行编程、编译。

PLC 有两种工作模式：STOP（停止）和 RUN（运行）模式。在 STOP 模式中可以建立/编辑程序；在 RUN 模式中可以建立、编辑、监控程序操作和数据，进行动态调试。

若使用 STEP 7-Micro/WIN32 软件控制 RUN/STOP 模式，在 STEP 7-Micro/WIN32 和 PLC 之间必须建立通信。另外，PLC 硬件模式开关必须设为 TERM（终端）或 RUN。

编译：用来检查用户程序的语法错误。

全部编译：编译全部项目元件（程序块、数据块和系统块）。

信息：可以查看 PLC 信息，如 PLC 型号、版本号码、操作模式、扫描速率、I/O 模块配置及 CPU 和 I/O 模块错误等。

电源启动重置：从 PLC 清除严重错误并返回 RUN 模式。如果操作 PLC 存在严重错误，SF（系统错误）指示灯亮，程序停止执行。

5. 调试

"调试"菜单如图 5-28 所示，用于联机时的动态调试，有首次扫描、多次扫描、开始程序状态监控、暂停程序状态监控、用程序状态模拟运行条件（单次读取、强制、取消强制和取消全部强制）等功能。

首次扫描：PLC 从 STOP 方式进入 RUN 方式，执行一次扫描后，回到 STOP 方式，可以观察到首次扫描后的状态。PLC 必须位于 STOP 模式，通过菜单栏中的"调试"→"首次扫描"命令执行操作。

多次扫描：调试时可以指定 PLC 对程序执行有限次数扫描（1~65535）。通过选择 PLC 运行的扫描次数，可以在程序过程变量改变时对其进行监控。PLC 必须位于 STOP 模式，通过菜单栏中的"调试"→"多次扫描"命令设置扫描次数。

6. 工具

"工具"菜单如图 5-29 所示，提供复杂指令向导（PID、HSC、NETR/NETW 指令），使复杂指令编程时的工作简化；文本显示器 TD200 设置向导；"自定义"子菜单可以更改 STEP

7-Micro/WIN 32 工具条的外观或内容，以及在"工具"菜单中增加常用工具；"选项"子菜单可以设置 3 种编辑器的风格，如字体、指令盒的大小等样式。

图5-28 "调试"菜单

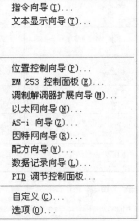

图5-29 "工具"菜单

7. 窗口

"窗口"菜单如图 5-30 所示，用于设置窗口的排放形式，如层叠、横向平铺、纵向平铺。

8. 帮助

"帮助"菜单如图 5-31 所示，提供 S7-200 的指令系统及编程软件的所有信息；提供在线帮助、网上查询、访问等功能。

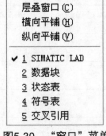

图5-30 "窗口"菜单

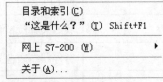

图5-31 "帮助"菜单

5.3.4 STEP 7-Micro/WIN32 的工具条

STEP 7-Micro/WIN32 常用的功能可以通过工具条上的按钮来执行，以简化操作。常用的工具条有标准工具条、调试工具条、常用工具条、LAD 指令工具条等。

1. 标准工具条

标准工具条如图 5-32 所示，其部分按钮功能如表 5-1 所示。

Standard

图5-32 标准工具条

表 5-1   标准工具条部分按钮功能

工具条按钮	功能说明
 ⍉	撤销上一步工作
☑	局部编译按钮
☑	全编译按钮
▲	从 PLC 上载项目文件至 STEP 7-Micro/WIN32 编程系统中
▼	从 STEP 7-Micro/WIN32 编程系统下载项目文件至 PLC
 ⇅ ⇵	正排序和逆排序
▯	选项菜单

2. 调试工具条

调试工具条如图 5-33 所示，其部分按钮功能如表 5-2 所示。

Debug

▶ ■ 🔲 🔲 🔲 🔲 🔲 66 🔲 🔲 🔲 🔲

图5-33   调试工具条

表 5-2   调试工具条部分按钮功能

工具条按钮	功能说明
▶	使 CPU 处于 RUN 模式
■	使 CPU 处于 STOP 模式
🔲	状态表连续监控按钮
🔲	暂停状态表监控
66	状态表单次监控
🔲	全部写入数据
 🔲 🔲 🔲	三个按钮的功能分别为强制、解除强制和解除全部强制
🔲	切换状态图/表监控

3. 常用工具条

常用工具条如图 5-34 所示，其部分按钮功能如表 5-3 所示。

Common

🔲 🔲 🔲 🔲 🔲 🔲 🔲 🔲 🔲 sym

图5-34   常用工具条

表 5-3　　　　　　　　　　　　　常用工具条的部分按钮功能

工具条按钮	功能说明	工具条按钮	功能说明
	添加段按钮		书签按钮：下一个书签
	删除段按钮		书签按钮：上一个书签
	切换程序注释按钮		书签按钮：清除全部书签
	切换段注释按钮		应用项目中的所带符号
	切换符号信息表按钮	sym	建立未定义符号表
	书签按钮：切换书签		

4．LAD 指令工具条

LAD 指令工具条如图 5-35 所示，其部分按钮的功能如表 5-4 所示。

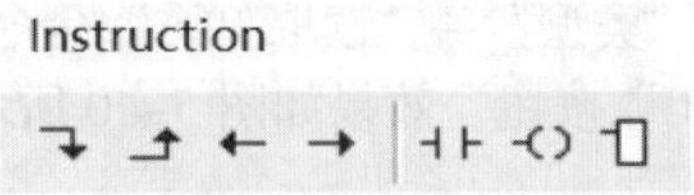

Instruction

↴ ↱ ← → ┤├ ○ ▯

图5-35　LAD指令工具条

表 5-4　　　　　　　　　　　　LAD 指令工具条部分按钮功能

工具条按钮	功能说明	工具条按钮	功能说明
↴	连线按钮：向下连线	┤├	触点按钮
↱	连线按钮：向上连线	○	线圈按钮
←	连线按钮：向左连线	▯	指令盒按钮
→	连线按钮：向右连线		

5.4　编程预备知识

5.4.1　指令集和编辑器的设置

编写程序之前用户必须选择指令集和编辑器，其设置方法如下所示。

在 S7-200 系列 PLC 支持的指令集有 SIMATIC 和 IEC 1131-3 两种。SIMATIC 是专为 S7-200 系列 PLC 设计的，采用 SIMATIC 指令编写的程序执行时间短、专用性强，可用 LAD、STL、FBD 3 种编辑器。IEC1131-3 指令集是按国际电工委员会（IEC）PLC 编程标准提供的指令系统，作为不同 PLC 厂商的指令标准，集中指令较少。SIMATIC 所包含的部分指令，在 IEC 1131-3 中不是标准指令。IEC 1131-3 标准指令集适用于不同厂家 PLC，可用 LAD 和 FBD 两种编辑器。

选择编辑器的方法如下：选择菜单栏中的"查看"→"LAD 或 STL"命令，如图 5-36 所示；或在菜单工具栏中选择"工具"→"选项"命令，在"选项"对话框的"常规"标签下"默认编辑器"选项组中进行选择，如图 5-37 所示。

127

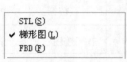

图5-36　编辑器的选择方法

图5-37　利用"默认编辑器"选择编辑器的方法

5.4.2　根据 PLC 类型进行参数设置

PLC 和运行 STEP 7-Micro/WIN 32 的个人计算机连线后，在建立通信或编辑通信设置以前，应根据 PLC 的类型进行范围检查。必须保证 STEP 7-Micro/WIN 32 中 PLC 类型选择与实际 PLC 类型相符，可用以下两种方法进行设置。

① 菜单命令：选择"PLC"→"类型"→"Read PLC"命令，如图 5-38 所示。

② 指令树："项目"名称→"类型"→"读取 PLC"命令，弹出"PLC 类型"对话框（图5-39），单击对话框中"读取 PLC"按钮，效果如图 5-40 所示。

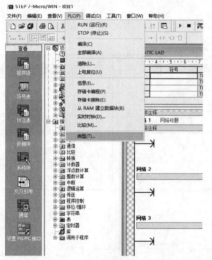

图5-38　菜单命令

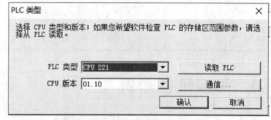

图5-39　"PLC类型"对话框

图5-40　指令树中获取"PLC类型"

5.5　程序的运行与监控

运行 STEP 7-Micro/WIN32 软件与 PLC 建立通信并向 PLC 下载程序后，就能在 PLC 设备上运行程序，并通过 STEP 7-Micro/WIN32 软件对收集状态进行监控和调试程序了。

5.5.1　工作方式设置

PLC 有运行和停止两种工作方式。在不同的工作方式下，PLC 进行调试的操作方法不同。单击工具栏中的"运行"▶按钮或"停止"■按钮进入相应的工作方式。

1. 选择 STOP 工作方式

在 STOP 工作方式中，可以创建和编辑程序，PLC 处于半空闲状态：停止用户程序执行；执行输入更新；用户中断条件被禁用。系统将状态数据传递给 STEP 7-Micro/WIN32，并执行所有的"强制"或"取消强制"命令。当 PLC 处于 STOP 工作方式时，可以进行下列操作。

① 使用图状态或程序状态查看操作数的当前值（因为程序未执行，这一步骤等同于执行"单次读取"）。

② 可以使用图状态或程序状态强制数值，使用图状态写入数值。

③ 写入或强制输出。

④ 执行有限次扫描，并通过状态图或程序状态观察结果。

2. 选择 RUN 工作方式

当 PLC 处于 RUN 工作方式时，不能使用"首次扫描""多次扫描"功能。可以在状态表中写入强制数值，或使用 LAD 或 FBD 程序编辑器强制数值，方法与在 STOP 工作方式中强制数值相同。还可以执行下列操作。

① 使用图状态收集 PLC 数据值的连续更新。如果希望使用单次更新，图状态必须关闭，才能使用"单次读取"命令。

② 使用程序状态收集 PLC 数据值的连续更新。

③ 使用 RUN 工作方式中的"程序编辑"工具编辑程序，并将改动下载至 PLC。

5.5.2　状态表的操作方法

可以建立一个或多个状态表，用来监管和调试程序操作。打开"状态表"窗口可以观察或编辑表的内容，启动状态表可以收集状态信息。

1. 打开状态表

打开"状态表"窗口的方法有 3 种。

① 单击浏览条上的"状态表"按钮。

② 选择菜单栏中的"查看"→"组件"→"状态表"命令。

③ 打开指令树中的"状态表"文件夹，然后双击图标。

如果在项目中有多个状态表，使用"状态表"窗口底部的标签进行状态表之间的切换。

2. 状态表的创建和编辑

（1）建立状态表

如果打开一个空状态表，可以输入地址或定义符号名，进行程序监管或修改数值。定义状态表的步骤如下。

① 在"地址"列输入存储器的地址（或符号名）。

② 在"格式"列选择数值的显示方式。如果操作数是 I、Q 或 M 等，格式被设为"位"。如果操作数是字节、字或双字，选中"格式"列中的单元格并双击，或者按空格键或 Enter 键，浏览有效格式并选择适当的格式，如图 5-41 所示。

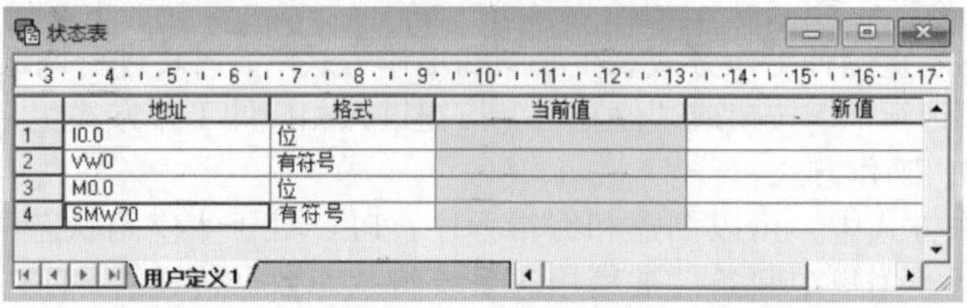

	地址	格式	当前值	新值
1	I0.0	位		
2	VW0	有符号		
3	M0.0	位		
4	SMW70	有符号		

图5-41　状态表举例

定时器或计数器的地址格式可以设置为"位"或"字"。如果将定时器或计数器的地址格式设置为"位"，则会显示输出状态（输出打开或关闭）；如果将定时器或计数器地址格式设置为"字"，则使用"当前值"。

还可以按下面的方法更快捷地建立状态表。

选中程序代码的一部分，单击鼠标右键，从弹出的菜单中选择"创建状态表"命令，如图 5-42 所示。

每次选择创建状态表时，只能增加前 150 个地址。一个项目最多可存储 32 个状态表。

（2）编辑状态表

在状态表修改过程中，可采用下列方法。

① 插入新行：使用"编辑"菜单或用鼠标右键单击状态表中的一个单元格，从弹出的菜单中选择"插入"→"行"命令。新行被插入在状态表中光标当前位置的上方。

② 删除一个单元格或行：选中单元格或行，用鼠标右键单击，从弹出的菜单中选择"删除"→"选项"命令。如果删除一行，后面的行则向上移动。

③ 选择一整行（用于剪切或复制）：单击行号。

④ 选择整个状态表：在行号上方的左上角单击一次。

（3）写入与强制数值

全部写入：对状态表内的新数值改动完成后，可利用全部写入将所有改动传送至 PLC。

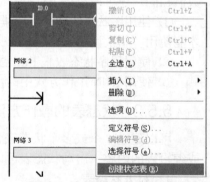

图5-42　选中程序代码简历状态表

强制：在状态表的"地址"列中选中一个操作数，在"新数值"列写入模拟实际条件的数值，然后单击工具条中的"强制"按钮。一旦使用"强制"功能，每次扫描都会将强制数值应用于该地址，直至对该地址"取消强制"。

取消强制：和"程序状态"的操作方法相同。

5.5.3　扫描方式设置

可以指定 PLC 对程序执行有限次数扫描（1 ~ 65535），通过指定 PLC 运行的扫描次数，可以监控程序过程变量的改变。第一次扫描时，SM0.1 数值为 1。

1. 执行单次扫描

"单次扫描"使 PLC 从 STOP 模式转变成 RUN 模式，执行单次扫描，然后再转回 STOP 模式，因此与第一次相关的状态信息不会消失。操作步骤如下。

① PLC 必须处于 STOP 模式。如果不在 STOP 模式，将 PLC 转换成 STOP 模式。

② 选择菜单栏中的"调试"→"首次扫描"命令。

2. 执行多次扫描

执行多次扫描的步骤如下。

① PLC 需处于 STOP 模式。如果不在 STOP 模式，将 PLC 转换成 STOP 模式。

② 选择菜单栏中的"调试"→"多次扫描"命令，弹出"执行扫描"对话框，如图 5-43 所示。

③ 输入所需的扫描次数数值，单击"确认"按钮。

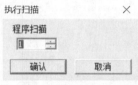

图5-43　"执行扫描"对话框

5.5.4　监控方式设置

运行采用梯形图、语句表和功能块图编写的程序时，利用 STEP 7-Micro/WIN32 软件可以进行监控，观察程序的执行状态。监控的运行可分为 3 种方式：状态表监控、梯形图监控和语句表监控。

1. 状态表监控

启动状态表，这样在程序运行时，就可以监视、读、写或强制改变其中的变量，如图 5-44 所示。根据需要可以建立多个状态表。

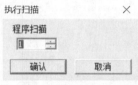

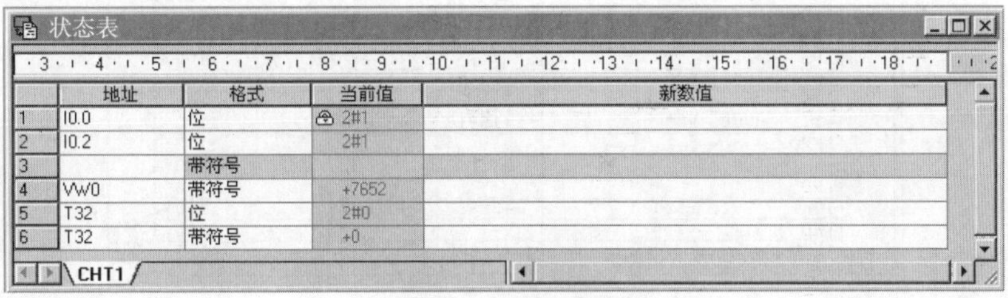

图5-44　状态表监控

当使用状态表时，可将光标移动到需要操作的单元格上，右击单元格，在弹出的快捷菜单中选择所需要的操作命令。也可利用编程软件中状态表的工具条，单击这些命令按钮，实现顺序排序、逆序排序、读、写和一些与强制有关的操作。

2. 梯形图监控

利用梯形图编辑器可以监视程序在线的状态，如图 5-45 所示。监视时，梯形图中显示的所有操作数的状态都是 PLC 在扫描周期结束时的结果。但是利用 STEP 7-Micro/WIN32 编程软件进行监控时，不是在每个 PLC 扫描周期都采集 I/O 的状态，因此显示在屏幕上的数据并不是实时状态值，该软件是隔几个扫描周期采集一次状态值，然后刷新屏幕上的监视状态。在大多数情况下，这并不影响用梯形图监视程序运行的效果，依然是很多工程技术人员的选择。

3. 语句表监控

用户也可采用语句表监控 PLC 运行状态，如图 5-46 所示。语句表监控程序状态可以连续更新屏幕上的数值，操作数显示在屏幕上的顺序与操作数在程序中出现的顺序是一致的。当程序执行到这些指令时，数据被采集然后显示在屏幕上。语句表监控可以实现实时状态的监控。

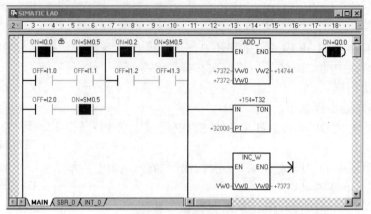

图5-45　梯形图监控

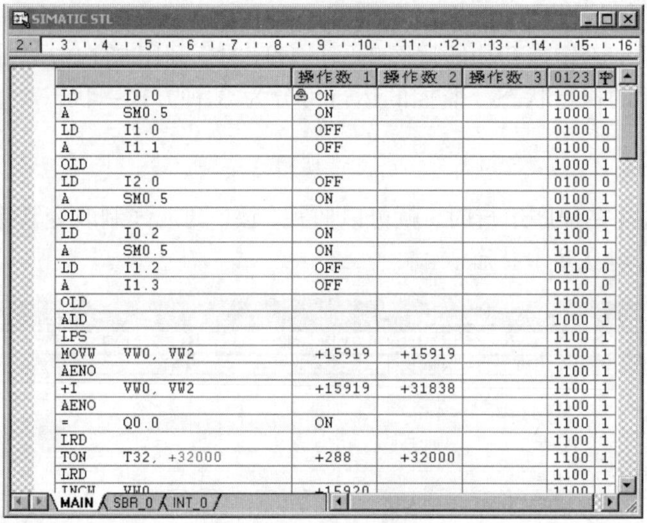

图5-46　语句表监控

5.6　本章小结

本章重点介绍了 S7-200 系列 PLC 的编程系统——STEP 7-Micro/WIN 32 编程软件的功能及其使用过程，读者通过学习可熟练掌握该软件的使用方法，使设计过程更加方便高效。

①　简单介绍了 STEP 7-Micro/WIN 32 软件的安装过程，通过设置 STEP 7-Micro/WIN 32 的参数，可实现与 PLC 的连接，完成程序的下载、调试和监控。

②　此软件的功能丰富，通过本章的介绍，读者可以根据编程和调试等要求，方便快捷地实现用户程序的参数设置。

③　该软件还能对程序的运行情况进行监控，而且可以通过强制操作，实现用户对程序的调试功能。

本章应重点掌握软件的使用方法及功能，这样用户在程序编辑和调试阶段，就能熟练使用各种菜单和状态窗口，方便用户开发控制程序。

第6章 S7-200 系列 PLC 的网络与通信

随着网络技术、通信技术、半导体技术的飞速发展，以及各个企业与工厂对生产工艺的自动化要求的提高，自动控制从传统的集中式向多元化分布式方向发展，这些都使工业网络得到了很好的发展，各大 PLC 生产厂商都在 PLC 的设计中增强了 PLC 网络通信功能。本章将会介绍西门子 S7-200 系列 PLC 在网络与通信方面的强大功能及其特点。

6.1 预备知识

在计算机控制与网络技术不断推广和普及的今天，对参与控制系统的设备提出了可相互连接、构成网络及远程通信的要求，PLC 生产厂商为此加强了 PLC 的网络通信能力。

6.1.1 基本概念

1. 并行通信与串行通信

如果一组数据的各数据位在多条线上同时被传送，这种传送方式被称为并行通信方式，如图 6-1 所示。并行数据传送时所有数据位是同时进行的，以字或字节为单位传输。除了 8 根或 16 根数据线、一根公共线外，还需要通信双方联络用的控制线。

并行通信方式的特点是：并行传输速度快，但通信线路多、成本高，适合近距离数据高速传送。PLC 通信系统中，并行通信方式一般发生在内部各个元件之间、基本单元与扩展模块或近距离智能模板的处理器之间。

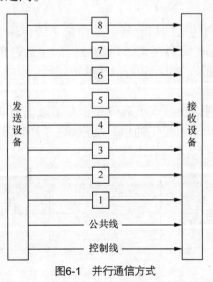

图6-1 并行通信方式

6.1 预备知识

串行通信方式如图 6-2 所示。串行通信是以二进制的位（bit）为单位的数据传输方式，每次只传送一位，每一位数据都占据一个固定的时间长度，最少需要两根线（双绞线）连接多台设备，组成控制网络。串行通信需要的信号线少，适用于距离较远的场合。计算机和 PLC 都有通用的串行通信接口，如 RS-232C 或 RS-485 接口，工业控制中计算机之间的通信一般采用串行通信方式。

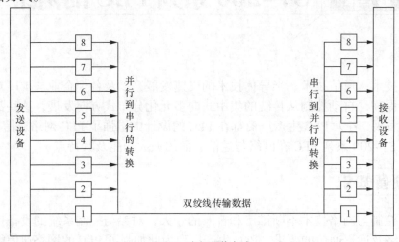

图6-2　串行通信方式

2. 信号的调制和解调

串行通信通常传输的是数字量，这种信号包括从低频到高频的谐波信号，要求传输线的频率高。而进行远距离传输时，为降低成本，传输线频带不够宽，使信号严重失真、衰减，常采用的方法是调制解调技术。调制就是发送端将数字信号转换成适合传输线传送的模拟信号，完成此任务的设备称为调制器。接收端将收到的模拟信号还原为数字信号的过程称为解调，完成此任务的设备称为解调器。实际上一个设备工作起来既需要调制，又需要解调，将调制、解调功能由一个设备完成，称此设备为调制解调器。当进行远程数据传输时，可以将 PLC 的 PC/PPI 电缆与调制解调器进行连接以增加数据传输的距离。

3. 传输速率

传输速率是指单位时间内传输的信息量，是衡量系统传输性能的主要指标，常用波特率（Baud Rate）表示。波特率是指每秒传输二进制数据的位数，单位是 bit/s。常用的波特率有 19200bit/s、9600bit/s、4800bit/s、2400bit/s、1200bit/s 等。

4. 信息交互方式

信息交互方式包括单工通信、半双工通信和全双工通信方式。

单工通信方式如图 6-3 所示。单工通信只能沿单一方向传输数据。在图 6-3 中，A 端发送数据，B 端只能接收数据。

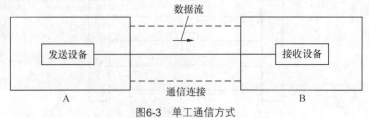

图6-3　单工通信方式

半双工通信方式如图 6-4 所示。半双工通信指数据可以在两个方向上传送，但是同一时刻只限于一个方向传送。在图 6-4 中，或者 A 端发送 B 端接收，或者 B 端发送 A 端接收。

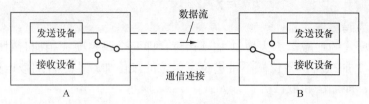

图6-4　半双工通信方式

全双工的通信方式如图 6-5 所示。全双工通信能在两个方向上同时发送和接收数据。在图 6-5 中，A 端和 B 端都是一边发送数据，一边接收数据。

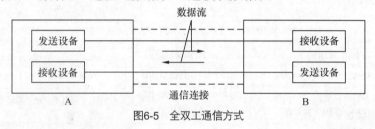

图6-5　全双工通信方式

6.1.2　差错控制的实现方法

差错控制是网络通信的重要指标，主要用纠错编码和纠错控制来实现。下面就介绍这两种概念。

1. 纠错编码

纠错编码是差错控制技术的核心。纠错编码的方法是在有效信息的基础上附加一定的冗余信息位，利用二进制位组合来监督数据码的传输情况。一般冗余位越多，监督作用和检错、纠错的能力就越强，但通信效率就越低，而且冗余位本身出错的可能性也变大。

纠错编码的方法很多，如奇偶检验码、方阵检验码、循环检验码、恒比检验码等。下面介绍两种常见的方法：奇偶检验码和循环校验码。

（1）奇偶检验码

奇偶检验码是应用最多、最简单的一种纠错编码。奇偶检验码是在信息码组之后加一位监督码，即奇偶检验位。奇偶检验码有奇检验码、偶检验码两种。奇检验码指的是信息位和检验位中 1 的个数为奇数；偶检验码指的是信息位和检验位中 1 的个数为偶数。例如，一个信息码为 35H，其中 1 的个数为偶数，如果是奇检验，检验位应为 1；如果是偶检验，检验位应为 0。

（2）循环检验码

循环检验码不像奇偶检验码那样一个字符校验一次，而是一个数据块校验一次。在同步通信中大多使用这种方法。

循环检验码的基本思想是利用线性编码理论，在发送端根据要发送的二进制码序列，以一定的规则产生一个监督码，附加在信息之后，构成新的二进制码序列发送出去。在接收端，则根据信息码和监督码之间遵循的规则进行检验，确定传送中是否有错。

任何 n 位的二进制数都可以用式（6-1）所示的 $n-1$ 次的多项式来表示。

$$B(\chi) = B_{n-1}\chi^{n-1} + B_{n-2}\chi^{n-2} + \cdots + B_1\chi^1 + B_0\chi^0 \tag{6-1}$$

例如，二进制数 11000001 可写为

$$B(\chi) = \chi^7 + \chi^6 + 1 \tag{6-2}$$

此多项式称为码多项式。

二进制码多项式的加减运算为模 2 加减运算，即两个码多项式相加时对应项系数进行模 2 加减。所谓模 2 加减就是各位做不带进位、借位的按位加减，这种加减运算实际上就是逻辑上的异或运算，即加法和减法等价，如式（6-3）所示。

$$B_1(\chi) + B_2(\chi) = B_1(\chi) - B_2(\chi) = B_2(\chi) - B_1(\chi) \tag{6-3}$$

二进制码多项式的乘除法运算与普通代数多项式的乘除法运算是一样的，符合同样的规律，如式（6-4）所示。

$$B_1(\chi) / B_2(\chi) = Q(\chi) + [R(\chi) / B_2(\chi)] \tag{6-4}$$

其中，$Q(\chi)$ 为商，$B_2(\chi)$ 为多项式自定，$R(\chi)$ 为余数多项式。若能除尽，则 $R(\chi) = 0$。n 位循环码的格式如图 6-6 所示。可以看出，一个 n 位的循环码是由 K 位信息码，加上 r 位校验码组成的。信息码位是要传输的二进制数，$R(\chi)$ 为校验码位。

K 位信息码	r 位校验码

图6-6 n位循环码格式图

2. 纠错控制方法

（1）自动重发请求

在自动重发请求中，发送端对发送序列进行纠错编码，可以检测出错误的校验序列。接收端根据校验序列的编码规则判断是否出错，并将结果传给发送端。若有错，接收端拒收，同时通知发送端重发。

（2）向前纠错方式

向前纠错方式就是发送端对发送序列进行纠错编码，接收端收到此码后，进行译码。译码不仅可以检测出是否有错误，而且根据译码自动纠错。

（3）混合纠错方式

混合纠错方式是上述两种方法的结合。接收端有一定的判断是否出错和纠错的能力，如果错误超出了接收端纠错的能力，再命令发送端重发。

6.1.3 传输介质分类

目前，普遍采用的通信介质有双绞线、同轴电缆和光纤电缆，其他介质如无线电、红外微波等在 PLC 网络中应用很少。

双绞线如图 6-7 所示，是把两根导线扭绞在一起，可以减少外部电磁干扰，如果用金属网加以屏蔽，抗干扰能力更强。双绞线成本低、安装简单，多用于 RS-485 接口。

图6-7 双绞线

同轴电缆如图 6-8 所示，共有 4 层，最内层为中心导体，导体的外层为绝缘层，包着中心导体，再向外一层是屏蔽层，最外一层为表面的保护皮。同轴电缆可用于基带传输，也可用于宽带传输。与双绞线相比，同轴电缆传输的速率高、距离远，但成本相对要高。

光纤电缆如图 6-9 所示，分为全塑光纤电缆、塑料护套光纤电缆、硬塑料护套光纤电缆。硬塑料护套光纤电缆的传输距离最远，全塑光纤电缆的传输距离最近。光缆与电缆相比，价格较高、维修复杂，但抗干扰能力很强，传输距离也远。

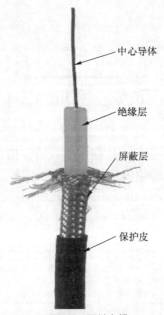

中心导体

绝缘层

屏蔽层

保护皮

图6-8　同轴电缆

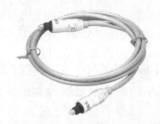

图6-9　光纤电缆

双绞线、同轴电缆和光纤电缆的性能比较如表 6-1 所示。

表 6-1　　　　　　　　　　双绞线、同轴电缆和光纤电缆的性能比较

性能	传送介质		
	双绞线	同轴电缆	光纤电缆
传输速率	9.6kbit/s ~ 2Mbit/s	1 ~ 450Mbit/s	10 ~ 500Mbit/s
连接方法	点到点、多点 1.5km 不用中继器	点到点、多点 10km 不用中继器（宽带） 1 ~ 3km 不用中继器（基带）	点到点 50km 不用中继器
传送信号	数字、调制信号、纯模拟信号（基带）	调制信号、数字（基带）、数字、声音、图像（宽带）	调制信号（基带） 数字、声音、图像（宽带）
支持网络	星形、环形、小型交换机	总线型、环形	总线型、环形
抗干扰	好（需要屏蔽）	很好	极好
抗恶劣环境	好	好，但必须将电缆与腐蚀隔开	极好，耐高温与其他恶劣环境

6.1.4 串行通信接口标准类型

串行通信接口包括 RS-232C、RS-422A、RS-485 等 3 种类型。

1. RS-232C

RS-232C 是美国电子工业协会（EIA）在 1969 年公布的通信协议，至今仍在计算机和控制设备通信中广泛使用。当通信距离较近时，通信双方可以直接连接，在通信中不需要控制联络信号，只需要 3 根线（发送线、接收线和信号地线），如图 6-10 所示，便可以实现全双工异步串行通信。RS-232C 使用单端驱动、单端接收电路，如图 6-11 所示。

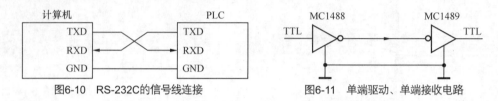

图6-10 RS-232C的信号线连接　　　　图6-11 单端驱动、单端接收电路

2. RS-422A

RS-422A 采用平衡驱动、差分接收电路，如图 6-12 所示，从根本上取消了信号地线。平衡驱动器相当于两个单端驱动器，其输入信号相同，两个输出信号互为反相信号。外部输入的干扰信号是以共模方式出现的，两根传输线上的共模干扰信号相同，因接收器是差分输入，共模信号可以互相抵消。只要接收器有足够的抗共模干扰能力，就能从干扰信号中识别出驱动器输出的有用信号，从而克服外部干扰的影响。

在 RS-422A 通信模式中，数据通过 4 根导线传送，如图 6-13 所示。RS-422A 是全双工通信方式，两对平衡差分信号线分别用于发送和接收数据。

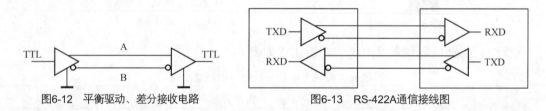

图6-12 平衡驱动、差分接收电路　　　　图6-13 RS-422A通信接线图

3. RS-485

RS-485 是 RS-422A 的变形，RS-485 为半双工通信方式，只有一对平衡差分信号线，不能同时发送和接收数据。使用 RS-485 通信接口和双绞线可以组成串行通信网络，如图 6-14 所示。

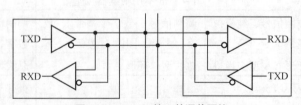

图6-14 RS-485接口的通信网络

以上 3 种接口的性能参数比较如表 6-2 所示。

表 6-2　　　　　　　　RS-232C、RS-422A、RS-485 接口的性能参数比较

项目	RS-232C	RS-422A	RS-485
接口电路	单端	差动	差动
传输距离（m）	15	1200	1200
最高传输速率（Mbit/s）	0.02	10	10
接收器输入阻抗（kΩ）	3~7	≥4	>12
驱动器输出阻抗（Ω）	300	100	54
输入电压范围（V）	−25 ~ +25	−7 ~ +7	−7 ~ +12
输入电压阈值（V）	± 3	± 0.2	± 0.2

6.2　工业局域网概况

6.2.1　局域网的拓扑结构划分

网络中通过传输线互连的点称为站点或节点，节点间的物理连接结构称为拓扑。常用的网络拓扑结构有 3 种，星形、总线型和环形。

1. 星形拓扑结构

星形拓扑结构如图 6–15 所示。这种结构有中心节点，网络上其他节点都与中心节点相连接。通信由中心节点管理，任何两个节点之间通信都要通过中心节点中继转发。这种结构的控制方法简单，但可靠性较低，一旦中心环节出现故障，整个系统就会瘫痪。

2. 环形拓扑结构

环形拓扑结构如图 6–16 所示。在环路上数据按事先规定好的方向从源节点传送到目的节点，路径选择控制方式简单。但由于从源节点到目的节点要经过环路上各个中间节点，某个节点会阻碍信息通路，可靠性差。

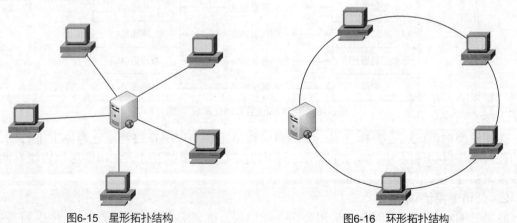

图6-15　星形拓扑结构　　　　　　　　　图6-16　环形拓扑结构

3. 总线型拓扑结构

总线型拓扑结构如图 6–17 所示。所有节点连接到一条公共通信总线上。任何节点都可以在总线上传送数据，并且能被总线上任一节点所接收。这种结构简单灵活，容易加扩节点，

甚至可用中继器连接多个总线。节点间通过总线直接通信，速度快、延迟小。某个节点故障不会影响其他节点的工作，可靠性高。但由于所有节点共用一条总线，总线上传送的信息容易发生冲突和碰撞，出现争用总线控制权、降低传输速率等问题。

图6-17　总线型拓扑结构

6.2.2　网络协议和现场总线

通信双方就如何交换信息所建立的一些规定和过程称为通信协议。在 PLC 网络中配置的通信协议分为两大类，一类是通用协议，另一类是公司专用协议。

1. 通用协议

在网络金字塔的各个层次中，高层次子网中一般采用通用协议，如 PLC 网之间的互连及 PLC 网与其他局域网的互连，这表明工业网络向标准化和通用化发展的趋势。高层子网传送的是管理信息，与普通商业网络性质接近，同时要解决不同类型的网络互连。国际标准化组织 ISO（International Standard Organization）于 1978 年提出了开放式系统互连 OSI（Open Systems Interconnection）的模型，其所用的通信协议一般分为 7 层，如图 6-18 所示。

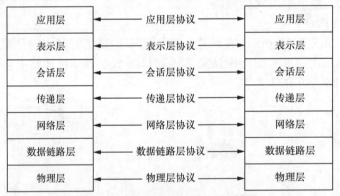

图6-18　国际OSI企业自动化系统模型

在该模型中，最底层为物理层，实际通信就是通过物理层在物理互连媒体上进行的，上面的任何层都以物理层为基础，对等层之间可以实现开放系统互连。常用的通信协议有两种，一种是 MAP 协议，另一种是 Ethernet 协议。

2. 公司专用协议

底层子网和中间层子网一般采用公司专用协议，尤其是最底层子网，由于传送的是过程数据及控制命令，这种信息较短，但实时性要求高。公司专用协议的层次一般采用物理层、数据链路层及应用层，而省略了通用协议所必需的其他层，信息传递速率快。

在传统的自动化工厂中，生产现场的许多设备和装置，如传感器、调节器、变送器、执行器等，都是通过信号电缆与计算机、PLC 相连的。当这些装置和设备相距较远，分布较广时，就会使电缆线的用量和铺设费用随之大大增加，引起整个项目的投资成本增加，系统连线复杂，可靠性下降，维护工作量增大，系统进一步扩展困难等问题。现场总线（Field Bus）将分散于现场的各种设备连接起来，并有效实施对设备的监控。它是一种可靠、快速、能经受工业现场环境、价格低廉的通信总线。现场总线始于 20 世纪 80 年代，到 20 世纪 90 年代技术日趋成熟，受到世界各自动化设备制造商和用户的广泛关注，是世界上最成功的总线之一。PLC 的生产厂商也将现场总线技术应用于各自的产品之中构成工业局域网的最底层，使 PLC 网络实现了真正意义上的发展。

现场总线技术实际上是实现现场级设备数字化通信的一种工业现场层的网络通信技术。按照国际电工委员会 IEC 61158 的定义，现场总线是"安装在过程区域的现场设备、仪表与控制室内的自动控制装置系统之间的一种串行、数字式、多点通信的数据总线"。也就是说，基于现场总线的系统是以单个分散的、数字化、智能化的测量和控制设备作为网络的节点，用总线相连，实现信息的相互交换，使不同网络、不同现场设备之间可以信息共享。现场设备的各种运行参数、状态信息及故障信息等通过总线传输到远离现场的控制中心，而控制中心又可以将各种控制、维护、组态命令送往相关的设备，从而建立起具有自动控制功能的网络。通常将这种位于网络底层的自动化及信息集成的数字化网络称之为现场总线系统。

西门子通信网络的中间层即为现场总线，用于车间级和现场级的国际标准，传输速率最大为 12Mbit/s，响应时间的典型值为 1ms，使用屏蔽双绞线电缆（最长 9.6km）或光纤电缆（最长 90km），最多可接 127 个从站。

6.3　PLC 网络通信硬件

6.3　S7-200 系列 PLC 的网络通信硬件

在本节中将介绍 S7-200 通信的有关硬件，包括通信端口、PC/PPI 电缆、通信卡及 S7-200 通信扩展模块等。

6.3.1　通信端口

S7-200 系列 PLC 内部集成的 PPI 接口的物理特性为 RS-485 串行接口，为 9 针 D 型，该端口也符合欧洲标准 EN 50170 中的 PROFIBUS 标准。RS-485 串行接口外形如图 6-19 所示。

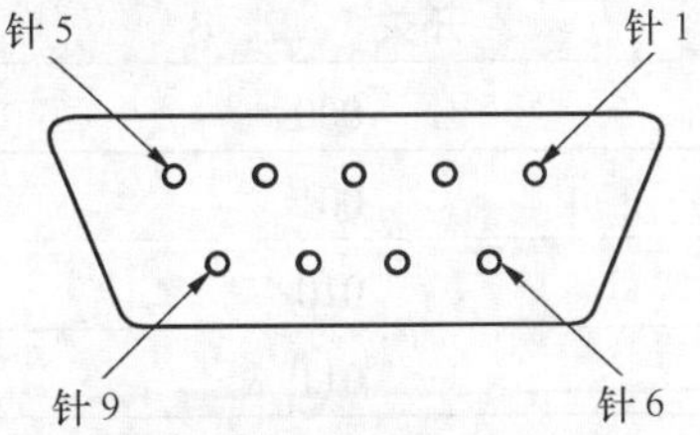

在进行调试时将 S7-200 系列 PLC 接入网络，该端口一般是作为端口 1 出现的，作为端口 1 时端口各个引脚的名称及其表示的意义见表 6-3。端口 0 为所连接的调试设备的端口。

针 5　　针 1

针 9　　针 6

图6-19　RS-485串行接口外形

表 6-3　　S7-200 系列通信端口各个引脚的名称及其表示的意义

引脚号	名称	端口 0/端口 1
1	屏蔽	机壳地
2	24V 返回	逻辑地
3	RS-485 信号 B	RS-485 信号 B
4	发送申请	RTS（TTL）

续表

引脚号	名称	端口 0/端口 1
5	5V 返回	逻辑地
6	+5V	+5V，100Ω串联电阻
7	+24V	+24V
8	RS-485 信号 A	RS-485 信号 A
9	不用	10 位协议选择（输入）
连接器外壳	屏蔽	机壳接地

6.3.2 PC/PPI 电缆

用计算机编程时，一般用 PC/PPI（个人计算机/点对点接口）电缆连接计算机与 PLC，这是一种低成本的通信方式。PC/PPI 电缆外形如图 6-20 所示。

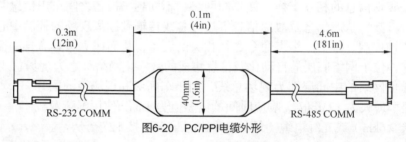

图6-20 PC/PPI电缆外形

1. PC/PPI 电缆的连接

将 PC/PPI 电缆有 "PC" 标记的 RS-232 端连接到计算机的 RS-232 通信接口上，标有 "PPI" 标记的 RS-485 端连接到 CPU 模块的通信口上，拧紧两边螺钉即可。

PC/PPI 电缆上，开关设置与波特率的关系如表 6-4 所示，应与编程软件中设置的波特率一致。初学者可选通信速率的默认值 9600bit/s。

表 6-4   开关设置与波特率的关系

开关 1、2、3	波特率（bit/s）	转换时间（s）
000	38400	0.5
001	19200	1
010	9600	2
011	4800	4
100	2400	7
101	1200	14
110	600	28

2. PC/PPI 电缆通信设置

在 STEP 7-Micro/WIN32 软件的操作界面的指令树中单击 "通信" 图标，或从菜单栏中选择 "查看" → "组件" → "通信" 命令，弹出 "通信" 对话框，如图 6-21 所示，单击 "设置 PG/PC 接口" 按钮，弹出 "设置 PG/PC 接口" 对话框，如图 6-22 所示。单击其中的 "属性"

按钮，弹出 PC/PPI 电缆属性对话框，如图 6-23 所示。初学者可以使用默认的通信参数，即在 PC/PPI 电缆属性对话框中单击"默认"按钮。

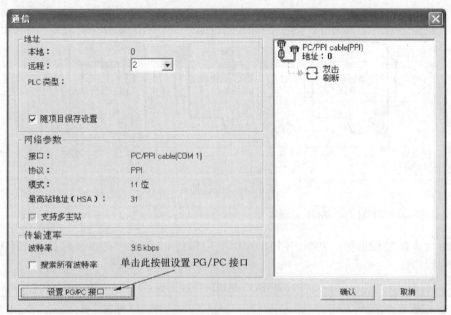

图6-21　"通信"对话框

图6-22　"设置PG/PC接口"对话框

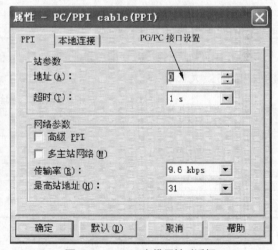

图6-23　PC/PPI电缆属性对话框

6.3.3　网络连接器

利用西门子公司提供的两种网络连接器可以把多个设备连接到网络中，两种连接器都有两组螺钉端子，可以连接网络的输入和输出，通过网络连接器上的选择开关可以对网络进行偏置和终端匹配。两个连接器中的一个连接器仅提供连接到 CPU 的接口，而另一个连接器增加了一个编程接口（见图 6-24）。带有编程接口的连接器可以把 SIMATIC 编程器或操作面板增加到网络中，而不用改动现有的网络连接。编程接口连接器把 CPU 的信号传到编程接口（包括电源引线），这个连接器对于连接从 CPU 至电源的设备（如 TD200 或 OP3）很有用。

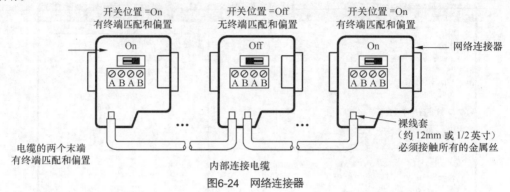

图6-24 网络连接器

6.3.4 PROFIBUS 网络电缆

当通信设备相距较远时，可使用 PROFIBUS 电缆进行连接，表 6-5 列出了 PROFIBUS 网络电缆的性能指标。

表 6-5   PROFIBUS 电缆的性能指标

通用特性	规范
类型	屏蔽双绞线
导体截面面积	24AWG（0.22mm^2）或更粗
电缆容量	<60pF/m
阻抗	100～200Ω

PROFIBUS 网络的最大长度有赖于波特率和所用电缆的类型，表 6-6 中列出的规范电缆是网络段的最大长度。

表 6-6   PROFIBUS 网络的最大长度

传输速率（bit/s）	网络段的最大电缆长度（m）
9.6～93.75k	1200
187.5k	1000
500k	400
1～1.5M	200
3～12M	100

6.3.5 网络中继器

西门子公司提供连接到 PROFIBUS 网络环的网络中继器，如图 6-25 所示。利用中继器可以延长网络通信距离，允许在网络中加入设备，并且提供了一个隔离不同网络环的方法。当波特率是 9600kbit/s 时，PROFIBUS 允许在一个网络环上最多有 32 个设备，这时通信的最长距离是 1200m（3936 英尺）。每个中继器允许加入另外 32 个设备，而且可以把网络再延长 1200m（3936 英尺）。在网络中最多可以使用 9 个中继器。每个中继器为网络环提供偏置和终端匹配。

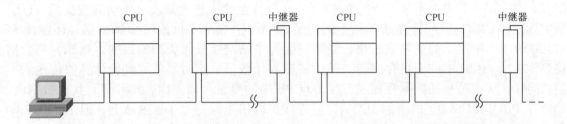

图6-25　带有网络中继器的PROFIBUS网络环

6.3.6　EM277 PROFIBUS-DP 模块

EM277 PROFIBUS-DP 模块是专门用于 PROFIBUS-DP 通信协议的智能扩展模块，其外形如图 6-26 所示。EM277 机壳上有一个 RS-485 接口，通过接口可将 S7-200 系列 CPU 连接至网络，支持 PROFIBUS-DP 和 MPI 从站协议。其地址选择开关可进行地址设置，地址范围为 0～99。

PROFIBUS-DP 是由欧洲标准 EN 50170 和国际标准 IEC 611158 定义的一种远程 I/O 通信协议。遵守这种标准的设备即使是由不同公司制造的，也可以兼容。DP 表示分布式外围设备，即远程 I/O。PROFIBUS 表示过程现场总线。EM277 模块作为 PROFIBUS-DP 协议下的从站，实现通信功能。

除了以上介绍的通信模块外，还有其他的通信模块。如用于本地扩展的 CP243-2 通信处理器，利用该模块可增加 S7-200 系列 CPU 的输入/输出点数。

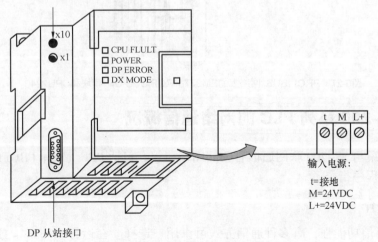

图6-26　EM227 PROFIBUS-DP模块外形

通过 EM277 PROFIBUS-DP 扩展从站模块，可将 S7-200 系列 CPU 连接到 PROFIBUS-DP 网络。EM277 经过串行 I/O 总线连接到 S7-200 CPU。PROFIBUS 网络经过其 DP 通信端口，连接到 EM277 PROFIBUS-DP 模块，这个端口可运行于 9600bit/s 和 12Mbit/s 之间的任何 PROFIBUS 支持的波特率。作为 DP 从站，EM277 模块接收从主站传来的多种不同的 I/O 配置，向主站发送和接收不同数量的数据，这种特性使用户能修改所传输的数据量，以满足实际应用的需要。与许多 DP 站不同的是，EM277 模块不仅传输 I/O 数据，还能读/写 S7-200 CPU 中定义的变量数据块，使用户能与主站交换任何类型的数据。首先，将数据移到 S7-200 CPU 中的变量存储器，就可将输入计数值、定时器值或其他计算值传送到主站。同样，从主站来的数据存储在 S7-200 CPU 中的变量存储器内，并可移到其他数据区。EM277 PROFIBUS-DP 模块的 DP 端口可连接到网络上的一个 DP 主站上，但 EM277PROFIBUS-DP 模块仍能作为一个 MPI 从站与同一网络上的编程器或 CPU（如 SIMATIC 编程器或 S7-300/S7-400 系列 CPU）等其他主站进行通信。如图 6-27 所示，表示有一个 CPU224 和一个 EM277 PROFIBUS-DP 模拟的 PROFIBUS 网络。在这种情况下，CPU315-2 是 DP 主站，并且已通过一个带有 STEP 7 编程软件的 SIMATIC 编程器进行组态。CPU224 是 CPU315-2 所拥有的一个 DP 从站，ET200 I/O 模块也是 CPU315-2 的从站，S7-400 CPU 连接到 PROFIBUS 网络，并且借助于 S7-400 CPU 用户程序中的 XGET 指令，可从 CPU224 中读取数据。

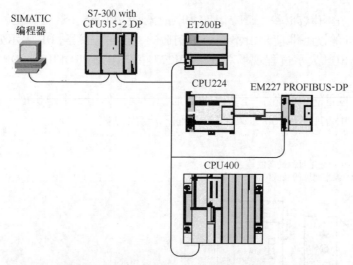

图6-27　PROFIBUS 网络上的EM277 PROFIBUS-DP 模块和CPU224

6.4　S7-200 系列 PLC 的网络通信概况

在本节中介绍与 S7-200 联网通信有关的网络协议，包括 PPI、MPI、PROFIBUS、ModBus 等协议及相关的程序指令。

6.4.1　简介

S7-200 的通信功能强，有多种通信方式可供用户选择。在运行 Windows 或 Windows NT 操作系统的个人计算机（PC）上安装编程软件后，PC 就可以作为通信中的主站使用了。

1. 单主站方式

单主站与一个或多个从站相连，如图 6-28 所示，SETP7-Micro/WIN32 每次只能与一个 S7-200 CPU 进行通信，但可以访问网络上的所有 CPU。

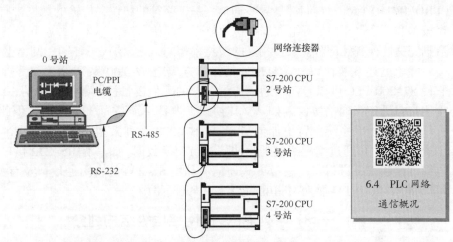

图6-28 单主站与一个或多个从站相连

2. 多主站方式

通信网络中有多个主站，一个或多个从站，如图 6-29 所示。带 CP 通信卡的计算机和文本显示器 TD200、操作面板 OP15 是主站，S7-200 CPU 可以是从站或主站。

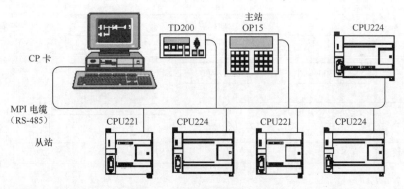

图6-29 通信网络中有多个主站

3. S7-200 通信的硬件选择

可供用户选择的 SETP7-Micro/WIN32 支持的通信硬件和波特率如表 6-7 所示。

表 6-7　　　　　　　　　SETP 7-Micro/WIN32 支持的通信硬件和波特率

支持的硬件	类型	支持的波特率（kbit/s）	支持的协议
PC/PPI 电缆	到 PC 通信口的电缆连接器	9.6，19.2	PPI 协议
CP5511	II 型，PCMCIA 卡	9.6，19.2，187.5	支持用于笔记本计算机的 PPI、MPI 和 PROFIBUS 协议
CP5611	PCI 卡（版本 3 或更高）		支持用于 PC 的 PPI、MPI 和 PROFIBUS 协议
MPI	集成在编程器中的 PC ISA 卡		

S7-200 CPU 可支持多种通信协议，如点到点（Point-to-Point）的协议（PPI）、多点协议（MPI）及 PROFIBUS 协议。这些协议的结构模型都是基于开放系统互连参考模型的 7 层通信结构。PPI 协议和 MPI 协议通过令牌环网实现，令牌环网遵守欧洲标准 EN 50170 中的过程现场总线（PROFIBUS）标准。它们都是异步通信、基于字符的协议，传输的数据带有起始位、8 位数据、奇校验和一个停止位。每组数据都包含特殊的起始和结束标志、源站和目的站地址、数据长度、数据完整性检查几部分。只要相互的波特率相同，3 个协议可在同一网络上运行而不互相影响。

除了上述 3 种协议外，自由通信接口方式是 S7-200 系列 PLC 的一个很有特色的功能。它使 S7-200 PLC 可以与任何通信协议公开的其他设备控制器进行通信，即 S7-200 PLC 可以由用户自己定义通信协议，如 ASCII 协议，波特率最高为 38.4kbit/s，因此使可通信的范围大大增加，使控制系统配置更加灵活方便。S7-200 系列微型 PLC 用于两个 CPU 之间简单的数据交换，用户可通过编程编制通信协议进行交换数据，如具有 RS-232 接口的设备可用 PC/PPI 电缆连接起来，进行自由通信方式通信。利用 S7-200 的自由通信口及有关的网络通信指令，可以将 S7-200 CPU 加入 ModBus 网络和以太网络中。

6.4.2 西门子 S7 系列 PLC 的网络层级结构划分

西门子 S7 系列 PLC 的网络结构如图 6-30 所示，由过程测量与控制级、过程监控级、工厂与过程管理级、公司管理级等 4 级组成，而这 4 级子网是由 AS-i 级总线、PROFIBUS 级总线、工业以太网级等 3 级总线复合而成的。

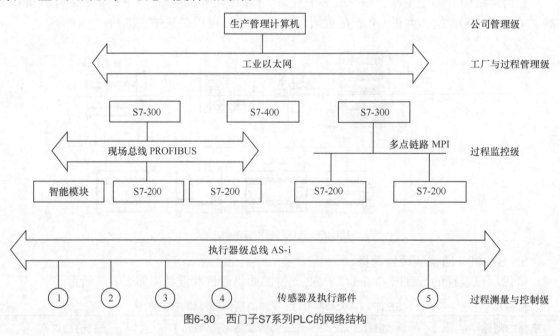

图6-30 西门子S7系列PLC的网络结构

AS-i 级为最低的一级，负责与现场传感器和执行器的通信，也可以实现远程 I/O 总线的通信。

PROFIBUS 级为中间一级，是一种新型总线，采用令牌控制方式与主从轮询相结合的存取控制方式，可实现现场、控制和监控 3 种通信功能，也可以采用主从轮询存取方式的主从式多点链路。

工业以太网为最高一级，使用了通信协议，负责传送生产管理信息。

注意：在对网络中的设备进行配置时，必须对设备的类型及其在网络中的地址和通信的波特率进行设置。

6.5 S7-200 系列 PLC 的通信指令

S7-200 系列 PLC 的通信指令包括应用于 PPI 协议的网络读/写网络写指令、用于自由通信模式的发送和接收指令，以及用于控制变频器的 USS 协议指令。

6.5 PLC 通信指令

6.5.1 网络读/写指令

网络读（Network Read，NETR）和网络写（Network Write，NETW）指令格式如图 6-31 所示。当 S7-200 系列 PLC 被定义为 PPI 主站模式时，就可以应用网络读/写指令对另外的 S7-200 系列 PLC 进行读/写操作。

在图 6-31 中，TBL 为缓冲区首地址，操作数为字节。PORT 为操作端口，CPU226 可能为 0 或 1，其他为 0。

应用网络读（NETR）通信操作指令，可以通过指令指定的通信端口（PORT）从另外的 S7-200 系列 PLC 上接收数据，并将接收到的数据存储到指定的缓冲区表（TBL）中。

应用网络写（NETW）通信操作指令，可以通过指令指定的通信端口（PORT）向另外的 S7-200 系列 PLC 发送数据，并将发送的数据存储到指定的缓冲区表（TBL）中。

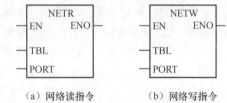

（a）网络读指令　　　（b）网络写指令

图6-31　NETR/NETW指令格式

网络读/写指令的具体内容如表 6-8 所示。网络读/写指令中数据缓冲区表的定义如图 6-32 所示。

表 6-8　网络读/写指令

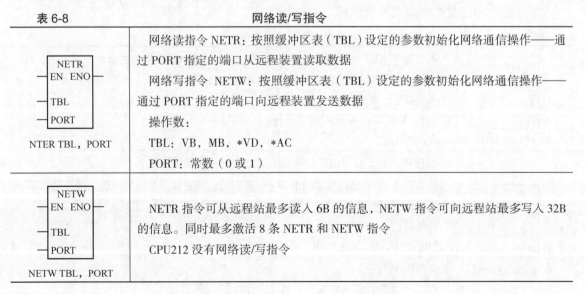

NETR EN ENO TBL PORT NTER TBL, PORT	网络读指令 NETR：按照缓冲区表（TBL）设定的参数初始化网络通信操作——通过 PORT 指定的端口从远程装置读取数据 网络写指令 NETW：按照缓冲区表（TBL）设定的参数初始化网络通信操作——通过 PORT 指定的端口向远程装置发送数据 操作数： TBL：VB, MB, *VD, *AC PORT：常数（0 或 1）
NETW EN ENO TBL PORT NETW TBL, PORT	NETR 指令可从远程站最多读入 6B 的信息，NETW 指令可向远程站最多写入 32B 的信息。同时最多激活 8 条 NETR 和 NETW 指令 CPU212 没有网络读/写指令

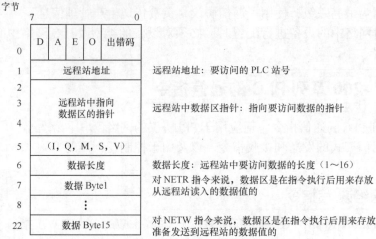

图6-32 网络读/写指令中数据缓冲区表的定义

6.5.2 发送和接收指令

1. 发送（Transmit，XMT）和接收（Receive，RCV）指令

XMT/RCV 指令格式如图 6-33 所示，用于自由端口通信模式，由通信端口发送或接收数据。

发送指令（XMT）激活时，将数据缓冲区（TBL）中的数据通过指令指定的通信端口（PORT）发送出去，发送完成时将产生一个中断事件，数据缓冲区的第一个数据指明要发送的字节数。

接收指令（RCV）激活时，通过指令指定的通信端口（PORT）接收信息，并存储于接收数据缓冲区（TBL）中，发送完成时将产生一个中断事件，数据缓冲区的第一个数据指明接收的字节数。

发送指令和接收指令如表 6-9 所示。

表6-9	发送指令和接收指令
XMT EN ENO TBL PORT XMT TBL, PORT	发送指令 XMT 将保存在数据缓冲区的数据通过 PORT 指定的串口发送出去。TBL 中的第一个字节设定发送字符的个数（最多 255 个字节） 操作数： TBL：VB，IB，MB，SMB，*VD，*AC，SB PORT：0 或 1 XMT 指令用于在自由端口模式下通过串行信息发送数据
RCV EN ENO TBL PORT RCV TBL, PORT	接收指令 RCV 通过指定的 PORT 接收信息，并存储于数据缓冲区，缓冲区的第一个字节指定接收的字节数 操作数： TBL：VB，IB，QB，MB，SNB，*VD PORT：0 或 1 RCV 用于在自由端口模式下通过串行通信口接收数据

2. 自由端口模式

S7-200 系列 PLC 的串行通信口可以由用户程序来控制，这种由用户程序控制的通信方式称为自由端口通信模式。利用自由端口模式可以实现用户定义的通信协议，同多种智能设备进行通信。当选择自由端口通信模式时，用户程序可通过发送/接收中断、发送/接收指令来控制串行通信口的操作。通信所使用的波特率、奇偶校验及数据位数等由特殊存储器位 SMB30（对应端口 0）和 SMB130（对应端口 1）来设定。特殊存储器位 SMB30 和 SMB130 的格式如表 6-10 所示。

表 6-10　　　　　　　　　　SMB30 和 SMB130 的格式

端口 0	端口 1	说　　明
SMB30 格式	SMB130 格式	<table><tr><td>7</td><td></td><td></td><td></td><td></td><td></td><td></td><td>0</td></tr><tr><td>P</td><td>P</td><td>D</td><td>B</td><td>B</td><td>B</td><td>M</td><td>M</td></tr></table> 自由端口控制字节
SM30.6 SM30.7	SM130.6 SM130.7	PP 校验选择　　00 = 无校验 01 = 偶校验 10 = 无校验 11 = 奇校验
SM30.5	SM130.5	D 每个字符占用位数　0 = 每字符 8 位 1 = 每字符 7 位
SM30.2~SM30.4	SM130.2~SM130.4	BBB 波特率　　000 = 38400bit/s 001 = 19200bit/s 010 = 9600bit/s 011 = 4800bit/s 100 = 2400bit/s 101 = 1200bit/s 110 = 600bit/s 111 = 300bit/s
SM30.0 SM30.1	SM130.0 SM130.1	MM 通信协议选择 00 = PPI 协议（PPI/从站模式） 01 = 自由端口协议 10 = PPI/主站模式 11 = 保留（默认 PPI/从站模式）

3. 发送指令（XMT）举例

当输入信号 I0.0 接通并发送空闲状态时，将数据缓冲区 VB200 中的数据信息发送到打印机或显示器。其程序和注释如图 6-34 所示。

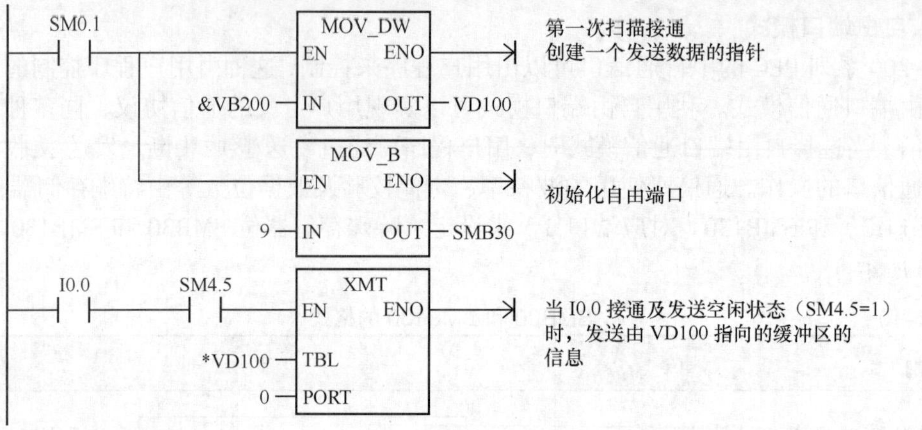

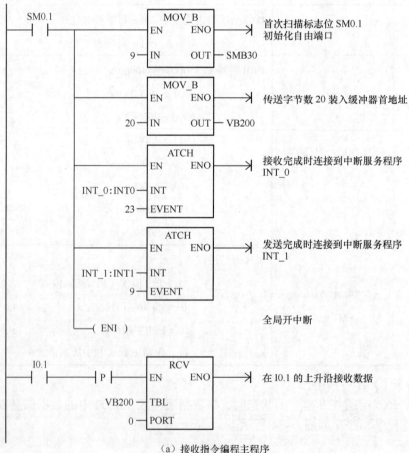

图6-34　发送指令用法举例

4. 接收（RCV）举例

用本地 CPU224 的输入信号 I0.1 上升沿控制接收来自远程 CPU224 的 20 个字符，接收完成后，又将信息发送回远程 PLC。当发送任务完成后用本地 CPU224 的输出信号 Q0.1 进行提示。其程序和注释如图 6-35 所示。

（a）接收指令编程主程序

图6-35　接收指令用法举例

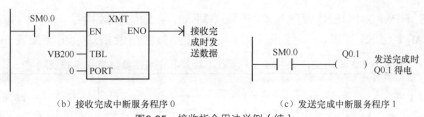

（b）接收完成中断服务程序 0　　　　　（c）发送完成中断服务程序 1

图6-35　接收指令用法举例（续）

6.5.3　USS 通信指令

USS 通信指令用于 PLC 与变频器等驱动设备的通信及控制。将 USS 通信指令置于用户程序中，经编译后自动地将一个多个子程序和 3 个中断程序添加到用户程序中。另外，用户需要将一个 V 存储器地址分配给 USS 全局变量表的第一个存储单元，从这个地址开始，以后连续的 400 字节的 V 存储器被 USS 通信指令使用，不能用于其他地方。当使用 USS 指令进行通信时，只能使用通信口 0，而且通信口 0 不能再有其他用途，包括与编程设备的通信或自由通信。使用 USS 通信指令对变频器进行控制时，变频器的参数应进行适当的设定。

USS 通信指令包括以下指令。

1. USS_INT 初始化指令

USS_INT 初始化指令格式及功能如表 6-11 所示。

表 6-11　　　　　　　　　　　　　　USS_INT 初始化指令格式及功能

梯形图 LAD	语句表 STL		功能
	操作码	操作数	
USS_INIT EN　　Done Mode　Error Baud Active	CALL USS_INIT	Mode, Baud, Active, Error	用于允许和初始化或禁止 MicroMaster 变频器通信

2. USS_CTRL 驱动变频器指令

USS_CTRL 驱动变频器指令格式及功能如表 6-12 所示。

表 6-12　　　　　　　　　　　　　　USS_CTRL 驱动变频器指令格式及功能

梯形图 LAD	语句表 STL		功能
	操作码	操作数	
USS_CTRL EN　　　Resp_R RUN　　Error OFF2　Status OFF3　Speed F_ACK　Run_EN DIR　　D_Dir Drive　Inhibit Type　Fault Speed_sp	CALL USS_CTRL	PUN, OFF2, OFF3, F_ACK, DIR, Drive, Speed_SP, Resp_R, Error, Status, Speed, Run_EN, D_Dir, Inhibit, Fault	USS_CTRL 指令用于控制被激活的 MicroMaster 变频器 USS_CTRL 指令把选择的命令放在一个通信缓冲区内，经通信缓冲区发送到由 Drive 参数指定的变频器，如果该变频器已由 USS_INIT 指令的 Active 参数选中，则变频器将按选中的命令运行

3. USS_RPM_x（USS_WPM_x）读取（写入）变频器参数指令

USS_RPM_x（USS_WPM_x）读取（写入）变频器参数指令格式及功能如表 6-13 所示。

表 6-13　USS_RPM_x（USS_WPM_x）读取（写入）变频器参数指令格式及功能

梯形图 LAD	语句表 STL		功能
	操作码	操作数	
USS_RPM_x EN XMT_REQ Drive Param　　　Done Index　　　Error DB_Ptr　　　Value	CALL USS_RPM_W CALL USS_RPM_D CALL USS_RPM_R	XMT_REQ，Drive，Param，Index，DB_Ptr，Done，Error，Value	USS_RPM_x 指令读取变频器的参数，当变频器确认接收到命令时或发送一个出错状况时，则完成 USS_RPM_x 指令处理，在该处理等待响应时，逻辑扫描仍继续进行
USS_WPM_x EN XMT_REQ EEPROM Drive Param Index Value　　　Done DB_Ptr　　　Error	CALL USS_WPM_W CALL USS_WPM_D CALL USS_WPM_R	XMT_REQ，EEPROM，Drive，Param，Index，Value，DB_Ptr，Done，Error	USS_WPM_x 指令将变频器参数写入到指定的位置，当变频器确认接收到命令时或发送一个出错状况时，则完成 USS_WPM_x 指令处理，在该处理等待响应时，逻辑扫描仍继续进行

6.6　本章小结

本章讲述了西门子 S7-200 系列 PLC 的网络通信方面的基本知识，读者在学习完本章后应该掌握以下内容。

① 网络通信技术基础知识。

② 西门子 S7 系列 PLC 的网络层次结构。

③ S7-200 系列 PLC 的网络硬件（通信口、网络总线连接器、网络电缆）。

④ S7-200 系列 PLC 的通信指令（网络读/写指令、接收和发送指令、USS 通信指令）。

实践篇

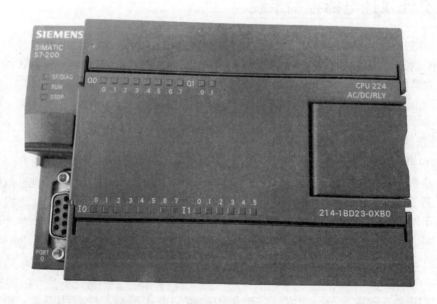

第7章 S7-200系列 PLC 在电气控制 系统中的应用实例

随着电气控制技术的发展，自动控制线路从过去的硬件电路系统逐渐形成了现在以 PLC 为核心的软件控制系统。过去的控制线路主要由路由器、接触器等器件构成，其结构简单、价格低廉，所以在当时应用非常广泛。但它的缺点也很明显，在进行技术改进时灵活性差，机械性触点工作频率低，容易损坏，寿命低。当前，利用 PLC 技术进行自动控制，采用编程技术，其具有灵活性强、体积小、抗干扰能力强的优点，其工作频率远远高于传统的自动控制系统，所以在现代电气控制系统中应用广泛。

7.1 交流双速电梯控制系统

近年来，电梯的生产和控制技术迅速发展，使电梯的设计、制造、维修有较大的改进，同时电梯的控制方式也得到了飞速发展。一些自动化、高智能化的电梯控制方式的出现，既提高了电梯乘坐的舒适性，减少了人员的参与，操控也更加简单、方便。

7.1.1 系统简介

1. 交流双速电梯简介

早在 1889 年，美国的一家公司就制造出世界上第一部以电动机为动力的升降机，当时采用直流电动机作为动力源。随着社会的发展，人们对电梯的调速精度、调速范围等各项指标提出更高的要求，由于直流电动机能较好地满足调速的要求，而交流电动机受到当时技术的限制无法满足要求，因此交流电动机没有得到广泛应用。在第二次世界大战后，电梯制造业也进入发展时期，各种新技术也应用于电梯制造设计中，随着电力电子技术的发展，对交流电动机的控制也能达到直流电动机的控制性能，因此交流电动机开始在电梯中得到应用。

根据电梯用途、载重、运行速度、传动机构和控制方式等基本规格的要求，电梯可按多种方式进行分类，其中包括以下几个方面。

① 按电梯用途分类：客梯、货梯、住宅梯、观光梯、自动扶梯及其他特种电梯等。

② 按电梯运行速度分类：低速、高速、快速和超高速电梯。速度（v）<1m/s 为低速电梯，1m/s<速度（v）<2m/s 为快速电梯，2m/s<速度（v）<5m/s 为高速电梯，速度（v）>5m/s 为超高速电梯。

③ 按电梯操纵方式分类：按钮控制电梯、信号控制电梯、集选控制电梯、并联控制电梯

和智能控制电梯等。

④ 按电梯电动机种类分类：交流电梯和直流电梯两种。一般来说，直流电动机拖动电梯运行的性能要好于交流电梯，但是由于交流电动机的结构和使用价值都高于直流电动机，对其进行改进后，其性能与直流电动机相当，因此在现代电梯中大多使用交流电动机。

2. 交流双速电梯控制系统的功能要求

目前，电梯的控制方式主要有 3 种类型：继电器控制方式、PLC 控制方式和微机控制方式。早期安装的电梯多采用继电器控制方式，因为当时继电器技术的使用比较成熟而且应用广泛，能够满足当时的控制要求，同时设计简单。但是在经过长时间的运行后，继电器的故障发生率逐渐增高，维护的困难增大，可靠性降低，基本不具有可移植性，因此无法适应现代控制系统的要求，逐渐被淘汰。微机控制方式在智能控制方面有较强的功能，但是其抗干扰能力差、成本较高、系统设计复杂、维修复杂，一般维修人员难以掌握，因此一般多应用于智能化程度高的系统中，其成本较高。

随着 PLC 技术的逐步成熟，PLC 广泛应用于各行各业中。PLC 具有结构简单、控制方便、编程容易、抗干扰能力强、可靠性和可移植性高的特点，应用在电梯控制系统中，可实现电梯控制的各种功能要求，所以逐渐代替了继电器控制系统。因此，现代大多数电梯控制系统使用 PLC 控制系统。

电梯系统的主要结构以三层为例，如图 7-1 所示。

电梯的主要任务是根据厢内/外的控制指令，将电梯运行到指定楼层，同时根据每个楼层的控制命令开、闭门，以实现各个楼层的要求。电梯系统的工作过程如图 7-2 所示，接收厢内/外指令，判断电梯上行还是下行，到达目的楼层在其他楼层是否有开门指令，到达目的楼层后是否又有新的指令，根据新的指令再次判断是上行还是下行。如此循环，如果没有指令的话就停止在上一个指令的目的楼层。

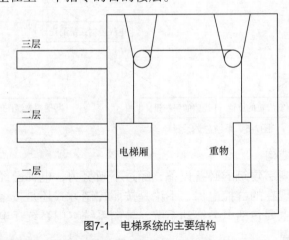

图7-1　电梯系统的主要结构

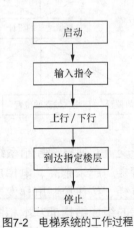

图7-2　电梯系统的工作过程

根据以上电梯控制的功能要求，设计出图 7-3 所示的交流双速电梯控制系统的功能框图。

在电气控制柜中，主要分为两个部分，一部分在厢内，主要包括楼层的数字按钮、各类继电器、传感器显示单元等；另外一部分在厢外，主要包括每个楼层的上行和下行按钮，以及正在运行的楼层显示单元，同时还包括一些接近传感器等，其结构示意图如图 7-4 所示。

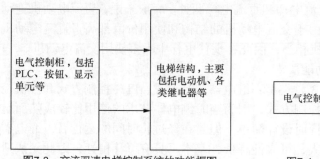

图7-3 交流双速电梯控制系统的功能框图

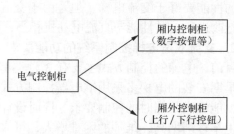

图7-4 电气控制柜（厢内/外）结构示意图

在电气控制柜内主要是通过 PLC 输出的信号控制各类继电器，通过切换不同的继电器完成速度的变化，根据所接收到的指令和电梯所在的楼层，经过 PLC 内部运算后，完成用户的控制要求。

3. 系统总体设计

交流双速电梯控制系统的设计主要包括两个方面，一是机械结构的设计，二是电气控制系统的设计。机械结构的设计主要包括整个厢体的设计、电动机的位置、动/定滑轮的位置、电气控制柜的位置、各种传感器的位置及电气线路的位置。电气控制系统的设计主要包括各种输入/输出信号的线路排列、PLC 主机和其他模块的位置、线路的保护设计及其他相关器件的位置及布线等，如图 7-5 所示。

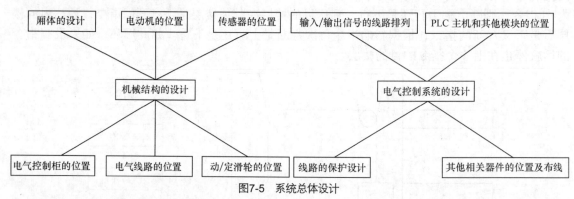

图7-5 系统总体设计

（1）交流双速电梯控制系统的结构

随着楼房越来越高，电梯成为高层建筑的必备设备，经过不断努力，电梯已经由手柄开关操纵电梯、按钮控制电梯发展到现在的群控电梯，不论是按照控制方式还是按组成结构分类，电梯的组成结构都基本相同，主要包括电力拖动系统、导向系统、门系统、电气控制系统、安全保护系统和重量平衡系统等。

① 电力拖动系统。电力拖动系统包括拖动电动机、供电系统、调速装置等。电力拖动系统的作用是对电梯作调速控制。

拖动电动机是电梯系统的动力源，直接控制电梯的上升和下降，可根据实际情况选用直流电动机和交流电动机，本实例选用交流电动机。

供电系统是为电动机提供电源的装置，为电动机的运行提供电力。

调速装置是对电动机进行调速控制。

② 导向系统。导向系统由导轨、导轨架和导靴等组成，用于限制电梯厢和重物的运动，使其只能在导轨的方向上运动。

导轨固定在导轨架上，导轨架连接到电梯通道的墙壁上，用于支撑导轨。

导靴被安装在电梯厢和重物上，与导轨配合使得电梯厢和重物的运动被限制在导轨上。

③ 门系统。门系统由电梯厢门、开门系统、联动结构和门锁等组成。

电梯厢门被设置在电梯的入口处，由门扇、门导轨架等组成。

开门系统设置在电梯厢上，控制电梯厢门的开关和闭合。

联动机构设置在电梯厢上，控制电梯门在开关和闭合时其他结构的动作。

④ 电气控制系统。电气控制系统包括操作系统、显示单元、控制电气柜、平层器和选层器等。

操作系统包括厢内的楼层数字按钮、开关门按钮和每个楼层中的上行和下行按钮，还有电梯运行方式的选择按钮。

控制电气柜被安装在电梯控制的机房中，其中有些电气控制元件是电梯运行控制的核心设备。

选层器用于指示和反馈电梯厢的位置，决定电梯的运行方向和发出加/减速信号。

⑤ 安全保护系统。安全保护系统包括机械和电气的各类保护系统，保护电梯安全运行。

机械方面有起超速保护作用的限速器，起防冲顶和防撞底作用的缓冲器，还有切断电源的极限保护装置等。

电气方面的保护主要在软件设计中实现。

⑥ 重量平衡系统。重量平衡系统由对重和重量补偿装置组成。对重由对重块和对重架组成，对重块即如图 7-1 中所示的重物，对重将平衡电梯厢自重和部分额定载重。重量补偿装置是补偿高层电梯中电梯厢与对重侧钢丝长度变化对电梯平衡设计影响的装置。

（2）交流双速电梯控制系统的工作原理

当电梯停靠在某一楼层后，乘客进入电梯厢内，只需要按下欲前往的楼层数字按钮，电梯在 PLC 的控制下经过延时一段时间后，自动关门。待厢门关闭后，自动启动电动机，根据电梯所在楼层和目标楼层决定电梯是上行还是下行。电梯自动运行后，根据通道内的各种传感器进行加、减速和稳定运行等控制，同时根据各个楼层的召唤信号对电梯进行启/停控制，对符合运行条件的楼层自动停靠、开门。在同向的召唤信号全部满足后，如有反向召唤信号电梯自动反向运行，对相应的楼层进行停靠、开门等处理。没有信号时，电梯则自动关门并处于最后停靠的楼层等待召唤信号。

交流双速电梯调速控制线路如图 7-6 所示。电梯启动时，首先接通上行或下行的接触器（SK 或 XK），同时也接通快速接触器 KK，这样就接通了快速绕组，电梯快速启动。为了减小电梯启动的加速度，提高乘坐的舒适感，断开接触器 K2，将电抗接入电路，当电动机的转速达到一定数值后，闭合接触器 K2 将电抗短路，电动机逐步加速至额定速度，电梯最后稳定运行。当电梯需要减速时，先断开快速接触器 KK，闭合慢速接触器 MK，此时接通了慢速绕组，电动机开始减速。为了降低在减速过程中的加速度，断开接触器 K1，电路中接入了电抗器，当电动机的转速降到一定程度后，闭合接触器 K1，将电抗器短路使电动机逐步减速至停止。

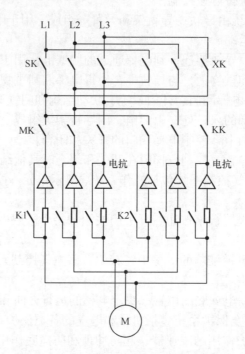

图7-6　交流双速电梯调速控制线路示意图

7.1.2　硬件配置

本节主要介绍电梯控制系统的设计，以及该系统所要配置的硬件设备。图 7-7 所示为电梯控制系统的硬件框图。此系统中的核心控制器是 PLC，根据功能要求还扩展了一个模拟量输入/输出模块和数字量模块，以及一些其他的相关硬件设备。

图7-7　电梯控制系统的硬件框图

电梯控制系统的硬件框图中，控制面板包括两个部分，一部分安置于电梯厢内用于乘客选择所要到的楼层，另外一部分置于每个楼层用于呼叫电梯，如图 7-8 所示。

在图 7-8 所示的面板示意图中，每个楼层的控制按钮有两个按键——上行键和下行键，以及相关的显示单元，在底楼只有一个上行键，在顶楼只有一个下行键。在电梯厢内有楼层按键和开、关门按键以及相关的显示单元。

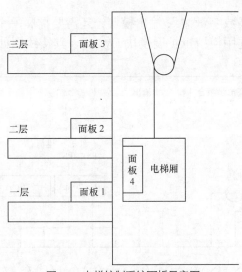

图7-8　电梯控制系统面板示意图

1. PLC 选型

根据控制系统的功能要求，从经济性、实用性和可靠性等方面考虑，采用西门子 S7-200 系列 PLC 作为控制系统的核心编程器。S7-200 系列中现在应用比较广泛的 CPU 是 22*系列，在这个系列中有 5 种不同的结构配置：CPU221、CPU222、CPU224、CPU226 和 CPU22XM 等。在交流双速电梯控制系统中，共需要 18 个数字输入量、12 个数字输出量和一个模拟输入量，根据以上计算和程序的容量，选择 CPU222 作为主机。CPU222 的规格如表 7-1 所示。

表 7-1　　　　　　　　　　　　　　　　CPU222 的规格

主机 CPU 类型		CPU222
外形尺寸（mm × mm × mm）		90 × 80 × 62
用户程序区（Byte）		4096
数据存储区（Byte）		2048
掉电保持时间（h）		50
本机 I/O		8 入/6 出
扩展模块数量		2
高速计数器	单相（kHz）	30（4 路）
	双相（kHz）	20（2 路）
直流脉冲输出（kHz）		20（2 路）
模拟电位器		1
实时时钟		配时钟卡
通信口		1 RS-485
浮点数运算		有
I/O 映像区		256（128 入/128 出）
布尔指令执行速度		0.37μs/指令

该控制系统不仅要扩展数字量输入/输出模块，还需要扩展一个模拟量输入模块，本实例根据控制系统的功能要求选用模拟量扩展模块 EM235，其接线图如图 7-9 所示。

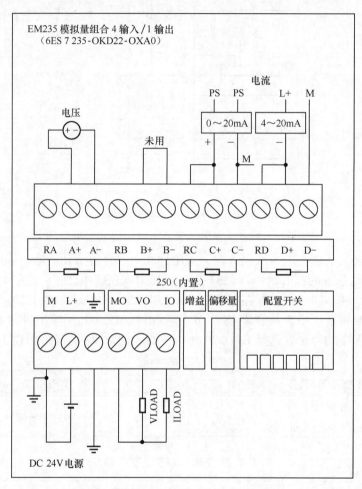

图7-9　模拟量扩展模块EM235的接线图

EM235 具有以下特性。

① 4 路模拟量差分输入，1 路模拟量输出。

② 测量范围：单极性时，0～5V 和 0～10V（电压），分辨率分别为 1.25mV 和 2.5mV；0～20mA（电流），分辨率为 5μA。双极性时，−2.5～+2.5V 和−5～+5V（电压），分辨率分别为 1.25mV 和 2.5mV；0～20mA（电流），分辨率为 5μA。

③ A/D 转换器位数为 12 位。

④ 最大输入电压为 DC 30V，最大输入电流为 32mA。

⑤ 功耗为 2W。

S7-200 系列的 PLC 中，CPU222 最多可以扩展两个模块，因此 EM223 和 EM235 两个模块完全可以被扩展到 CPU222 主机上，这样既能充分发挥 CPU222 的功能，又能留出余量作功能扩充用。在 EM223 和 EM235 连接时，将排线插到主机和扩展模块的插槽上即可，数字量

I/O 和模拟量 I/O 的命名不需要特别设置，只需要按照编址规则直接使用。

2．PLC 的 I/O 资源配置

根据交流双速电梯控制系统的功能要求，对 PLC 进行 I/O 分配，具体分配如下。

（1）数字量输入部分

在这个控制系统中，要求输入的有运行/维修、上行/下行、开/关门、楼层选择按钮及各种传感器和限位器等共 19 个输入点。具体分配如表 7-2 所示。

表 7-2　　　　　　　　　　　　　　　数字量输入地址分配

输入地址	输入设备	输入地址	输入设备
I0.0	运行/维修设备	I1.2	门区限位器
I0.1	楼层 1 上行按钮	I1.3	下平层限位器
I0.2	楼层 2 上行按钮	I1.4	开门到位限位器
I0.3	楼层 2 下行按钮	I1.5	关门到位限位器
I0.4	楼层 3 下行按钮	I1.6	楼层 1 选择按钮
I0.5	楼层 1 上层限位器	I1.7	楼层 2 选择按钮
I0.6	楼层 2 上层限位器	I2.0	楼层 3 选择按钮
I0.7	楼层 2 下层限位器	I2.1	开门按钮
I1.0	楼层 3 下层限位器	I2.2	关门按钮
I1.1	上平层限位器		

输入点主要按照按钮置于厢内外和楼层位置的不同进行分类，I0.0 ~ I0.4 为每个楼层的控制按钮，I1.5 ~ I1.3 为电梯运行通道内安置的限位开关输入，其余的输入都是电梯厢内的控制按钮。

（2）模拟量输入部分

在控制系统中，由于需要测量电梯厢内的重量是否超过限定范围，因此增加了模拟量输入/输出模块采集重量。具体分配如表 7-3 所示。

表 7-3　　　　　　　　　　　　　　　模拟量输入地址分配

输入地址	输入设备
AIW0	压力传感器

在这个控制系统中，要采集厢内的重量，在设计时需要考虑传感器的位置置于何处，才能准确地测出厢内的重量是否超过标准。

（3）数字量输出部分

在这个控制系统中，主要输出控制信号的设备有各种继电器、电动机和一些指示灯等共 13 个输出点，其具体分配如表 7-4 所示。

表 7-4 数字量输出地址分配

输出地址	输出设备	输出地址	输出设备
Q0.0	上行继电器	Q1.1	上行指示灯
Q0.1	下行继电器	Q1.2	下行指示灯
Q0.2	快速运行继电器	Q1.3	厢体开门
Q0.3	慢速运行继电器	Q1.4	厢体关门
Q0.4	楼层 1 指示灯	Q1.5	抱闸停止
Q0.5	楼层 2 指示灯	Q1.6	超重报警
Q1.0	楼层 3 指示灯		

　　输出设备主要控制电梯的慢速/快速运行的切换，运行情况的显示，电梯门电动机的正、反转及对于危险情况的报警。

　　根据电梯控制系统的功能要求和上述 I/O 分配的情况，设计出交流双速电梯控制系统 PLC 控制部分的硬件接线图，如图 7-10 所示。

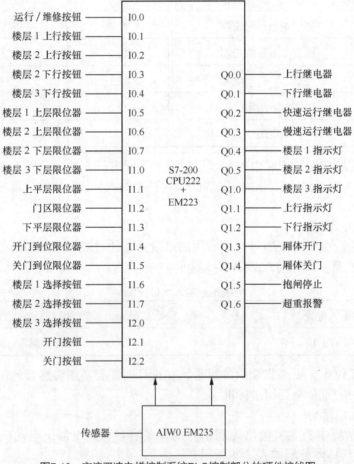

图7-10　交流双速电梯控制系统PLC控制部分的硬件接线图

3．其他资源配置

在控制系统中，PLC 是控制系统的核心设备，除此之外，还需要其他一些设备输入和输出控制，完成整个系统的控制要求，如各种限位开关、按钮、传感器、继电器、指示灯和电动机等设备。

（1）限位开关

在这个控制系统中，使用了众多限位开关，其主要作用是对厢体的运行情况进行控制，并对厢体进行定位，同时还对厢体门的开关进行控制。

① 楼层上/下层限位开关。楼层上/下限位开关一共包括 4 个限位器，楼层 1 上层限位器、楼层 2 上层限位器、楼层 2 下层限位器和楼层 3 下层限位器。由于楼层 1 和楼层 3 分别为建筑物的底层和顶层，因此只需要一个限位器即可。限位器的作用是控制电梯在运行过程中的速度，上行过程中，如果电梯在楼层 2 需要停止，在厢体接触到楼层 2 的下层限位器后，电梯由高速切换到低速运行，实现电梯的平稳启停，继续向上运行时，接触到楼层 2 的上层限位器后，电梯由低速切换至高速运行。

在电梯安装调试时，将每个限位开关安装在适当的位置，当电梯运行到适当位置的时候，限位开关被接通，通过 PLC 的控制，完成电梯的切换，实现双速控制。

② 门层限位开关。门层限位开关主要包括 3 个放置于不同位置的限位器，上平层限位器、门区限位器和下平层限位器。这几个限位器的作用是确保在电梯停止后，厢体门处于正确的位置，实现准确定位的功能。当 3 个限位器同时接通后，表示门的位置已定位完毕，可进行开关门操作。

事先在电梯安装调试时，将每个限位器安装在适当的位置，由于需要比较准确的定位，因此在电梯正式运行前要不断调整限位开关的位置，以达到较好的定位效果。

③ 开/关门限位开关。开/关门限位开关主要包括两个限位器，开门限位器和关门限位器。主要作用是检测门的状态。开门限位器置于门在打开状态时的位置，当门完全打开后，限位器接通；关门限位器置于门在闭合状态时的位置，当门完全闭合后，限位器接通，电梯可进行上行/下行运行。

（2）按钮

在控制系统的面板上主要有两种按钮，一种是旋钮，另一种是触点触发式按钮。旋钮用于运行状态的选择，在此系统中，主要有两种运行状态，即运行和维修。剩下的所有按钮均采用触点触发式按钮，按下即接通，松开即复位。

（3）传感器

传感器的使用主要是为了保证电梯的安全运行，防止超重。通过不断的调试，将传感器安装在适当的位置，使其能准确地判断出厢内重量是否超标，从而达到保护电梯安全运行的目的。如果厢内重量超过标准规定的重量，则无法关门，电梯无法上行/下行运行。

（4）继电器

在这个控制系统中，控制各种继电器的通断就实现了电梯双速运行、上行/下行控制等的控制。

① 上行继电器。通过接通上行继电器，使其线圈上电，从而使对应的开关闭合，使电动机转动带动电梯向上运行。

② 卜行继电器。通过接通卜行继电器，使其线圈上电，从而使对应的开关闭合，使电动机反向转动带动电梯向下运行。

③ 快速运行继电器。通过接通快速运行继电器，使其线圈上电，从而使对应的开关闭合，使电动机按照正常转速转动带动电梯快速运行。

④ 慢速运行继电器。通过接通慢速运行继电器，使其线圈上电，从而使对应的开关闭合，使电动机以较低转速转动，从而带动电梯慢速运行。

（5）指示灯

指示灯可采用数码管或高亮的二极管来显示，两者的区别是当要显示的单元较多时，可采用数码显示管，减少输出点数；如果显示的单元不多，可采用二极管显示，编程和接线都比较简单。

在这个控制系统中，采用了二极管作为显示单元，可显示所在楼层及电梯的运行状态（上行/下行）。

超重报警采用声光报警，选用既可发出闪烁信号，又可发出蜂鸣声的指示灯。

（6）电动机

电动机是这个控制系统主要的被控设备，作用是拖动运动，并且控制门的打开和关闭，电动机的选择要根据所拖动的负载大小，选择适当的容量和功率。

7.1.3 软件设计

上面介绍了交流双速电梯控制系统的机械结构、工作原理和电气控制部分的结构，在硬件结构的设计大体完成后，就要开始软件部分的设计。根据控制系统的控制要求、硬件部分的设计情况及 PLC 控制系统 I/O 的分配情况，进行软件编程设计。在软件设计中，首先按照功能要求做出流程图，然后按照不同的功能编写不同的功能模块，这样写出的程序条理清晰，既方便编写，也便于调试。

1. 总体流程设计

根据控制系统的功能要求，交流双速电梯工作时，主要处于两个状态，一是维修状态，二是正常运行状态。

在旋钮置于维修状态时，不论电梯处于什么位置，都将直接运行到楼层底部，忽略用户的其他指令。其流程图如图 7-11 所示。

置于正常运行状态时，可根据电梯内外及各个楼层之间的用户指令，以及电梯现在所处的位置，自动判断电梯的运行方向，根据 PLC 接收到的其他外围设备的控制信号，自动完成速度切换，完成用户的控制要求运行至指定的楼层。交流双速电梯控制系统流程图如图 7-12 所示。

2. 各个模块梯形图设计

根据图 7-12 所示的流程图，采用模块化的程序设计方法，为了便于程序设计及程序修改和完善，建立表 7-5 所示的元件设置表。

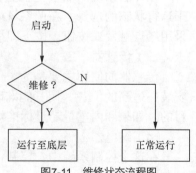

图7-11　维修状态流程图

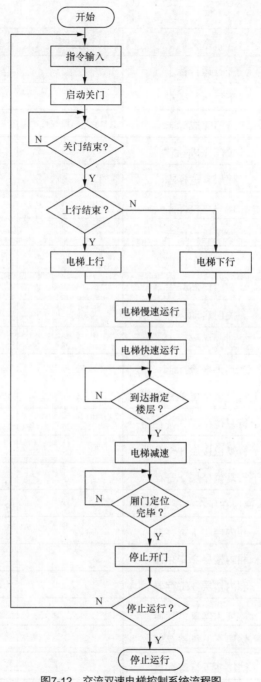

图7-12　交流双速电梯控制系统流程图

表 7-5　　　　　　　　　　　　　　　元件设置表

元件	意义	内容	备注
M0.0	维修状态标志		on 有效
M0.1	正常运行标志		on 有效

续表

元件	意义	内容	备注
M0.2	上行运行标志		on 有效
M0.3	下行运行标志		on 有效
M0.4	开门完成标志		on 有效
M0.5	关门完成标志		on 有效
M0.6	楼层到达标志		on 有效
M0.7	快速运行标志		on 有效
M1.0	慢速运行标志		on 有效
M1.1	抱闸停车标志		on 有效
M1.2	开门启动标志		on 有效
M1.3	关门启动标志		on 有效
M1.4	速度切换标志		on 有效
M1.5	超重报警标志		on 有效
M2.0	上行复位楼层 1 寄存器		on 有效
M2.1	上行复位楼层 2 寄存器		on 有效
M2.2	下行复位楼层 3 寄存器		on 有效
M2.3	下行复位楼层 2 寄存器		on 有效
VB0	电梯现在所在楼层寄存器		
VB1	厢内楼层 1 寄存器		
VB2	厢内楼层 2 寄存器		
VB3	厢内楼层 3 寄存器		
VB4	楼层 1 上行寄存器		
VB5	楼层 2 上行寄存器		
VB6	楼层 2 下行寄存器		
VB7	楼层 3 下行寄存器		
VB10	目标楼层寄存器		
VW100	传感器返回值		
VW102	重量标准值		

续表

元件	意义	内容	备注
T37	关门延迟定时器	20	2s
T38	开门延迟定时器	10	1s

（1）电梯运行状态选择程序

维修状态时的梯形图程序如图 7-13 所示。旋钮的默认状态为 I0.0 断开，在断开时中间继电器 M0.0 闭合，不论电梯处于什么位置，电梯都直接下行到底层，如果电梯就在底层，则厢门上的限位器传送信号到 PLC 中，表示电梯已到达目标位置，延迟一段时间后，厢门开启，可以进行维修工作。

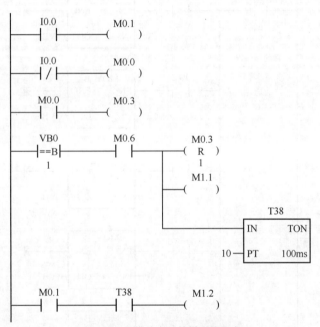

图7-13　维修状态时的梯形图程序

与图 7-13 所示梯形图程序对应的语句表如表 7-6 所示。

表 7-6　　　　　　　　　　与图 7-13 所示的梯形图程序对应的语句表

语句表		注释	语句表		注释
LD	I0.0		A	M0.6	电梯到达指定楼层
=	M0.1	正常运行标志	R	M0.3,1	下行状态被复位
LDN	I0.0		=	M1.1	抱闸停车标志
=	M0.0	维修状态标志	TON	T38,0	电梯到位后，延迟 1s
LD	M0.0		LD	M0.1	

语句表		注释	语句表		注释
A	T38		LDB	VB0,1	判断当前楼层是否为1层
=	M0.3	电梯下行运行标志	=	M1.2	延迟时间到，开门启动

（2）楼层指令输入梯形图程序

楼层指令输入梯形图程序如图 7-14 所示。在正常运行状态时，接收每个楼层的上行/下行指令和厢内控制按钮的指令。在此程序中，先将接收到的楼层指令存储到对应的寄存器中，然后电梯以此为目标在楼层之间运行，如果在运行过程中，有其他楼层的按钮被按下，则经过 PLC 的运算，按照输入的指令停止在指定的楼层上。与图 7-14 所示的梯形图程序对应的语句表如表 7-7 所示。

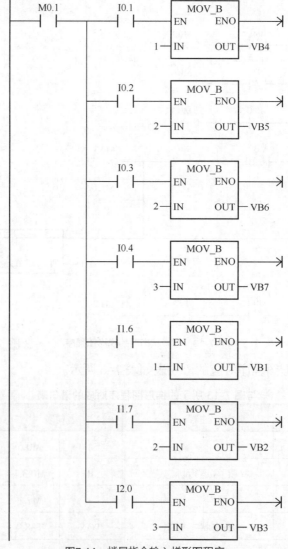

图7-14 楼层指令输入梯形图程序

表 7-7 与图 7-14 所示梯形图程序对应的语句表

语句表		注释	语句表		注释
LD	M0.1		A	I0.4	
LPS			MOV_B	3, VB7	3 层的下行按钮被按下后，相应的数字就存储到对应的寄存器中
A	I0.1		LRD		
MOV_B	1, VB4	1 层的上行按钮被按下后，相应的数字就存储到对应的寄存器中	A	I1.6	
LRD			MOV_B	1, VB1	厢内楼层按钮 1 被按下后，数字 1 就存储到对应的寄存器中
A	I0.2		LRD		
MOV_B	2, VB5	2 层的上行按钮被按下后，相应的数字就存储到对应的寄存器中	A	I1.7	
LRD			MOV_B	2, VB2	厢内楼层按钮 2 被按下后，数字 2 就存储到对应的寄存器中
A	I0.3		LRD		
MOV_B	2, VB6	2 层的下行按钮被按下后，相应的数字就存储到对应的存储器中	A	I2.0	
LRD			MOV_B	3, VB3	厢内楼层按钮 3 被按下后，数字 3 就存储到对应的寄存器中

（3）电梯上、下行运行判断程序

电梯上、下行判断程序如图 7-15 所示。如果电梯处于底层或顶层，则运行只有一个方向，上行或下行。如果停留在中间楼层，就需要通过 PLC 的运算将电梯现在所处的楼层和输入指令的楼层进行比较，然后输出上行或下行指令。

从图 7-15 可以看出，当电梯处于空闲状态时，不论是厢内还是厢外的控制按钮被按下后，所对应的楼层寄存器都和电梯所在楼层的寄存器进行比较，如果大于电梯所在楼层则上行，反之则下行。同时在运行过程中，不断比较目标楼层与电梯目前所处楼层，用来确定电梯的上行和下行工作状态。

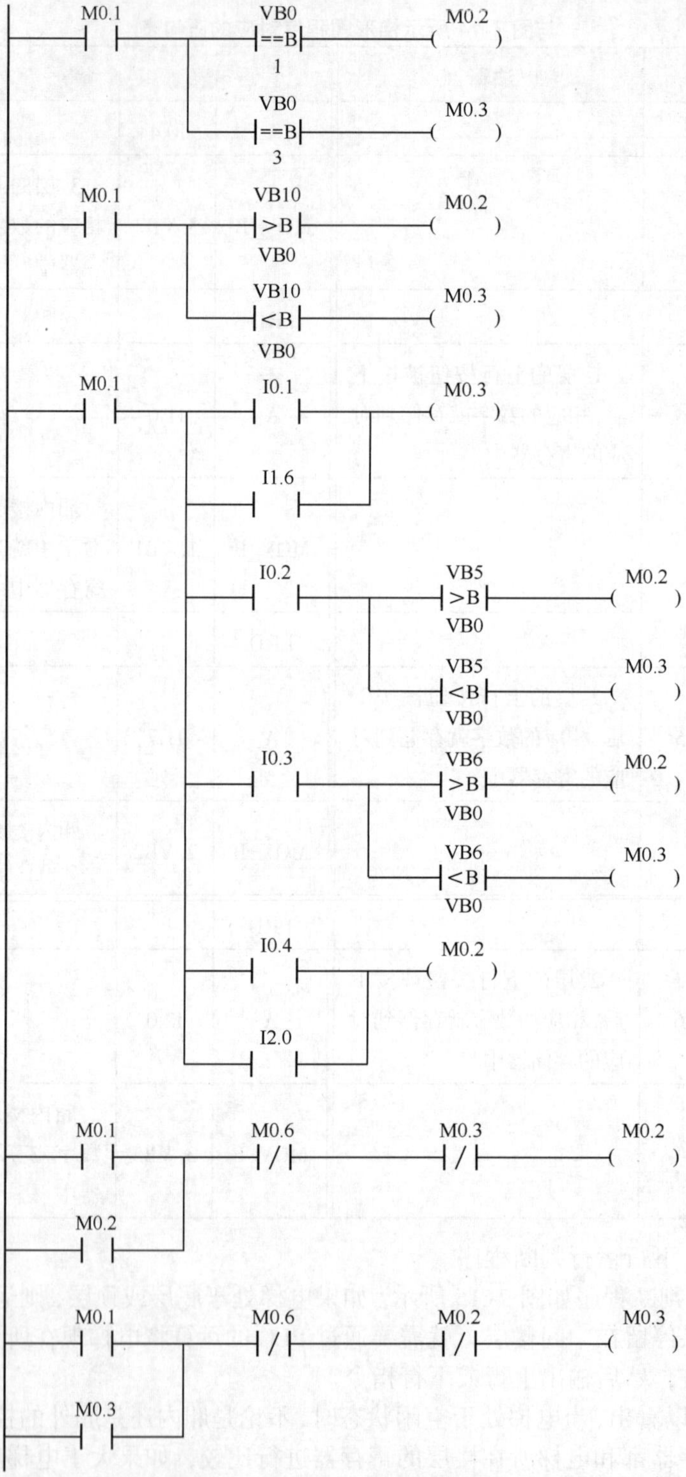

图7-15 电梯上、下行运行判断程序

与图 7-15 所示的梯形图程序对应的语句表如表 7-8 所示。

表 7-8　　　　　　　　　　与图 7-15 所示的梯形图程序对应的语句表

语句表		注释	语句表		注释
LD	M0.1		AB<	VB5,VB0	
LPS			=	M0.3	按钮被按下的楼层小于电梯所处楼层，则下行
AB=	VB0, 1		LRD		
=	M0.2	电梯处于底层时，上行	A	I0.3	
LPP			LPS		
AB=	VB0, 3		AB>	VB6,VB0	
=	M0.3	电梯处于顶层时，下行	=	M0.2	
LD	M0.1		LPP		
LPS			AB<	VB6,VB0	
AB>	VB10,VB0		=	M0.3	
=	M0.2	目标楼层大于电梯所处楼层，上行	LPP		
LPP			LD	I0.4	
AB<	VB10,VB0		O	I2.0	3 层按钮被按下，上行
=	M0.3	目标楼层小于电梯所处楼层，下行	ALD		
LD	M0.1		=	M0.2	
LPS			LD	M0.1	
LD	I0.1		O	M0.2	
O	I1.6	1 层按钮被按下，下行	AN	M0.6	
ALD			AN	M0.3	上行、下行互锁
=	M0.3		=	M0.2	
LRD			LD	M0.1	
A	I0.2		O	M0.3	
LPS			AN	M0.6	
AB>	VB5,VB0		AN	M0.2	下行、上行互锁
=	M0.2	按钮被按下的楼层大于电梯所处楼层，上行	=	M0.3	
LPP					

（4）最近上行目标楼层确定程序

当电梯已经接收到目标楼层指令，且正在开始移动，在还没达到目标楼层之前。例如，正在 1 层开始运动，有人在 2 层按下了上行的按钮，则电梯的最近上行目标楼层应立刻更新为 2，而如果此时 1 层按下上行按钮，则不会影响电梯上行的运动状态。最近上行目标楼层确定程序如图 7-16 所示。与图 7-16 所示的梯形图对应的语句表如表 7-9 所示。

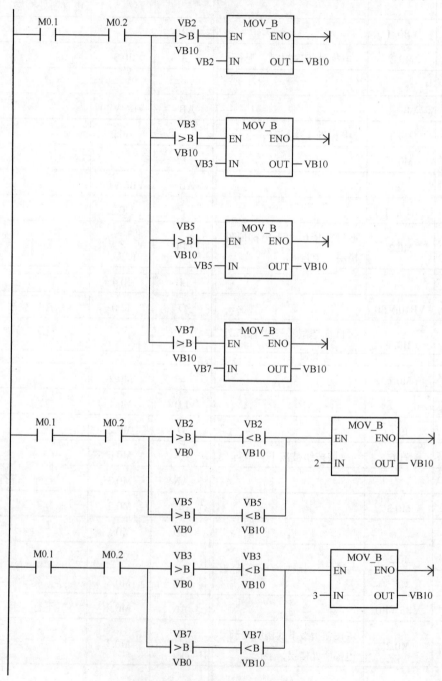

图7-16　最近上行目标楼层确定程序

表 7-9   与图 7-16 所示的梯形图程序对应的语句表

语句表		注释	语句表		注释
LD	M0.1		LDB>	VB2, VB0	
A	M0.2		AB<	VB2, VB10	厢内楼层 2 的按钮被按下后,电梯所在楼层与目标楼层作比较
LPS			LDB>	VB5, VB0	
AB>	VB2, VB10	检测厢内楼层 2 的按钮是否被按下	AB<	VB5, VB10	楼层 2 的按钮被按下后,电梯所在楼层与目标楼层作比较
MOV_B	VB2, VB10		OLD		
LRD			ALD		
AB>	VB3, VB10	检测厢内楼层 3 的按钮是否被按下	MOV_B	2, VB10	当按下的按钮所处楼层高于电梯当前楼层且低于之前的目标楼层时,将按钮所在楼层设置为最近的目标楼层
MOV_B	VB3, VB10		LD	M0.1	
LRD			A	M0.2	
AB>	VB5, VB10	检测楼层 2 的上行按钮是否被按下	LDB>	VB3, VB0	
MOV_B	VB5, VB10		AB<	VB3, VB10	
LPP			LDB>	VB7, VB0	
AB>	VB7, VB10	检测楼层 3 的下行按钮是否被按下	AB<	VB7, VB10	
MOV_B	VB7, VB10		OLD		
LD	M0.1		ALD		
A	M0.2		MOV_B	3, VB10	当按下的按钮所处楼层高于电梯当前楼层且高于之前的目标楼层时,将按钮之前目标楼层设置为最近的目标楼层

在此段程序中,PLC 在每个扫描周期都检测厢内和每个楼层的按钮状态,若有按钮被按下,且所在楼层高于之前的目标楼层数,则更改目标楼层数。

（5）上行运行程序

在确定了最近的目标楼层后,由 PLC 输出的指令控制电梯向上运动,接近目标楼层后,通过目标楼层的下层限位器输入的信号,输入到 PLC 中,然后调用速度切换程序。上行运行程序如图 7-17 所示。与图 7-17 所示的梯形图程序对应的语句表如表 7-10 所示。

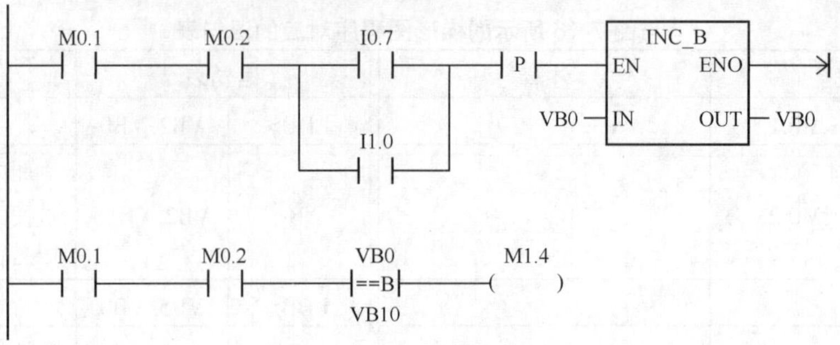

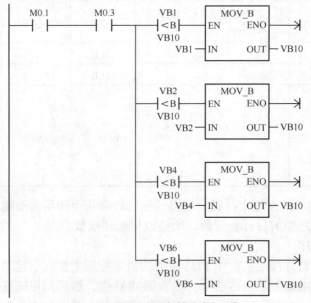

图7-17　上行运行程序

表 7-10　　　　　　　　与图 7-17 所示的梯形图程序对应的语句表

语句表		注释	语句表		注释
LD	M0.1		INC_B	VB0	电梯所在楼层加 1
A	M0.2		LD	M0.1	
LD	I0.7	楼层 2 的下层限位器	A	M0.2	
O	I1.0	楼层 3 的下层限位器	AB=	VB0，VB10	到达目的楼层
ALD			=	M1.4	转入速度切换程序
EU		采用上升沿触发			

（6）最近下行目标楼层确定程序

如果电梯正在向下开始移动，且还没到达目标楼层时，此时收到另一个目标楼层指令。例如，正在从 3 层开始运动，有人在 2 层按下了下行的按钮，则电梯的最近下行目标楼层应立刻更新为 2，而如果此时在 3 层按下下行按钮，则不会影响电梯下行的运动状态，其程序如图 7-18 所示。每个扫描周期 PLC 都检测厢内和每个楼层的按钮状态，若有按钮被按下，且所在楼层低于之前的目标楼层数，则更改目标楼层数。与图 7-18 所示的梯形图程序对应的语句表如表 7-11 所示。

图7-18　最近下行目标楼层确定程序

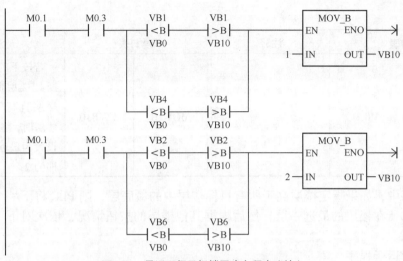

图7-18 最近下行目标楼层确定程序（续）

表 7-11 与图 7-18 所示的梯形图程序对应的语句表

语句表		注释	语句表		注释
LD	M0.1		LDB<	VB1, VB0	
A	M0.3		AB>	VB1, VB10	
LPS			LDB<	VB4, VB0	
AB<	VB1, VB10	检测厢内楼层 1 的按钮是否被按下	AB>	VB5, VB10	
MOV_B	VB1, VB10		OLD		
LRD			ALD		
AB<	VB2, VB10	检测厢内楼层 2 的按钮是否被按下	MOV_B	1, VB10	当按下的按钮所处楼层低于电梯所在楼层且高于之前的目标楼层时，将按钮所在楼层设置为最近的目标楼层
MOV_B	VB2, VB10		LD	M0.1	
LRD			A	M0.3	
AB<	VB4, VB10	检测楼层 1 的上行按钮是否被按下	LDB<	VB2, VB0	
MOV_B	VB4, VB10		AB>	VB2, VB10	
LPP			LDB<	VB6, VB0	
AB<	VB6, VB10	检测楼层 2 的下行按钮是否被按下	AB>	VB6, VB10	
MOV_B	VB6, VB10		OLD		
LD	M0.1		ALD		

续表

语句表		注释	语句表		注释
A	M0.3		MOV-B	2, VB10	若按下的按钮为 2 时，所处楼层低于电梯所在楼层且高于之前的目标楼层时，将按钮所在楼层设置为最近的目标楼层，即为 2

在此程序中，如果指定楼层高于所有目标楼层中的最底层，则 PLC 将下一个目标楼层指定为距离电梯所在楼层的最近一层，然后根据其他楼层的按钮情况，依次对下一个目标楼层进行修改更新。

（7）下行运行程序

在确定了最近的楼层后，由 PLC 输出的指令控制电梯向下运动，接近目标楼层后，将目标楼层的上层限位器输入的信号，输入到 PLC 中，然后调用速度切换程序，其程序如图 7-19 所示。

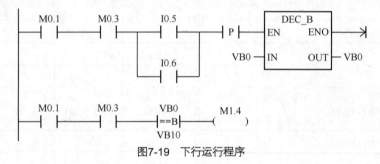

图7-19　下行运行程序

与图 7-19 所示的梯形图程序对应的语句表如表 7-12 所示。

表 7-12　　　　　　　　　　与图 7-19 所示的梯形图程序对应的语句表

语句表		注释	语句表		注释
LD	M0.1		DEC_B	VB0	电梯所在楼层减 1
A	M0.3		LD	M0.1	
LD	I0.5	楼层 1 的上层限位器	A	M0.3	
O	I0.6	楼层 2 的上层限位器	AB=	VB0, VB10	到达目的楼层
ALD			=	M1.4	转入速度切换程序
EU		采用上升沿触发			

（8）开、关门程序

在电梯运行时，即使按下开门的按钮，电梯门也不会打开。同样，如果电梯门没有完全关闭，电梯不进行上下运动，以此来保证乘客的安全，其程序如图 7-20（a）和图 7-20（b）所示。

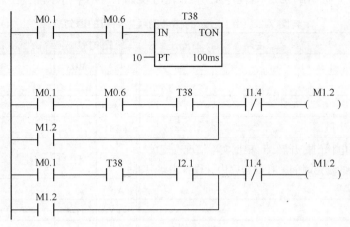

（a）开门子程序

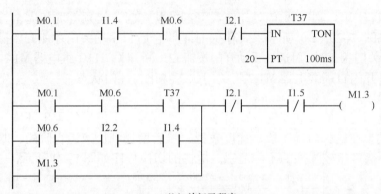

（b）关门子程序

图7-20 开、关门程序

与图 7-20（a）所示的梯形图程序对应的语句表如表 7-13 所示。

表 7-13 与图 7-20（a）所示的梯形图程序对应的语句表

语句表		注释	语句表		注释
LD	M0.1		=	M1.2	开门自锁继电器
A	M0.6		LD	M0.1	
TON	T38,10	电梯定位完成后，开始计时，时长为 1s	A	T38	
LD	M0.1		A	I2.1	手动开门也必须在延时结束后操作
A	M0.6		O	M1.2	
A	T38		AN	I1.4	
O	M1.2	计时结束，门自动打开	=	M1.2	开门自锁继电器
AN	I1.4	开门到位后，自锁断开			

与图 7-20（b）所示的梯形图程序对应的语句表如表 7-14 所示。

表 7-14　　　　　　　　与图 7-20（b）所示的梯形图程序对应的语句表

语句表		注释	语句表		注释
LD	M0.1		LD	M0.6	
A	I1.4		A	I2.2	
A	M0.6		A	I1.4	随时手动启动关门继电器
AN	I2.1		OLD		
TON	T37,20	电梯门打开后，可根据实际情况确定关门的延迟时间，在此程序中，设置为 4s	O	M1.3	
LD	M0.1		AN	I2.1	
A	M0.6		AN	I1.5	关门结束后，断开关门继电器
A	T37	定时间到，关门继电器启动	=	M1.3	关门自锁继电器

在开、关门程序中，当电梯门处于正在开门的状态时，必须等厢门完全打开后，才能执行关门程序，如图 7-20（b）所示，只有在 I1.4 闭合后，手动关门才能开始操作。反过来，当电梯门正处于关门状态时，可通过手动开门按钮 I2.1 断开关门自锁继电器 M1.3，如图 7-20（b）所示，然后通过开门自锁继电器 M1.2 将关门状态转化为开门状态。

（9）换速程序

为了保证电梯运行的快速稳定，而且能提供给乘客一个舒适的乘坐环境，该控制系统采用双速运行方式。在电梯启动阶段，速度较低，然后增加到快速运行阶段，既能较快地到达目标楼层，也不会产生较强烈的不舒适感。电梯的切换程序如图 7-21 所示。

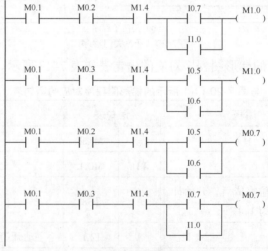

图7-21　换速程序

与图 7-21 所示的梯形图程序对应的语句表如表 7-15 所示。

表 7-15　　　　　　　　与图 7-21 所示的梯形图程序对应的语句表

语句表		注释	语句表		注释
LD	M0.1		LD	M0.1	
A	M0.2	上行运行时	A	M0.2	上行运行时

续表

语句表		注释	语句表		注释
A	M1.4		A	M1.4	
LD	I0.7		LD	I0.5	楼层 1 和楼层 2 的上层限位器
O	I1.0	楼层 2 和楼层 3 的下层限位器	O	I0.6	
ALD			ALD		
=	M1.0	减速成慢速运行	=	M0.7	
LD	M0.1		LD	M0.1	
A	M0.3		A	M0.3	
A	M1.4		A	M1.4	
LD	I0.5	楼层 1 和楼层 2 的上层限位器	LD	I0.7	
O	I0.6		O	I1.0	
ALD			ALD		
=	M1.0	减速成慢速运行	=	M0.7	加速至快速运行

（10）门定位程序

在门定位程序中，不仅要利用 3 个限位器对电梯门进行定位，而且需要对所在楼层的寄存器进行复位处理，其程序如图 7-22 所示。

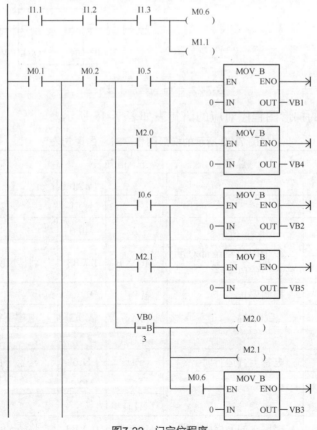

图7-22　门定位程序

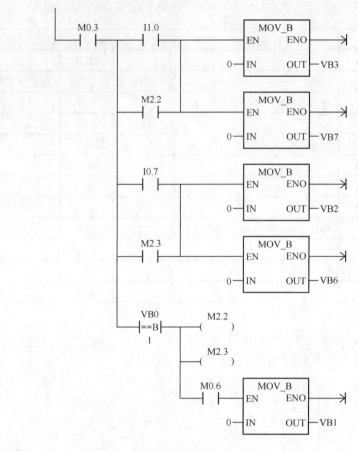

图7-22 门定位程序（续）

与图 7-22 所示的梯形图程序对应的语句表如表 7-16 所示。

表 7-16   与图 7-22 所示的梯形图程序对应的语句表

语句表		注释	语句表		注释
LD	I1.1		=	M2.0	
A	I1.2		=	M2.1	
A	I1.3		A	M0.6	
=	M0.6	3 个限位器全部对准后，门定位完毕	MOV_B	0,VB3	将楼层所有的上行寄存器复位
=	M1.1	抱闸停止	LPP		
LD	M0.1		A	M0.3	电梯下行运动时
LPS			LPS		
A	M0.2	电梯上行运行时	LD	I1.0	楼层 3 的下层限位器
LPS	M2.2		O	M2.2	
			ALD		
LD	I0.5	楼层 1 的上层限位器	MOV_B	0, VB3	将楼层所有的上行存储器复位

续表

语句表		注释	语句表		注释
O	M2.0		MOV_B	0, VB7	电梯下行时通过楼层 3 后，复位楼层 3 所有的与下行有关的寄存器
ALD			LRD		
MOV_B	0, VB1		LD	I0.7	楼层 2 下层限位器
MOV_B	0, VB4	电梯上行通过楼层 1 后，复位楼层 1 所有与上行有关的寄存器	O	M2.3	
			ALD		
LRD			MOV_B	0, VB2	
LD	I0.6	楼层 2 的上层限位器	MOV_B	0, VB6	电梯下行时通过楼层 2 后，复位楼层 2 所有的与下行有关的寄存器
O	M2.1		LPP		
ALD			AB=	VB0, 1	电梯到达底层
MOV_B	0, VB2		=	M2.2	
MOV_B	0, VB5	电梯上行时通过楼层 2 后，复位楼层 2 所有与上行有关的寄存器	=	M2.3	
LPP			A	M0.6	
AB=	VB0, 3	将楼层所有的上行寄存器复位	MOV_B	0, VB1	将楼层所有的下行寄存器复位

（11）超重报警程序

在电梯运行过程中，尤其是在有乘客进入的时候，需要不断采集电梯厢内的重量，以防止超过最大重量，造成安全事故，其程序如图 7-23 所示。

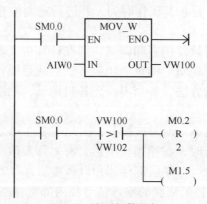

图7-23 超重报警程序

与图 7-23 所示的梯形图程序对应的语句表如表 7-17 所示。

表 7-17　　　　　　　　与图 7-23 所示的梯形图程序对应的语句表

语句表		注释	语句表		注释
LD	SM0.0		AW>	VW100, VW102	将采集的数据与标准数据作比较
MOV_W	AIW0, VW100	将采集的数据存储到寄存器中	R	M0.2, 2	如果超重，复位上行和下行接触器
LD	SM0.0		=	M1.5	输出超重声光报警

7.1.4　经验与总结

本节讲解了交流双速电梯的控制系统设计过程。该控制系统采用了西门子 S7-200 系列 PLC 作为控制主机，并扩展了 S7-200 系列 PLC 的数字量 I/O 和模拟量 I/O 模块，通过按钮、各类限位开关，对电动机、继电器等设备和其他相关的机械结构进行控制，利用多个中间继电器，通过对不同时间输入的指令进行存储和运算，实现了交流双速电梯的控制。

在设计中，面临着硬件和软件两个方面的设计挑战。由于乘客的安全必须要得到绝对保证，因此在调试中，各种安全装置、保护装置等都必须进行认真的调整和校验，彻底消除各种安全隐患，保证电梯正常、安全、可靠的运行。

1．硬件方面

在电梯控制系统中，主要的硬件问题集中在机械结构、PLC 的外围电路设计和接线处。

在本系统中，设计电梯运行通道和厢体的时候，由于需要采用数量众多的限位器，因此要考虑这些限位器的摆放位置，不仅要考虑在厢体外该如何放置，还需要考虑在通道内是否有适合的位置安装。对于 PLC 等电气控制设备的放置，既要便于维修，又要便于与电梯厢连接。由于电梯需要较高的安全防护性，因此在电梯的设计中，不仅要有软件保护措施，也必须有硬件保护措施。例如，为了防止过冲，要在底层和顶层加装机械式的限位器和抱闸设备，防止电气控制失灵所造成的严重后果。对于电梯门的定位限位器，需要经过多次调试，才能确定其最合适的位置。

在 PLC 的外围硬件连线方面，主要应注意电气设备元件的正负极连接，对于一些易耗的设备，加装必要的保护装置，延长其工作时间，并进行定期检查。

2．软件方面

首先要对编写的程序进行软件仿真和调试，即在计算机上利用西门子公司的仿真软件进行检查，主要观察是否有时序逻辑上的重大错误。然后通过模拟硬件的方式检查程序。依然采用对程序运行调试和修改的方法，各个模块先各自调试，然后合成控制系统软件进行调试和修改。

在控制系统中，由于按钮不知何时被按下，因此需要在每个 PLC 的扫描周期对所有按钮的情况进行监控。电梯在运行时，按钮被按下后，有时需要改变电梯停靠的楼层，通过增加两个中间寄存器——电梯现在所在楼层寄存器和目标楼层寄存器，将最近的楼层和最高（低）的目标楼层都存放在 PLC 中，将采集到的输入信号和内部寄存器存放的数值进行比较计算后，输出正确的指令，控制电梯停靠在乘客指定的楼层。

7.2　三相异步电动机自动往返正、反转控制

在工业生产过程中，尤其是在机械加工时需要设备具有上下、左右等方向的运送功能，例如，机床工作台需要往复运动，要求电动机能进行正、反两个方向的转动。根据电动机工作原理可知，要实现电动机的正、反转只需要将三相电动机的三相电源线中的任意两相对调即可。通过此节的介绍，理解设计思路，能较快地了解其他类似的系统并能进行简单的设计与开发。

7.2.1　系统简介

随着工业自动化程度的不断提高，越来越多的生产场合要求有自动化的运送工具，若采用工人手动控制的往返设备，不仅浪费了劳动力而且生产效率也不高，所以应采用自动化的往返控制，使工人可以从事更加方便的工作，而且传送效率也会大幅度提高。

1. 控制对象

三相异步电动机正、反转控制示意图如图 7-24 所示，工件在电动机自动正、反转控制下做往复运动，或在两个固定的地点往复运动传输各种生产资料。

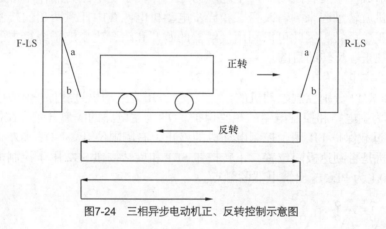

图7-24　三相异步电动机正、反转控制示意图

2. 功能要求

该控制系统的具体任务为，若先按下正转按键，电动机正转，到达右侧限位开关 R-LS/b 点被切断，而 R-LS/a 点接通，此时电动机反转。若先按下反转按键，电动机反转，到达起点时左侧限位开关 F-LS/b 点被切断，而 F-LS/a 点接通，此时电动机正转。在正、反转途中，若按下关闭按键或过载按键，则电动机立即停止。在此控制系统中利用左、右两边的限位开关控制电动机的正、反转，达到自动往返的控制功能。

提示：此控制系统在设计过程中尤其要注意的是保证正、反转接触器不会同时导通，因此必须在控制系统中设置互锁机构，以免造成电源短路事故。

3. 控制系统功能框图

根据控制系统的功能要求可知，该系统主要应用在一些环境比较复杂的工业现场，这就要求 PLC 能很好地完成控制任务。其主要任务是通过限位开关的反馈传送到 PLC 控制器，通过内部逻辑指令运算输出控制信号，完成对执行机构的控制。该控制系统的功能框图如图 7-25 所示。

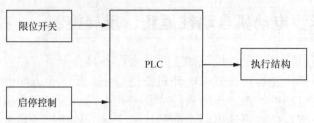

图7-25 三相异步电动机自动正、反转控制系统的功能框图

7.2.2 硬件设计

三相异步电动机的种类很多，但各类三相异步电动机的基本结构相同，都包含有定子和转子部分，在定子和转子之间都有一定间隙。根据转子绕组的不同，三相异步电动机可分为笼型异步电动机、绕线式异步电动机。

三相异步电动机转子之所以会旋转、实现能量转换，是因为电动机的转子间隙里有一个旋转磁场。在电动机内部的三相定子绕组，空间上彼此相隔 120°，可根据需要连接为星形（Y）或三角形（△）。当三相绕组的首端接在三相对称电源上，就会产生三相对称电流通过三相绕组，从而形成一个旋转磁场。产生电磁力之后，转子受电磁力的作用形成转矩，带动转子运动，电动机就转动起来。若改变三相异步电动机电源线中任意两相的接线位置，就可以使电动机实现正、反转，因此可以利用接触器的断开和闭合改变定子绕组中的电流相位，达到使电动机实现正、反转的目的。

控制系统的主电路及电气控制电路如图 7-26 所示。其中，在主电路上有一台电动机 M，接触器 KM1 和 KM2 分别控制电动机的正、反转，FR 为电动机过载保护用的热继电器，FU1 和 FU2 分别作为主电路和控制电路的短路保护，QS 为主电路的隔离开关。在控制电路中，停止按钮 SB0 和过载保护 FR 用于控制电动机的停止，右侧限位开关 SQ1 和左边限位开关 SQ2 用于检测电动机是否到达极限位置，正转按钮 SB1 和反转按钮 SB2 用于控制电动机的正、反转，Q0.0 和 Q0.1 为 PLC 输出继电器的触点。

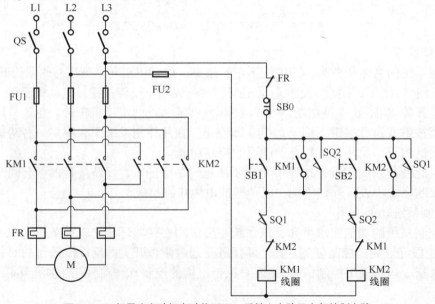

图7-26 三相异步电动机自动往返正、反转主电路及电气控制电路

根据控制系统的任务,三相异步电动机自动往返正、反转控制系统的硬件接线图如图 7-27 所示。

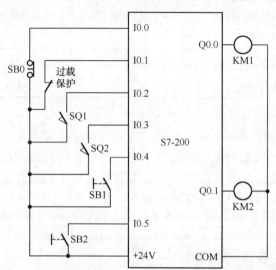

图7-27 三相异步电动机自动往返正、反转控制系统的硬件接线图

根据图 7-26 和图 7-27 所示的电路,硬件系统中所需的各种设备如下。

1. PLC 主机

根据系统的控制要求及经济性和可靠性等方面来考虑,本控制系统采用西门子 S7-200 系列 PLC 作为控制器。S7-200 系列有 5 种不同结构配置的 CPU 单元,分别为 CPU221、CPU222、CPU224、CPU226 和 CPU226XM。在这个电气控制系统中,输入点为 6 个,输出点为 2 个,需要的 I/O 至少为 6 个,且程序容量不大,所以选用 S7-200 系列的 CPU221 作为本控制系统的主机。S7-200 系列 CPU221 具有的特性如表 7-18 所示。

表 7-18 S7-200 系列 CPU221 的特性

主机 CPU 类型		CPU221
外形尺寸（mm × mm × mm）		$90 \times 80 \times 62$
用户程序区（Byte）		4096
数据存储区（Byte）		2048
掉电保持时间（h）		50
本机 I/O		6 入/4 出
扩展模块数量		0
高速计数器	单相（kHz）	30（4 路）
	双相（kHz）	20（2 路）
直流脉冲输出（kHz）		20（2 路）
模拟电位器		1
实时时钟		配时钟卡

主机 CPU 类型	CPU221
通信口	1 RS–485
浮点数运算	有
I/O 映像区	256（128 入/128 出）
布尔指令执行速度	0.37μs/指令

2. 限位开关

在本控制系统中共使用了两个限位开关，分别为左限位开关和右限位开关，主要用来控制工件移动的位置，由于机械开关容易损坏，寿命较短，因此两端的限位开关多采用光电开关或接近开关。同时，在限位开关的设计中，需要增加一个机械互锁装置，这样可以保证在一个继电器有电的同时，另外一个继电器没有电。

① 左限位开关。左限位开关用于控制工件向左运动时的位置，事先安装在导轨的左端，当工件移动到左端之后触发限位开关使之闭合，然后通过机械互锁装置将右限位开关断开，使电动机正转线圈失电，反转线圈得电。

② 右限位开关。右限位开关用于控制工件向右运动时的位置，事先安装在导轨的右端，当工件移动到右端之后触发限位开关使之闭合，然后通过机械互锁装置将左限位开关断开，使电动机反转线圈失电，正转线圈得电。

图 7-26 和图 7-27 所示分别为控制电路和硬件连接电路，对 PLC 的 I/O 进行分配，I/O 点及地址分配如表 7-19 所示。

表 7-19　　　　　　　电动机自动往返正、反转控制系统的 I/O 点及地址分配

名称	地址编号	说明
输入信号		
SB0	I0.0	停止按钮
FR	I0.1	过载保护
SQ1	I0.2	右限位开关
SQ2	I0.3	左限位开关
SB1	I0.4	正转按钮
SB2	I0.5	反转按钮
输出信号		
继电器线圈 KM1	Q0.0	电动机正转
继电器线圈 KM2	Q0.1	电动机反转

7.2.3　系统软件设计

本控制系统采用流程图式的程序设计方法，根据系统的要求，分析其控制过程，得到图 7-28 所示的流程图。

① 启动系统，判断电动机需要正转还是反转。

② 如果需要正转，则按下正转按钮。

③ 电动机开始正转，当按下停止或复位按钮时，电动机停止转动。

④ 电动机正转至有限位开关。

⑤ 电动机开始反转，直到系统结束。

根据图 7-28 所示的流程图编写的梯形图程序如图 7-29 所示。

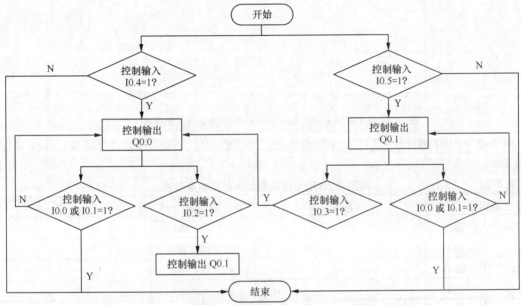

图7-28　三相异步电动机自动往返正、反转控制流程图

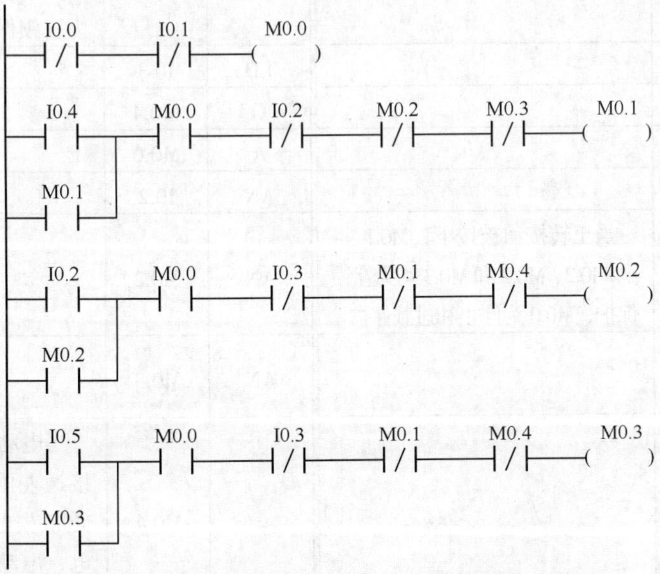

图7-29　三相异步电动机自动往返正、反转控制梯形图程序

```
   I0.3      M0.0      I0.2      M0.2      M0.3      M0.4
 ──┤├──────┤├──────┤├──────┤/├──────┤/├──────┤/├──────( )──

   M0.4
 ──┤├──

   M0.1                Q0.0
 ──┤├──────────────────( )──

   M0.4
 ──┤├──

   M0.2                Q0.1
 ──┤├──────────────────( )──

   M0.3
 ──┤├──
```

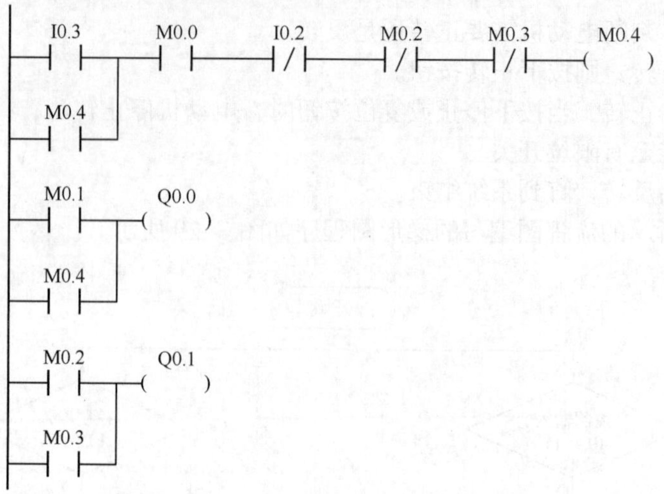

图7-29 三相异步电动机自动往返正、反转控制梯形图程序（续）

图 7-29 中梯形图程序就是实现电动机正、反转的程序，它的语句表程序及程序注释如表 7-20 所示。

表 7-20 　　　　　　　　　　　与图 7-29 所示梯形图程序对应的语句表

语句表		注释	语句表		注释
LDN	I0.0		A	M0.0	
AN	I0.1		AN	I0.3	
=	M0.0		AN	M0.1	
LD	I0.4		AN	M0.4	
O	M0.1		=	M0.3	若先按下反转按钮，电动机反转启动，I0.3、M0.1 和 M0.4 为互锁保护
A	M0.0		LD	I0.3	
AN	I0.2		O	M0.4	
AN	M0.2		A	M0.0	
AN	M0.3		AN	I0.2	
=	M0.1	当正转按钮被按下，M0.1 得电，I0.2、M0.2 和 M0.3 均为互锁保护，M0.0 为停止和过载保护	AN	M0.2	
LD	I0.2		AN	M0.3	
O	M0.2		=	M0.4	当电动机反转到最左端时，接通左限位开关，反转线圈 M0.3 失电，正转线圈 M0.4 得电，电动机正转，I0.2、M0.2 和 M0.3 均为互锁保护

续表

语句表		注释	语句表		注释
A	M0.0		LD	M0.1	
AN	I0.3		O	M0.4	
AN	M0.1		=	Q0.0	正转线圈得电，输出到端口 Q0.0
AN	M0.4		LD	M0.2	
=	M0.2	电动机正转至最右端时，接通限位开关 I0.2，正转线圈 M0.1 失电，反转线圈 M0.2 得电，M0.0、I0.3、M0.1 和 M0.4 为互锁保护	O	M0.3	
LD	I0.5		=	Q0.1	反转线圈得电，输出到端口 Q0.1
O	M0.3				

这个自动往返正、反转控制系统可用在电动机容量较小的系统中，而且是循环运动频率不高的场合，因为其往复运动时会出现较大的反向制动电流和机械冲击。

7.2.4　经验与总结

本节讲解了三相异步电动机自动往返正、反转控制系统的设计过程。该控制系统采用了西门子 S7-200 系列 PLC 作为控制主机，通过按钮、各类限位开关，对电动机、继电器等设备和其他相关的机械结构进行控制，利用多个中间继电器，通过对不同时间输入的指令进行存储和运算，实现了三相异步电动机的自动往返正、反转控制。

三相异步电动机应用非常广泛，相信读者通过举一反三，将三相异步电动机的自动往返正、反转控制程序稍加修改就可以应用到其他的控制系统中。

7.3　步进电动机控制系统

步进电动机是一种常用的电气执行元件，能将数字式电脉冲信号转换成机械角位移或线位移，实质上是一种多相或单相同步电动机，在数控机床、包装机械等自动控制及检测仪表等方面得到了广泛的应用。单相步进电动机由单路脉冲驱动，输出功率较小。多相步进电动机由多相方波脉冲驱动，在本小节中，若未加特殊说明，步进电动机一般是指多相步进电动机。步进电动机转子的位移与脉冲数成正比，其转速与脉冲频率成正比。同时，在工作频段内，可以稳定地从一种运动状态转移到另一种运动状态。因此，步进电动机能够完成高精度的位置控制，且没有累计误差等，可以广泛应用于数字定位控制。

7.3.1　系统概述

1．控制对象

由于步进电动机自身的特点，不需要位置、速度等信号的反馈，只需要脉冲发生器产生足够的脉冲数和合适的脉冲频率，就可以控制步进电动机移动的距离和速度。尽管步进电动机受到机械制造方面的限制不能使步距角做得很小，但可以通过电气控制的方式使步进电动机的运转由原来的每一步细分成几个小步来完成，这样就提高了系统的精度。

在使用多相步进电动机时，单相电脉冲信号可先通过脉冲分配器转变为多相脉冲信号，再经过功率放大后分别传送给步进电动机的各相绕组。目前常用的步进电动机有：①反应式步进电动机（VR），结构简单，生产成本低，步距角可以做得很小，但是其动态性能较差。②永磁式步进电动机（PM），输出功率大，动态性能好，但是步距角比较大。③混合式步进电动机（HB），综合了前两者的优点，步距角小，输出功率大，动态性能好，是性能比较好的一类步进电动机。

步进电动机的运转方向的控制为输入电动机各绕组的通电顺序，要改变电动机的运动方向，需要改变各绕组的通电顺序。例如，一个三相步进电动机的通电顺序为：A—AB—B—BC—C—CA—A—…，此时电动机正转，若通电顺序改为：A—AC—C—CB—B—BA—A—…，则电动机反转。改变输入到各绕组的通电顺序，既可以通过改变硬件环行分配器的脉冲输出顺序来实现，又可以通过编程改变脉冲输出顺序来实现，最终达到控制电动机运转方向的目的。

随着 PLC 的不断发展，其功能越来越强大，除了有简单的逻辑功能和顺序控制功能外，运算功能、PID 指令和各类高速指令的加入，使 PLC 对复杂和特殊系统的控制应用更加广泛。PLC 与数控技术的结合产生了各种不同类型的数控设备，如复杂的数控加工中心、简单的激光淬火用 X–Y 数控平台、X–Y 绘图仪和两轴运动的 X–Y 数控装置。这类设备一般由两个步进电动机驱动，可以沿 X 轴方向和 Y 轴方向运动，根据 PLC 编写不同的程序可以形成不同的运动轨迹，以完成生产的控制要求。

2. 控制系统框图

在步进电动机控制系统中，首先控制步进电动机使之稳步启动，然后高速运动，接近指定位置时，减速之后低速运动一段时间，再准确地停在预定的位置上，最后步进电动机停留3s 后，按照前进时的加速—高速—减速—低速 4 个步骤返回到起始点，其运动状态转换过程平稳，其功能框图如图 7-30 所示，其简单工作过程如图 7-31 所示。

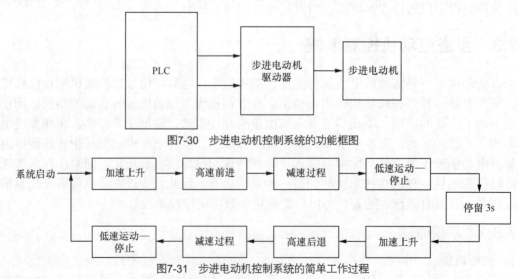

图7-30　步进电动机控制系统的功能框图

图7-31　步进电动机控制系统的简单工作过程

由于步进电动机本身的结构特性决定其要实现高速运转必须有加速过程，如果在启动时突然加载高频脉冲，电动机会产生啸叫、失步甚至是不能启动。在停止阶段，当高频脉冲突降到零时，电动机也会产生啸叫和振动。所以，在启动和停止时，都必须有一个加速和减速过程。

7.3.2　硬件设计

由于步进电动机的硬件结构特性，使其对输入脉冲的频率有所限制，对于低频的脉冲输出，PLC 可以利用定时器来完成。若要求步进电动机的速度较快时，就需要用 PLC 的高速脉冲输出指令，这时就需要在程序中设置相应的步骤来完成对步进电动机的控制。步进电动机控制系统的硬件框图如图 7-32 所示。

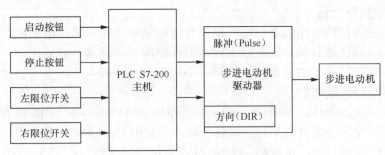

图7-32　步进电动机控制系统的硬件框图

根据图 7-32 所示的系统硬件框图，设计如下所示的硬件系统。

1. PLC 主机

根据系统的控制要求，采用西门子 S7-200 系列 PLC 作为控制器，并考虑到此控制系统中的 I/O 口数量用得非常少，输入只有 4 个，输出只有 2 个，一共用到的 I/O 口有 6 个，此控制系统不需要太大的数据存储。因此，选用 S7-200 系列 PLC 的 CPU221 作为本控制系统的主机，既能满足系统要求，又能实现其经济性。

2. 限位开关

在此系统中，共使用了两个限位开关，即左限位开关和右限位开关，这两个限位开关的作用是控制物体的位置，防止物体超出合理的工作范围。

① 左限位开关。左限位开关固定在工作台的最左边，其作用是当物体移动到预定的停止位置时没有停止，触发限位开关，使之断开电动机的电源，达到安全保护的目的。

② 右限位开关。右限位开关固定在工作台的最右边，其作用是当物体移动到工作台原点的时候，没有停止，触发限位开关，使之断开电动机的电源，达到安全保护的目的。

3. 步进电动机

步进电动机是该系统的执行系统，其精度影响整个系统的控制精度，选用电动机时，应满足系统的功能要求。若已知某类型步进电机的参数，步距角为 0.75°，为三相六拍方式供电，最大静转矩为 7.84N·m，最高空载启动频率为 1500Hz，转子转动惯量为 $47 \times 10^{-5} kg·m^2$。知道这些数据后，必须计算出以下 3 个数据，即脉冲当量、脉冲频率上限和最大脉冲数量。

$$脉冲当量 = \frac{步进电动机步距角 \times 螺距}{360 \times 传动速比}$$

$$脉冲频率上限 = \frac{移动速度 \times 步进电动机细分数}{脉冲当量}$$

$$最大脉冲数量 = \frac{移动距离 \times 步进电动机细分数}{脉冲当量}$$

根据以上 3 个数据才能算出 PLC 的控制指令。若螺距为 5h，传动速比为 1，高速移动时速度为 2m/min，移动距离为 0.5m，则可算出脉冲当量为 1/96，脉冲频率上限为 3200Hz，最大脉冲数量为 48000 个。根据计算出来的这些数据可以判断所选的 PLC 是否能够满足步进电动机的要求。

4. 步进电动机驱动器

步进电动机必须使用专用的电动机驱动设备才能正常工作，步进电动机系统的运行性能除了与电动机自身的性能有关外，在很大程度上还取决于驱动器性能的优劣。随着电力电子技术的发展，驱动器还有了细分驱动，即将一个步距角细分成若干小步来驱动，这使步进电动机的精度进一步得到提高。

Pulse 是脉冲的输入端口，每个脉冲的上升沿使电动机转动一步。DIR 是方向信号，用于控制电动机的正、反转，为低电平时顺时针旋转，为高电平时逆时针旋转。

在控制系统中用 PLC 来产生脉冲，输出一定数量的脉冲来控制步进电动机的位移，控制脉冲的频率来控制步进电动机的速度，步进电动机驱动器将接收的脉冲进行分配，按照一定的通电顺序供给绕组。PLC 可以采用软件环形分配器，也可以采用硬件环形分配器，但是软件环形分配器占用 PLC 资源较多，尤其是当绕组数目大于 4 时。若采用硬件环形分配器，虽然硬件结构相对复杂，但能够节省 PLC 的 I/O 数量，一般仅占用少量 I/O 口，输出口有 2 个，一个作为脉冲输出端接驱动器的脉冲输入端，另外一个作为方向控制输入到驱动器的方向控制端。如果采用硬件环形分配器，会使 PLC 的程序编写量变小，对 PLC 的存储空间的要求也就不会很高。

根据以上分析，PLC 的 I/O 分配如表 7-21 所示。

表 7-21　　　　　　　　步进电动机控制系统的 I/O 分配及地址分配

名称	地址编号	说明
输入信号		
SB0	I0.0	启动按钮
SB1	I0.1	停止按钮
SQ1	I0.2	左限位开关
SQ2	I0.3	右限位开关
输出信号		
Pulse	Q0.0	电动机转速和角度
DIR	Q0.1	电动机转动方向

根据步进电动机控制系统的硬件框图和 I/O 分配表，设计出本控制系统的硬件连接图，如图 7-33 所示。

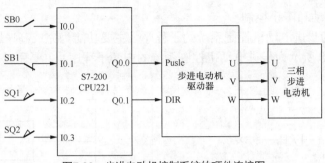

图7-33　步进电动机控制系统的硬件连接图

7.3.3　软件设计

根据此控制系统的要求，设计出本控制系统的流程图，如图 7-34 所示。这个程序分为 3 个部分，即主程序、子程序和中断程序。

因为步进电动机的启动频率不能太高，所以编程时采用低频启动，然后升频到高频快速运动，到接近停止位置时，先降频低速运行，到最后预设位置停止，其脉冲频率特性图如图 7-35 所示。

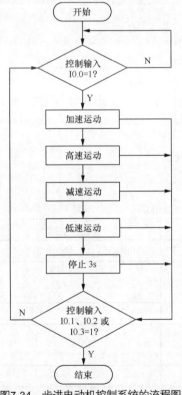

图7-34　步进电动机控制系统的流程图

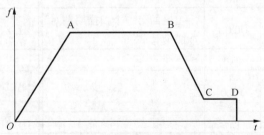

图7-35　驱动步进电动机的脉冲频率特性图

根据设计的流程图，编写的梯形图程序如图 7-36 至图 7-38 所示。其中，图 7-36 为步进电动机控制系统的主程序，其主要功能如下。

① 在通电开始时，先将输出口 Q0.0 初始化置 0。

② 设定电动机的转动方向。

③ 调用子程序完成步进电动机的前进和返回控制。

④ 电动机的启动和停止控制。

图 7-37 所示为步进电动机控制系统的子程序，主要功能为完成高速脉冲串输出的参数即网络表设置。图 7-38 所示为步进电动机控制系统的中断子程序，主要完成一个 3s 的定时功能。

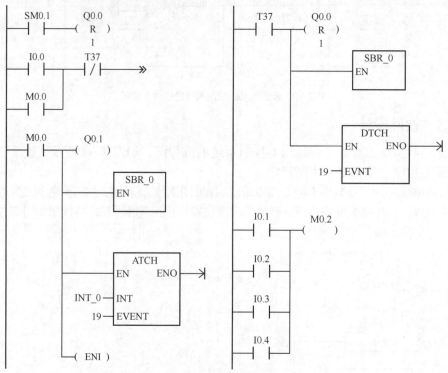

图7-36　步进电动机控制系统的主程序

与图 7-36 所示梯形图程序对应的语句表如表 7-22 所示。

表 7-22　　　　　　　　　　　与图 7-36 所示梯形图程序对应的语句表

语句表		注释	语句表		注释
LD	SM0.1	上电的第一个扫描周期对 Q0.0 复位	ENI		开启中断，脉冲输出完毕后产生中断
R	Q0.0,1		LD	T37	
LD	I0.0		R	Q0.0,1	
O	M0.0		CALL	SBR_0	
AN	T37		DTCH	19	
=	M0.0	控制电动机前进和返回	LD	I0.1	
LD	M0.0		O	I0.2	
=	Q0.1	Q0.1 为高时，正转	O	I0.3	
CALL	SBR_0	调用子程序，设置输出脉冲段	O	I0.4	
ATCH	INT_0,19		=	M0.2	停止和限位控制

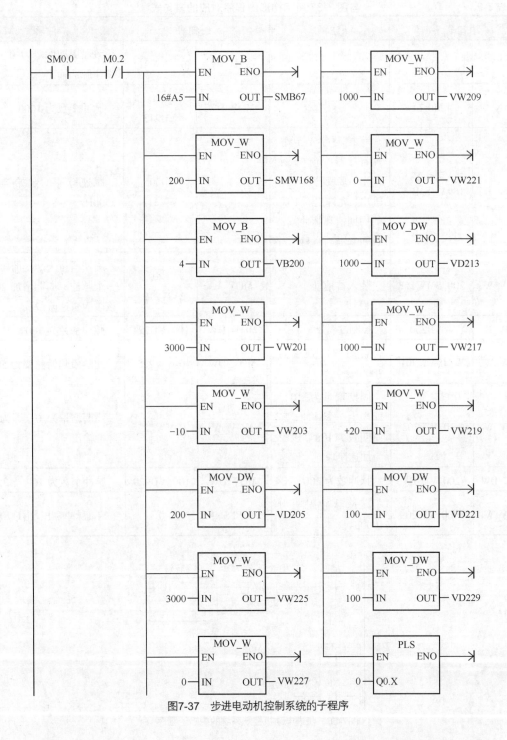

图7-37　步进电动机控制系统的子程序

与图 7-37 所示梯形图程序对应的语句表如表 7-23 所示。

表 7-23　　　　　　　　　　　与图 7-37 所示梯形图程序对应的语句表

语句表		注释	语句表		注释
LD	SM0.0		MOV_W	0, VW211	该段周期增量为 0，即为高速脉冲输出
AN	M0.2		MOV_DW	1000, VD213	脉冲个数为 1000
MOV_B	16#A5, SMB67	写控制字节到特殊寄存器：允许脉冲输出，多段管线 PTO 输出，允许更新 PTO 的周期值和脉冲数，时间基准为微秒	MOV_W	1000, VW217	减速脉冲的起始频率为 2500Hz
MOV_W	200, SMW168	装入首地址	MOV_W	+20, VW219	周期增量为 20，即每产生一个脉冲，周期增加 20μs，该段为减速阶段
MOV_B	4, VB200	控制过程分为 4 段	MOV_DW	100, VD221	脉冲个数为 100
MOV_W	3000, VW201	启动脉冲频率为 3000Hz	MOV_DW	0, VW225	此阶段起始频率为 500Hz
MOV_W	-10, VW203	周期增量为 -10，即产生一个脉冲，其周期减少 10μs，该段为加速阶段	MOV_W	0, VW227	周期增量为 0，即为低速脉冲输出
MOV_DW	200, VD205	脉冲数为 200	MOV_DW	100, VD229	脉冲个数为 100
MOV_W	1000, VW209	高速脉冲周期为 1000μs	PLS	0	启动脉冲输出，由 Q0.0 输出

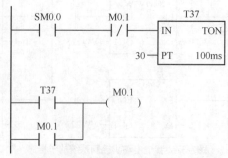

图7-38　步进电动机控制系统的中断子程序

与图 7-38 所示梯形图程序对应的语句表如表 7-24 所示。

表 7-24   与图 7-38 所示梯形图程序对应的语句表

语句表		注释	语句表		注释
LD	SM0.0		LD	T37	
AN	M0.1		O	M0.1	
TON	T37,30	定时器，定时时间为 3s	=	M0.1	

图 7-36 至图 7-38 所示的梯形图运行的原理为，上电之后首先对输出口进行初始化，然后按下启动按钮 SB0，使 Q0.1 输出高电平，控制步进电动机的驱动器使步进电动机正转，并且调用 PTO 子程序。在子程序中，将各种控制字符及参数写入相应的存储器中，把脉冲控制分为 4 个阶段，即变频加速阶段、高频高速运行阶段、变频减速阶段和低频低速阶段。频率从低到高，电动机处于加速阶段，由开始的 1000Hz 到高速阶段的 2500Hz，均没有超过步进电动机的额定数值，这样电动机就不会出现失步，低速运行 100 步到达停车位置停车。脉冲输出完毕后，产生一个中断。在中断子程序中，有一个定时器，中断产生后触发定时器开始定时，3s 后定时时间到，T37 常闭触点断开，使 Q0.1 的输出电平为低，其常开触点闭合，再次对 Q0.0 进行复位操作，然后调用子程序，并且经脉冲输出中断关闭，这样就使步进电动机返回原位之后不会再次自行启动。返回过程与前进过程一样，都是先加速接着高速运行，然后减速、低速运行直到原点停止。运行过程中，在任何时候按下停止按钮都会使电动机停止，停止按钮的中间继电器触点接在子程序中，因为 Q0.0 作为高速输出端子时，对其的操作指令都无效。将触点接在子程序中，若按下停止按钮，常闭触点断开，使脉冲输出终止，不输出脉冲信号，这样就能使电动机停止运行。

7.3.4 经验与总结

本控制系统由于没有接收步进电动机的位置反馈信号，所以是一个开环系统。如果能够增加一个编码器，将编码器的脉冲信号传送到 PLC 的高速脉冲输入端 I0.0，如果电动机没有到达指定位置，PLC 就可以根据实际的脉冲数来补发脉冲，这样就形成了一个闭环系统，控制精度将比本系统提高很多。

7.4 本章小结

本章重点介绍了 S7-200 系列 PLC 在电气控制中的 3 个实例，这 3 个实例基本包括了工业和生活中常用到的一些控制方法。

① 交流双速电梯的控制系统，该系统主要通过 S7-200 系列 PLC 的 I/O 和模拟 I/O 扩展模块实现交流双速电梯的控制。

② 三相异步电动机自动往返正、反转控制系统，该系统主要是考虑机械互锁及保护问题。

③ 步进电动机控制系统，该系统一般应用在位置控制系统中，采用 PTO 多管线高速脉冲输出。

第8章 S7-200 系列 PLC 在机电控制系统中的应用实例

机电控制系统遍布于生产、生活的各个领域，小到家用电器、大到航天飞机都属于机电控制系统。机电控制就是研究如何设计控制器，并合理选择或设计放大元件、执行元件、检测与转化元件、导向与支撑元件和传动机构等，并由此组成机电控制系统使机电设备达到所要求的性能的一门学科，在机电一体化技术中占有非常重要的地位。

机电控制系统的工作原理是：由指令元件发出指令，通过比较、综合与放大元件将此信号与输出反馈信号进行比较，再将差值进行处理和放大、控制及转换，将此处理后的信号加到功率放大元件，并施加到执行元件的输入信号，使执行元件按指令的要求运动；而执行元件往往和机电设备的工作机构相连接，从而使机电设备的被控量（如位移、速度、力、转矩等）符合所要求的规律。

西门子公司的 S7-200 系列 PLC 在机电控制系统的应用中占据了重要的位置。本章将详细介绍西门子 S7-200 系列 PLC 在分拣传输控制系统、机械手控制系统、桥式起重机控制系统中的应用。读者通过学习本章内容，能够掌握 S7-200 系列 PLC 在机电控制系统中应用的方法与实现过程。

8.1 分拣传输控制系统

PLC 控制分拣装置涵盖了 PLC 技术、气动技术、传感器技术、位置控制技术等内容，是实际工业现场生产设备的微缩模型。本章主要介绍分拣装置的工艺过程及控制要求。

要想进行 PLC 控制系统的设计，首先必须对控制对象进行调查，搞清楚控制对象的工艺过程、工作特点，明确控制要求及各个阶段的特点和各个阶段之间的转换条件。

8.1.1 系统概述

1. 材料分拣装置工作过程概述

图 8-1 所示为材料分拣装置的结构示意图。

它采用台式结构，内置电源，有步进电机、气缸、电磁阀、旋转编码器、气动减压器、滤清器、气压指示等部件，可与各类气源相连接。选用颜色识别传感器及对不同材料敏感的电容式和电感式传感器，分别固定在网板上，且允许重新安装传感器排列位置或选择网板不同区域安装。每个气缸对应一个气动阀。

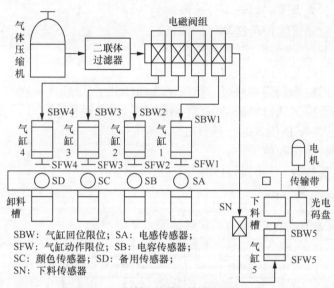

图8-1　材料分拣装置的结构示意图

系统上电后，PLC 首先控制启动输送带，下料传感器 SN 检测料槽有无物料，若无料，输送带运转一个周期后自动停止等待下料；当料槽有料时，下料传感器输出信号给 PLC，PLC 控制输送带继续运转，同时控制气缸 5 进行下料，每次下料时间间隔可以进行调整。物料传感器 SA 为电感传感器，当检测出物料为铁质物料时，反馈信号送 PLC，由 PLC 控制气动阀 1 动作选出该物料；物料传感器 SB 为电容传感器，当检测出物料为铝质物料时，反馈信号送 PLC，PLC 控制气动阀 2 动作选出该物料；物料传感器 SC 为颜色传感器，当检测出物料的颜色为待检测颜色时，PLC 控制气动阀 3 动作选出该物料。物料传感器 SD 为备用传感器。当系统设定为分拣某种颜色的金属或非金属物料时，由程序记忆各个传感器的状态，完成分拣任务。

2. 系统的技术指标

输入电压：AC 200 ~ 240V（带保护地三芯插座）；

消耗功率：250W；

环境温度范围：−5 ~ 40℃；

气源：0.2MPa<气源<0.85MPa。

3. 系统的功能要求及控制要求

材料分拣装置应实现的基本功能如下。

① 分拣出金属和非金属。

② 分拣某一颜色块。

③ 分拣出金属中某一颜色块。

④ 分拣出非金属中某一颜色块。

⑤ 分拣出金属中某一颜色块和非金属中某一颜色块。

系统利用各种传感器对待测材料进行检测并分类。当待测物体经下料装置送入传送带后，依次接受各种传感器检测。如果被某种传感器测中，通过相应的气动装置将其推入料箱；否则，继续前行。其控制要求有如下 9 个方面。

① 系统送电后，光电编码器便可发生所需的脉冲。

② 电机运行，带动传输带传送物体向前运行。

③ 有物料时，下料气缸动作，将物料送出。

④ 当电感传感器检测到铁物料时，推气缸 1 动作。

⑤ 当电容传感器检测到铝物料时，推气缸 2 动作。

⑥ 当颜色传感器检测到材料为某一颜色时，推气缸 3 动作。

⑦ 其他物料被送到 SD 位置时，推气缸 4 动作。

⑧ 气缸运行应有动作限位保护。

⑨ 下料槽内无下料时，延时后自动停机。

8.1.2　硬件配置方法

设计系统的硬件结构框图，如图 8-2 所示。

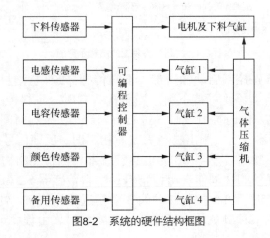

图8-2　系统的硬件结构框图

1. PLC 的型号选择

PLC 型号选择的基本原则是在满足功能要求及保证可靠、维护方便的前提下，力争最佳的性能价格比，选择时应考虑以下几点。

（1）硬件方面

一些系统在硬件方面特殊要求，比如通信、网络、PID 闭环控制，响应速度快，高速计数和运动控制等。一些积分 PLC 集成有高速计数器，高速脉冲输出，模拟电位器来调整，以及脉冲捕获、实时时钟和中断功能。本系统没有特殊的速度要求，因此在硬件方面没有特殊要求。

（2）物理结构方面

据物理结构，可以将 PLC 分为整体式和模块式。整体式 PLC 每个 I/O 点的平均价格便宜；而模块式 PLC 在小控制系统中，具有方便灵活、扩展性强、维护方便等优点，一般应用在较复杂系统中。考虑此系统控制比较简单，应用于小批量的生产线，故此选择整体式 PLC。

（3）输入/输出（I/O）点数

要确定哪些信号需要输入给 PLC，哪些负载由 PLC 驱动，即输入/输出信号的个数。如果系统不同部分相互距离很远，可以考虑使用远程 I/O。

根据系统中的控制要求 PLC 点数：实际输入点为 18 点，实际输出点为 6 点。

（4）输入信号的类型及电压等级

输入信号分为开关量和模拟量两种类型。开关量输入模块又分为直流输入、交流输入和交流/直流输入三种。选择时，主要根据输入信号和周围环境因素等。直流输入模块的延迟时间较短，也可以直接和接近开关、光电开关和其他电子输入设备连接；交流输入模块可靠性好，适合油雾、灰尘的条件下使用。

开关量输入模块的输入信号和电压等级包括：直流 5 V、12 V、24 V、48 V、60 V 等；交流 110 V、220 V 等。在选择时应根据输入装置和输入模块之间的距离来考虑。例如，5V 的输入模块最远不得超过 10m。

本系统中该材料分拣装置的输入为开关量，交流 220V。

综上所述，本例中选择一般的小型机即可满足控制要求。本系统选用西门子公司的 S7-200 系列 CPU226 型 PLC。它有 24 个输入点，16 个输出点，满足本系统的要求。

2. 旋转编码器

旋转编码器是与步进电动机连接在一起的，在本系统中可用作控制系统的计数器，并提供脉冲输入。它转化为位移量时，可对传输带上的物料进行位置控制。传送至相应的传感器时，发出信号到 PLC，以进行分拣，也可用来控制步进电动机的转速。本系统选用 E6A2CW5C 旋转编码器，原理如图 8-3 所示。

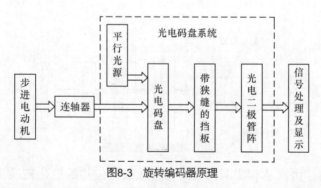

图8-3　旋转编码器原理

旋转编码器介绍：旋转编码器是用来测量转速的装置。技术参数主要有每转脉冲数（几十个到几千个都有）和供电电压等。它分为单路输出和双路输出两种。单路输出是指旋转编码器的输出是一组脉冲，而双路输出是指旋转编码器的输出是两组相位差为 90° 的脉冲，通过这两组脉冲不仅可以测量转速，还可以判断旋转的方向。编码器如以信号原理来分，可分为增量脉冲编码器（SPC）和绝对脉冲编码器（APC），两者一般都应用于速度控制或位置控制系统的检测元件。

工作原理如下：由一个中心有轴的光电码盘，其上有环形通、暗的刻线，由光电发射和接收器件读取，获得 4 组正弦波信号 A、B、C、D，每个正弦波相差 90° 相位差（相对于一个周波为 360°），将 C、D 信号反向，叠加在 A、B 两相上，可增强稳定信号；另外，每转输出一个 Z 相脉冲以代表零位参考位。由于 A、B 两相相位相差 90°，可通过比较 A 相在前还是 B 相在前，来判别编码器的正转与反转，通过零位脉冲可获得编码器的零位参考位。分辨率：编码器以每旋转 360° 提供多少的通或暗刻线称为分辨率，也称解读分度，或直接称多少线，一般在每转分度 5~10000 线。

信号输出：信号输出有正弦波（电流或电压）、方波（TTL、HTL）、集电极开路（PNP、NPN）、推拉式等多种形式，其中 TTL 为长线差分驱动（对称 A，A–；B，B–；Z，Z–），HTL 也称推拉式、推挽式输出，编码器的信号接收设备接口应与编码器对应。信号连接：编码器的脉冲信号一般连接计数器、PLC、计算机，PLC 和计算机连接的模块有低速模块与高速模块之分，开关频率也有高低之分。如单相连接，用于单方向计数，单方向测速。A、B 两相连接，用于正、反向计数，判断正、反向和测速。A、B、Z 三相连接，用于带参考位修正的位置测量。A、A–，B、B–，Z、Z–连接，由于带有对称负信号的连接，电流对电缆贡献的电磁场为 0，衰减最小，抗干扰能力最佳，可传输较远的距离。对于 TTL 的带有对称负信号输出的编码器，信号传输距离可达 150m。对于 HTL 的带有对称负信号输出的编码器，信号传输距离可达 300m。

3. 电感传感器

电感式接近开关属于有开关量输出的位置传感器，用来检测金属物体。它由 LC 高频振荡器和放大处理电路组成，金属物体在接近振荡感应头时能产生电磁场，使物体内部产生涡流。这个涡流反作用于接近开关，使接近开关振荡能力衰减，内部电路的参数发生变化。由此，可识别出有无金属物体接近，进而控制开关的通或断。本系统选用 M18X1X40 电感传感器，其接线图如图 8-4 所示，原理图如图 8-5 所示。

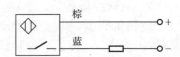

图8-4　M18X1X40电感传感器接线图

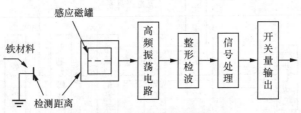

图8-5　电感传感器原理图

电感传感器介绍：由铁芯和线圈构成的将直线或角位移的变化转换为线圈电感量变化的传感器，又称电感式位移传感器。这种传感器的线圈匝数和材料导磁系数都是一定的，其电感量的变化是由于位移输入量导致线圈磁路的几何尺寸变化而引起的。当把线圈接入测量电路并接通激励电源时，就可获得正比于位移输入量的电压或电流输出。电感式传感器的特点是：①无活动触点、可靠度高、寿命长；②分辨率高；③灵敏度高；④线性度高、重复性好；⑤测量范围宽（测量范围大时分辨率低）；⑥无输入时有零位输出电压，引起测量误差；⑦对激励电源的频率和幅值稳定性要求较高；⑧不适用于高频动态测量。电感式传感器主要用于位移测量和可以转换成位移变化的机械量（如力、张力、压力、压差、加速度、振动、应变、流量、厚度、液位、比重、转矩等）的测量。常用电感式传感器有变间隙型、变面积型和螺管插铁型。在实际应用中，这三种传感器大多制成差动式，以便提高线性度和减小电磁吸力所造成的附加误差。

4. 电容传感器

电容传感器也属于具有开关量输出的位置传感器，是一种接近式开关。它的测量头通常是构成电容器的一个极板，而另一个极板是待测物体本身。当物体移向接近开关时，物体和接近开关的介电常数发生变化，使和测量头相连的电路状态也随之发生变化。由此，便可控制开关的接通和关断。本系统选用 E2KX8ME1 电容传感器，其接线图可参考图 8-4，原理图如图 8-6 所示。

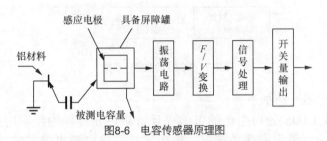

图8-6　电容传感器原理图

电容传感器介绍：用电测法测量非电学量时，首先必须将被测的非电学量转换为电学量，然后再进行测量。将非电学量转换成电学量的元件称为变换器；根据不同非电学量的特点设计成的有关转换装置称为传感器，而被测的力学量（如位移、力、速度等）转换成电容变化的传感器称为电容传感器。从能量转换的角度而言，电容变换器为无源变换器，需要将所测的力学量转换成电压或电流后进行放大和处理。力学量中的线位移、角位移、间隔、距离、厚度、拉伸、压缩、膨胀、变形等都是与长度有着密切联系的量，这些量又都是通过长度或长度比值进行测量的，测量方法的相互关系也很密切。另外，在某些条件下，这些力学量变化十分缓慢，而且变化范围极小，如果要求测量极小距离或位移时要有较高的分辨率，其他传感器很难做到。在精密测量中所普遍使用的差动变压器传感器的分辨率仅达到 1～5μm 数量级；而有一种电容测微仪的分辨率为 0.01μm，比前者提高了两个数量级，最大量程为（100±5）μm，在精密小位移测量中应用广泛。

对于上述这些力学量，尤其是缓慢变化或微小量的测量，一般采用电容式传感器进行检测比较适宜，这类传感器具有以下突出优点。

① 测量范围大且相对变化率可超过 100%。

② 灵敏度高，如用比率变压器电桥测量，相对变化量可达 10^{-7} 数量级。

③ 动态响应快，因其可动质量小，固有频率高，高频特性既适宜动态测量，也可静态测量。

④ 稳定性好，由于电容器极板多为金属材料，极板间衬物多为无机材料，如空气、玻璃、陶瓷、石英等；可以在高温、低温、强磁场、强辐射下长期工作，尤其是解决高温高压环境下的检测难题。

5. 颜色传感器

选用 TAOS 公司生产的，型号为 TCS230 的颜色传感器。此传感器为 RGB（红绿蓝）颜色传感器，可检测目标物体对三基色的反射比率，从而鉴别出物体的颜色。TCS230 颜色传感器如图 8-7 所示。

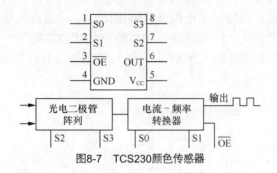

图8-7　TCS230颜色传感器

TCS230 颜色传感器介绍如下。

TCS230 是美国 TAOS 公司生产的可编程且将彩色光转换为频率的一种转换器。该传感器具有分辨率高、可编程的颜色选择、输出定标、单电源供电等特点；输出为数字量，可直接与微处理器连接。它把可配置的光电二极管与电流-频率转换器集成在一个单一的 CMOS 电路上，同时在单一芯片上还集成了红绿蓝（RGB）三种滤光器，是业界第一个有数字兼容接口的 RGB 彩色传感器。TCS230 的输出信号是数字量，可以驱动标准的 TTL 或 CMOS 逻辑输入，因此可直接与微处理器或其他逻辑电路相连接。由于输出的是数字量，并且能够实现每个彩色信道 10 位以上的转换精度，因而不再需要 A/D 转换电路，使电路变得更简单。TCS230 采用 8 引脚的 SOIC 表面贴装式封装，在单一芯片上集成有 64 个光电二极管。这些二极管共分为 4 种类型，其中 16 个光电二极管带有红色滤波器，16 个光电二极管带有绿色滤波器，16 个光电二极管带有蓝色滤波器，其余 16 个不带有任何滤波器，可以透过全部的光信号。这些光电二极管在芯片内是交叉排列的，能够最大限度地减小入射光辐射的不均匀性，从而增大颜色识别的精确度；另一方面，相同颜色的 16 个光电二极管是并联连接的，均匀分布在二极管阵列中，可以消除颜色的位置误差。工作时，通过两个可编程的引脚来动态选择所需要的滤波器。该传感器的典型输出频率范围为 2Hz~500kHz，用户还可以通过两个可编程引脚来选择 100%、20% 及 2% 的输出比例因子，或电源关断模式。输出比例因子使传感器的输出能够适应不同的测量范围，提高其适应能力。

当入射光投射到 TCS230 上时，通过光电二极管控制引脚 S2、S3，可以选择不同的滤波器；经过电流-频率转换器后输出不同频率的方波（占空比是 50%），不同的颜色和光强对应不同频率的方波；还可以通过输出定标控制引脚 S0、S1 选择不同的输出比例因子，对输出频率范围进行调整，以适应不同的需求。

S0、S1 用于选择输出比例因子或电源关断模式；S2、S3 用于选择滤波器的类型；OE 是频率输出使能引脚，可以控制输出的状态，当有多个芯片引脚共用微处理器的输入引脚时，也可以作为片选信号；OUT 是频率输出引脚，GND 是芯片的接地引脚，V_{cc} 为芯片提供工作电压。表 8-1 是 S0、S1 及 S2、S3 的可用组合。

表 8-1　　　　　　　　　　　S0、S1 及 S2、S3 的可用组合

S0	S1	输出比例因子	S2	S3	滤波器类型
L	L	关断电源	L	L	红色
L	H	2%	L	H	蓝色
H	L	20%	H	L	无
H	H	100%	H	H	绿色

6. 光电传感器

光电传感器是一种小型电子设备，它可以检测出其接收到的光强的变化。用来检测物体有无的光电传感器是一种小的金属圆柱形设备，发射器带一个校准镜头，将光聚焦射向接收器，接收器输出电缆将这套装置接到一个真空管放大器上。在金属圆筒内有一个小的白炽灯作为光源。这些小而坚固的白炽灯传感器就是现今光电传感器的雏形。本系统选用 FPG 系列小型放大器内藏型光电传感器，其原理图如图 8-8 所示，负载可接至 PLC。

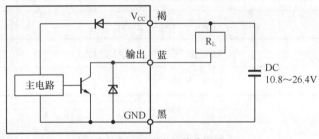

图8-8　FPG系列光电传感器原理图

光电传感器介绍：光电传感器是指能够将可见光转换成某种电量的传感器。光电传感器采用光电元件作为检测元件，首先把被测量的变化转变为信号的变化，然后借助光电元件进一步将光信号转换成电信号。光电传感器一般由光源、光学通路和光电元件 3 部分组成。光电传感器是将光信号转换为电信号的光敏器件。它可用于检测直接引起光强变化的非电量，也可用来检测能转换成光强变化的其他非电量。光电检测方法具有精度高、反应快、非接触等优点，而且可测参数较多。传感器的结构简单，形式灵活多样，体积小。近年来，随着光电技术的发展，光电传感器已成为系列产品，其品种及产量日益增加，用户可根据需要选用各种规格的产品，它在机电控制、计算机、国防科技等方面的应用都非常广泛。

7. 步进电动机

步进电动机作为执行机构用于带动传输带输送物料前行，与旋转编码器连接在一起，可以通过控制脉冲个数来控制角位移量，从而达到准确定位的目的。同时，可以通过控制脉冲频率来控制材料分拣装置的可编程控制系统控制电动机转动的速度，达到调速的目的。步进电动机选用的型号为 42BYGH101。

8. PLC 的输入/输出端子分配

根据所选择的 PLC 型号，对本系统中 PLC 的输入/输出端子进行分配，如表 8-2 所示。

表 8-2　　　　　　　　　材料分拣装置 PLC 输入/输出端子分配表

西门子 PLC（I/O）		分拣系统接口（I/O）	备注
输入部分	I0.0	UCP（计数传感器）	接旋转编码器
	I0.1	SN（下料传感器）	判断下料有无
	I0.2	SA（电感传感器）	
	I0.3	SB（电容传感器）	
	I0.4	SC（颜色传感器）	
	I0.5	SD（备用传感器）	
	I0.6	SFW1（推气缸 1 动作限位）	
	I0.7	SFW2（推气缸 2 动作限位）	
	I1.0	SFW3（推气缸 3 动作限位）	
	I1.1	SFW4（推气缸 4 动作限位）	
	I1.2	SFW5（下料气缸动作限位）	
	I1.3	SBW1（推气缸 1 回位限位）	
	I1.4	SBW2（推气缸 2 回位限位）	
	I1.5	SBW3（推气缸 3 回位限位）	
	I1.6	SBW4（推气缸 4 回位限位）	
	I1.7	SBW5（下料气缸回位限位）	
	I2.0	SB1（启动）	
	I2.1	SB2（停止）	
输出部分	Q0.0	M（输送带电动机驱动器）	
	Q0.1	YV1（推气缸 1 电磁阀）	
	Q0.2	YV2（推气缸 2 电磁阀）	
	Q0.3	YV3（推气缸 3 电磁阀）	
	Q0.4	YV4（推气缸 4 电磁阀）	
	Q0.5	YV5（下料气缸电磁阀）	

根据表 8-2 可以绘制出 PLC 的输入/输出接线端子图，如图 8-9 所示。

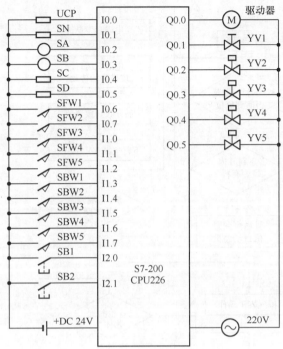

图8-9 PLC输入/输出接线端子图

8.1.3 软件设计方法

在设计硬件结构的时候不仅要考虑各种设备的安装位置及其可行性，还需要考虑软件部分的设计，在硬件设计大体完成后，就要开始软件设计。根据控制系统的控制要求和硬件部分的设计情况，以及 PLC 控制系统中 I/O 的分配情况进行软件编程设计。在软件设计中，首先需要按照控制系统的功能要求画出系统流程框图，然后细化流程图，按照不同的功能要求编写不同的功能模块，这样写出的程序条理清晰，既方便编写，又便于调试，即使出现问题也便于修改。

1. 总体流程设计

该系统可选择连续或单次运行工作状态，流程图如图 8-10 所示。若为连续运行状态，则系统软件设计流程图中的气缸 4 动作后，程序再转到开始；若为单次运行，则气缸 4 动作后停机。如果需要，该系统可在分拣的同时对分拣的材料进行数量的统计，这只需在各个气缸动作的同时累计即可。用高速计数器计数步进电动机转过的圈数，来确定物料到达传感器的距离，实现定位控制功能。定位时，电动机停转，计数器清零，传感器开始工作，对物料进行分拣处理。在气缸 1～3 动作后，电动机重新运行，高速计数器也重新计数。如果相应的传感器没有检测到物体，则电动机重新运行，高速计数器也重新计数，继续运行到下一位置。如果只对材料的某一特性进行分拣，如只分拣金属和非金属，则只需对传感器的安放位置或程序进行修改即可。

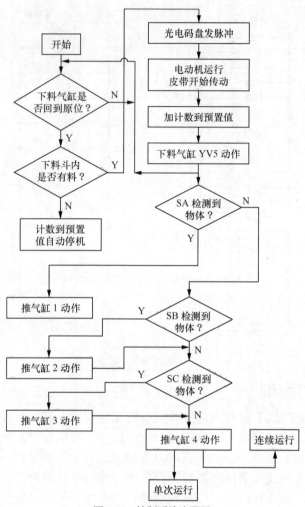

图8-10 控制系统流程图

2. 控制系统程序设计

（1）主程序如图 8-11 所示，首先 I2.0 启动后，M0.1 得电并自锁，为之后电动机得电做好准备，I2.1 为停止按钮。当 PLC 处于 RUN 模式时，SM0.1 通电一个周期，Q0.0 复位清零，并调用子程序。

（a）控制系统主程序1

图8-11 控制系统主程序

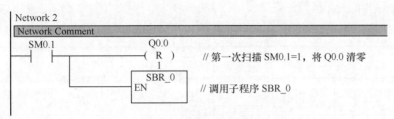

（b）控制系统主程序2

图8-11　控制系统主程序（续）

（2）子程序中的高速脉冲指令如图 8-12 所示，该程序先将控制脉冲指令的特殊功能寄存器进行初始化，然后当 I0.0（下料传感器）检测到有料时，启动 PLS（脉冲输出）指令；如果 I0.0 检测没有物料时，启动定时器 T33，延时 30s 自动停机。

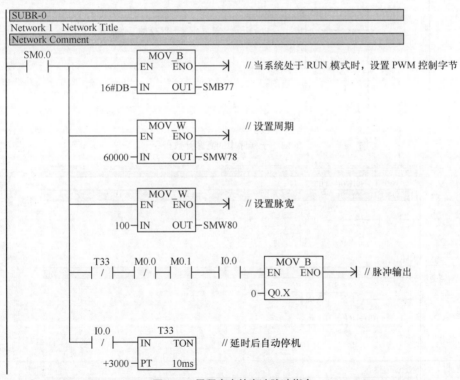

图8-12　子程序中的高速脉冲指令

（3）子程序中的高速计数指令如图 8-13 所示，首先进行高速计数指令的初始化操作，当电动机旋转时，带动光电码盘发出脉冲，并输入到 PLC 的接收端，由高速计数指令进行计数，计算步进电动机转过的步数，进行定位控制。其中设定预置值为 50，当计数至 50 时，调用中断程序。

（4）中断程序如图 8-14 所示，当高速计数指令计数至预置值时，这时物料移动至传感器的位置，M0.0 得电，导致高速脉冲输出停止，步进电动机停转。由于气缸动作需要 1s，让电动机停转 1s 后继续运转。当物料被相应的传感器检测后，相应的气缸动作，将物料推下。I1.3、

I1.4、I1.5、I1.6、I1.7 为气缸的回位限位开关，初始状态为闭合，I0.6、I0.7、I1.0、I1.1、I1.2 为气缸的动作限位开关，初始状态为关断。气缸动作时，回位限位开关关断，到达动作限位开关时，动作限位开关闭合。

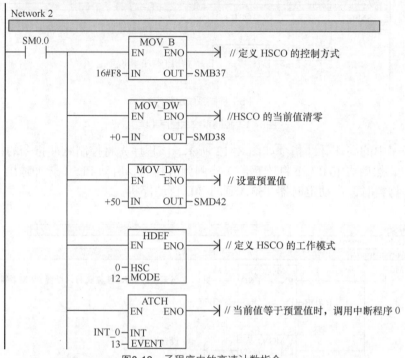

图8-13　子程序中的高速计数指令

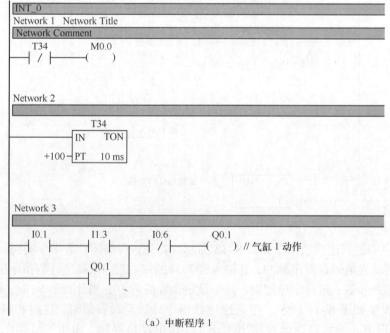

（a）中断程序 1

图8-14　中断程序

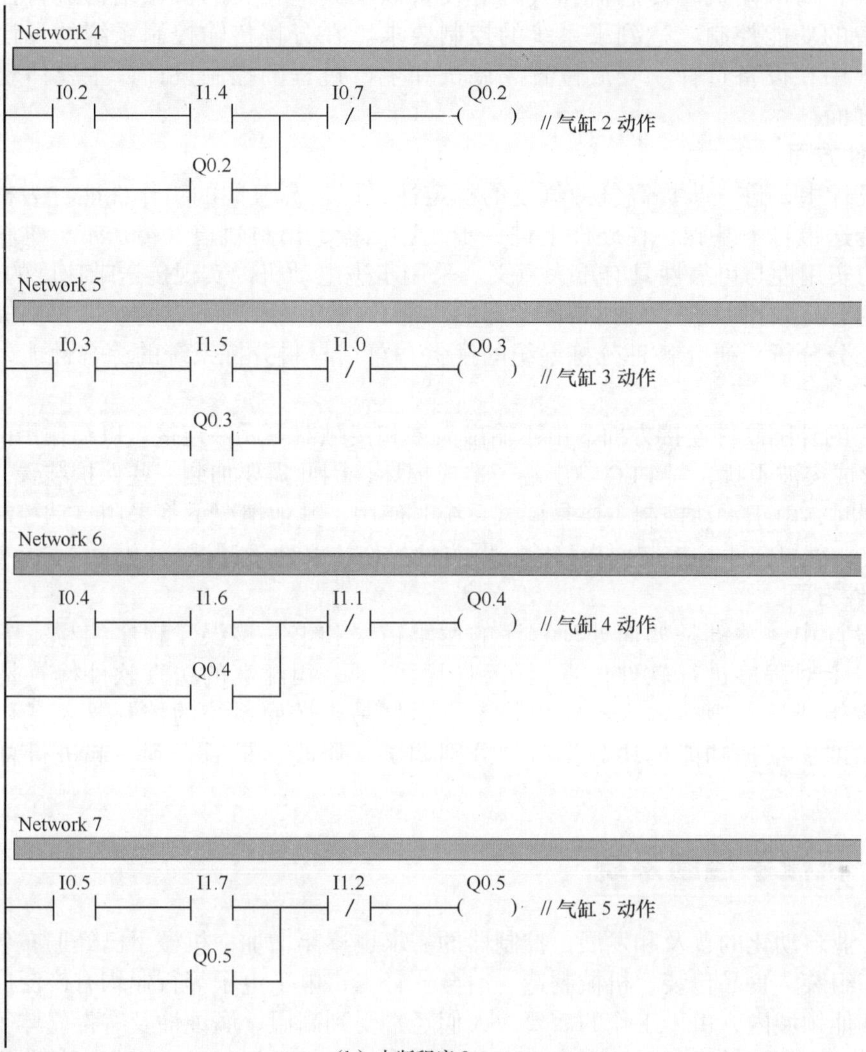

Network 4

```
  I0.2        I1.4        I0.7        Q0.2
───┤├─────────┤├──────────┤/├────────( )        // 气缸 2 动作
           Q0.2
        ───┤├──
```

Network 5

```
  I0.3        I1.5        I1.0        Q0.3
───┤├─────────┤├──────────┤/├────────( )        // 气缸 3 动作
           Q0.3
        ───┤├──
```

Network 6

```
  I0.4        I1.6        I1.1        Q0.4
───┤├─────────┤├──────────┤/├────────( )        // 气缸 4 动作
           Q0.4
        ───┤├──
```

Network 7

```
  I0.5        I1.7        I1.2        Q0.5
───┤├─────────┤├──────────┤/├────────( )        // 气缸 5 动作
           Q0.5
        ───┤├──
```

(b) 中断程序 2

图8-14 中断程序（续）

（5）软件调试

将所编写的梯形图程序进行编译，通过上、下位机的连接电缆把程序下载到 PLC 中。刚编好的程序难免有各种缺陷或错误，为了及时发现和消除程序中的错误，减少系统现场调试的工作量，确保系统在各种正常和异常情况时都能做出正确的响应，需要进行离线测试，即不将 PLC 的输出接到设备上。按照控制要求在指定输入端输入信号，观察输出指示灯的状态，若输出不符合要求，则查找原因，并排除故障。

8.1.4 经验与建议

本小节详细讲解了分拣传输控制系统的设计过程。该控制系统采用西门子 S7-200 系列 PLC 作为控制主机，并扩展了 S7-200 系列的 I/O（输入/输出）模块，通过按钮、各类限位开关等，对电动机、传感器和气缸等设备以及其他相关的机械结构进行控制，实现了各种设备的功能控制，达到了系统的控制要求。在分拣传输控制系统的设计过程中，关键技术集中在设备选择、安放位置、调试和生产过程的控制设计，主要体现在硬件和软件两个方面。

1. 硬件方面

在本设计中，进一步提高气源气压的稳定性，以提高气阀的工作性能，为材料正常进入、弹出传送带打下基础。在硬件上进一步改进挡板、出料轨道、传送带、进料仓，这对提高系统的实用性与可靠性具有重大意义。采用步进电动机以实现传送带速度的可控制性、提高系统的分拣效率。进一步提高传感器的性能，找出一系列可靠的参数，以提高系统的稳定性。充分分析、研究各种分拣系统的优劣，总结材料分拣系统的综合性能，提出合理化的改进。

在 PLC 的外围硬件连接方面，由于输出大多和接触器等元件连接，PLC 输出的突然断开和闭合会形成突波干扰，对 PLC 输出端子造成损坏，因此需要加装一些保护装置，增加触点的寿命。同时，由于手动控制主要是调试系统时使用，其他情况下都采用自动控制模式，因此在生产时，就可将手动控制面板移除，既方便操作，又便于调试。

2. 软件方面

在本设计中，关键是如何处理程序的逻辑错误和书写错误。程序编写完毕后，需要先在计算机上对程序进行软件仿真，可利用西门子公司配套的仿真软件检查是否存在书写错误和逻辑错误，观察输入和输出状态指示灯是否按照系统的控制要求亮和灭。对程序进行调试时，根据功能模块分类后，分别调试、修改，最后合到一起进行总体调试和修改。

8.2　机械手控制系统

随着工业自动化的普及和发展，控制器的需求也逐年增加，机械手已经遍布各大生产领域，在汽车组装、食品包装、机械制造、冶金、轻工、电工电子等行业均有广泛应用。在工业生产和其他领域内，由于工作的需要，人们经常受到高温、腐蚀性及有毒气体等因素的危害，增加了工人的劳动强度，甚至有生命危险。自从机械手问世以来，相应的各种难题就迎刃而解了。机械手一般都是由耐高温、抗腐蚀的材料制成的，以适应现场恶劣的环境，大大降低工人的劳动强度，提高工作效率，解放劳动力。

机械手不仅可以代替人从事繁杂的劳动，还能在有害的环境下代替人进行操作，从而保护人的安全，实现生产的自动化。机械手的应用对于人类工业生产有十分重要的作用，因此，机械手的设计与实现一直是人们研究的一大课题。

本节将简要介绍机械手的组成及控制工艺，讲解机械手硬件控制系统和软件控制系统的设计，并重点阐述西门子 PLC 实现位置及步进电动机的控制。

8.2.1　系统概述

机械手系统的实现主要可以分为两个方面，一方面是机械手机械结构的设计，这个属于结构设计不属于 PLC 控制系统的讲述内容，在本章中不再赘述。另一方面是机械手控制系统的设计，属于自动控制领域的内容，而传统的继电器控制的半自动化装置因设计复杂、接线繁杂、易受干扰，从而存在可靠性差、故障多、维修困难等问题，已经不能满足机械手控制的需求。

本节的多维机械手主要完成生产线上的电阻生产，以及产品的多方位转移。此机械手在生产线上，主要的任务是将一个传送带 A 上的物品搬运到另一个传送带 B 上。根据外界情况要完成这一任务，机械手在空间上主要进行以下动作：手指抓紧、手指放开、手臂左旋、手臂右旋、整体上升及整体下降。

机械手完成上述这些动作主要用液压系统来驱动，先通过 S7-200 系列 PLC 对电磁阀进行控制，然后用电磁阀控制的液压系统来驱动机械手的动作。机械手的工作过程如图 8-15 所示。

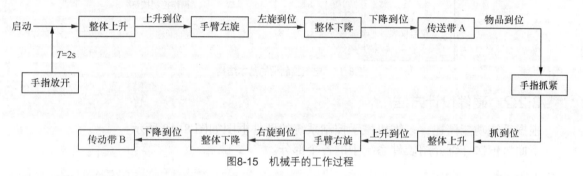

图8-15 机械手的工作过程

机械手的主要工作过程如下。

① 整体上升是指机械手相对于工作台面向上运动，使机械手的高度满足要求。

② 整体下降是指机械手相对于工作台面向下运动，使机械手的高度满足要求。

③ 手臂左旋是指保持整体高度不变，机械手相对于工作台面向左旋转到合适位置，为从传动带 A 上取物品做好准备。

④ 手臂右旋是指保持整体高度不变，机械手相对于工作台面向右旋转到合适位置，为放置物品到传送带 B 上做好准备。

⑤ 手指抓紧是指机械手从传送带 A 上抓紧物品。

⑥ 手指放开是指机械手放置物品到传送带 B 上。

从设备的基本功能上来考虑，主要是要求 PLC 控制的机械手能够在恶劣的工业生产线环境下安全而可靠地完成上述任务。

考虑到设备的附加功能及要满足实际中的一些需要，可以在系统中加入人机界面，如控制按钮、简单的显示功能等。

从生产设备的成本来考虑，必须要考虑整个系统的最优惠、最实际的解决方案。

综合以上几个方面的考虑，设计出图 8-16 所示的多维机械手的功能框图。

图8-16 多维机械手的功能框图

下面主要介绍电气控制柜的内部结构。

电气控制柜的基本结构如图 8-17 所示。在电气控制柜的内部有基本仪器仪表，这些仪器仪表用于显示一些机械手工作的基本参数，如供电电压、电流的大小等。在电气控制柜的背后引出的线中，有一部分引到机械手整条生产线的控制台上，以便操纵人员对机械手部分进行控制。

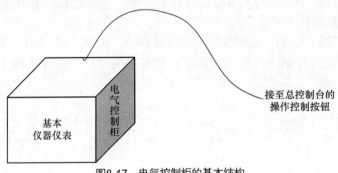

图8-17 电气控制柜的基本结构

8.2.2 硬件设计方法

根据系统功能概述，多维机械手控制系统的硬件框图如图 8-18 所示。

下面将依次详细介绍硬件系统中的各个部分。

图8-18 多维机械手控制系统的硬件框图

1. PLC 主机

选择西门子 S7-200 系列 PLC 来作为多维机械手控制系统的控制主机。在西门子 S7-200

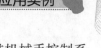

系列 PLC 中又有 CPU221、CPU222、CPU224、CPU226、CPU226XM 等。多维机械手控制系统总共有 8 个数字量输入，7 个数字量输出，共需 15 个 I/O，根据 I/O 点数及程序容量，选择 CPU224 作为本控制系统的主机。CPU224 具有以下特性。

① 8KB 的程序存储器。

② 2.5KB 字的数据存储器。

③ 1 个可插入的存储器子模块。

④ 14 个数字量输入，有 4 个可用作硬件中断，10 个用于高速功能。

⑤ 10 个数字量输出，其中 2 个可用于本机集成功能。

⑥ 2 个 8 位分辨率的模拟电位器。

⑦ 数字量输入/输出，最多可以扩展成 94 个数字量输入与 74 个数字量输出。

⑧ 模拟量输入/输出，最多可以扩展成 28 个模拟量输入与 7 个模拟量输出，或是 14 个模拟量输出。

⑨ 256 个计数器，计数范围为 0 ~ 32767。

⑩ 具有 256 个内部标志位。

⑪ 具有 256 个定时器，其中分辨率为 1ms 的有 4 个，其定时范围为 1ms ~ 30s；分辨率为 10ms 的有 16 个，其定时范围为 10ms ~ 5min；分辨率为 100ms 的有 236 个，其定时范围为 100ms ~ 54min。

⑫ 具有 4 个中断输入。

⑬ 6 个 32 位的高速计数器，可用作加/减计数器，或将增量编码器的两个相互之间相移为 90° 的脉冲序列连接到高速计数器输入端。

⑭ 2 个高速脉冲输出，可产生中断、脉冲宽度和频率可调。

⑮ 1 个 RS-485 通信接口。

⑯ AS 接口最大输入/输出有 496 个，可以扩展 7 个模块。

2. 各种限位开关

在多维机械手控制系统中，总共用了 5 个限位开关：上升限位开关、下降限位开关、左旋限位开关、右旋限位开关、抓紧限位开关。限位开关主要用来控制机械手在运动过程中的停止时刻和位置。

① 上升限位开关。上升限位开关用于控制机械手在整体上升时的位置，事先在机械工作平台上方的合适位置安装好限位开关，当机械手上升接触到上升限位开关时，PLC 控制机械手停止上升。

② 下降限位开关。下降限位开关用于控制机械手在整体下降时的位置，事先在机械工作平台下方的合适位置安装好限位开关，当机械手下降接触到下降限位开关时，PLC 控制机械手停止下降。

③ 左旋限位开关。左旋限位开关用于控制机械手手臂向左运动时的定位，事先在机械工作平台的合适位置安装好限位开关，当机械手手臂向左运动接触到左旋限位开关时，PLC 控制机械手臂停止向左运动。

④ 右旋限位开关。右旋限位开关用于控制机械手手臂向右运动时的定位，事先在机械工作平台的合适位置安装好限位开关，当机械手手臂向右运动接触到右旋限位开关时，PLC 控制机械手手臂停止向右运动。

⑤ 抓紧限位开关。抓紧限位开关用于控制机械手手指从传送带 A 上取物品时抓物品的松紧程度，事先在机械手的合适位置安装好限位开关，安装的根据是既要保证物品能够被机械手抓牢，又不能抓得太紧而损坏物品。当机械手手指抓紧接触到抓紧限位开关时，PLC 控制机械手手指停止动作。

3. 光电开关

在传送带 A 两侧的合适位置安装有光电开关。光电开关主要用来指示传送带 A 上的物品到达了适合机械手抓起物品的位置，这个也是安装光电开关的依据，既要保证机械手能够抓起物品，又要使机械手抓物品时不能太紧而损坏物品。

4. 各种电磁阀

在机械手控制系统中，用液压系统来驱动机械手，而液压是由电磁阀来控制的，即 PLC 控制电磁阀，从而控制液压系统，再由液压系统来驱动机械手。根据机械手不同的动作，主要有上升电磁阀、下降电磁阀、左旋电磁阀、右旋电磁阀、抓紧电磁阀、放开电磁阀等。

① 上升电磁阀控制液压驱动机械手向上运动。

② 下降电磁阀控制液压驱动机械手向下运动。

③ 左旋电磁阀控制液压驱动机械手手臂向左旋转。

④ 右旋电磁阀控制液压驱动机械手手臂向右旋转。

⑤ 抓紧电磁阀控制液压驱动机械手手臂抓紧。

⑥ 放开电磁阀控制液压驱动机械手手臂松开。

5. 传送带 A 的电动机接触器

传送带 A 并不需要时刻连续地运转传送，并且也不可能一直连续地传送物品，而是根据机械手的当前工作情况由控制机械手的控制系统来一起控制传动带 A 的工作，如应在什么时刻启动传送，在什么时刻停止传送。因此，就必须要在传送带 A 的电动机部分安装一个可以控制电动机是运转还是停止的接触器，再通过 PLC 来控制接触器，最后达到控制的目的。

6. 人机界面（选择部分）

考虑到实际情况，人机界面可以是在多维机械手控制系统中加上一个简单的显示模块，进行一些简单的显示，显示模块选用的是西门子中文显示器 TD200 模块，该模块专门用于解决 S7-200 系列 PLC 的操作界面问题，TD200 模块如图 8-19 所示。

（1）TD200 模块的特点

① 牢固的塑料壳，前面板 IP65 防护等级。

② 27mm 的安装深度，无须附件即可安装在箱内或面板内，或用作手持控制操作设备。

③ 背光 LCD 液晶显示，即使在逆光情况下也易看清。

④ 按人体工学设计的输入键位于可编程的功能键上部。

⑤ TD200 中文版内置国际汉字库。

⑥ 内置连接电缆的接口。

⑦ 如果 TD200 与 S7-200 系列 PLC 之间距离超过 2.5m 时，需额外电源，可以用 PROFIBUS 总线电缆连接。

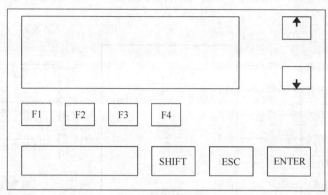

图8-19 TD200模块

（2）TD200 模块的功能

① 文本信息的显示，用选择项确认方法可显示最多 80 条信息，每条信息最多可包含 4 个变量和 5 种系统语言。

② 可设定实时时钟。

③ 提供强制 I/O 点诊断功能。

④ 通过密码保护功能。

⑤ 过程参数的显示和修改。参数在显示器中显示并可用输入键进行修改，如进行温度设定或速度改变。

⑥ 可编程的 8 个功能键可以替代普通的控制按钮，作为控制键，这样可以节省 8 个输入点。

⑦ 可选择通信的速率。

⑧ 输入和输出的设定。8 个可编程功能键的每一个都分配了一个存储器位，如这些功能键可在系统启动、测试时进行设置和诊断，又如可以不用其他的操作设备即可实现对电动机的控制。

⑨ 可选择显示信息刷新时间。

在上述详细分析的基础上，S7-200 系列 PLC 系统的 I/O 分配如表 8-3 所示。

表 8-3　　　　　　　　　　　　S7-200 系列 PLC 系统的 I/O 分配

输入设备	输入点（I/O）	输出设备	输出点（I/O）
上升限位开关（SB1）	I0.0	上升电磁阀	Q0.0
下降限位开关（SB2）	I0.1	下降电磁阀	Q0.1
左旋限位开关（SB3）	I0.2	左旋电磁阀	Q0.2
右旋限位开关（SB4）	I0.3	右旋电磁阀	Q0.3
抓紧限位开关（SB5）	I0.4	抓紧电磁阀	Q0.4
光电开关（SB6）	I0.5	松开电磁阀	Q0.5
启动按钮（SB7）	I0.6	传送带 A 的电动机接触器	Q0.6
停止按钮（SB8）	I0.7		

根据硬件框图及 PLC 系统的 I/O 分配情况，机械手控制系统的硬件接线图如图 8-20 所示。

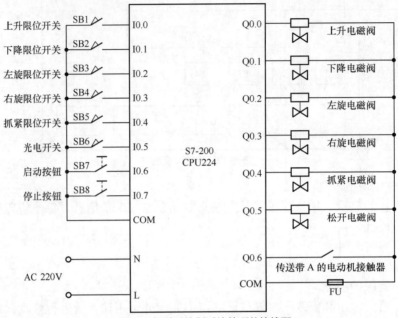

图8-20　机械手控制系统的硬件接线图

8.2.3　软件设计方法

机械手控制系统的工作步骤如下。

① 按下启动按钮，机械手开始工作。

② 机械手在电动机的带动下整体上升。

③ 待机械手上升到事先设定的高度（上升限位开关来指示上升的最高高度），机械手手臂开始左旋。

④ 待机械手手臂左旋隔位开关指示已经左旋到指定位置时，机械手开始整体下降。

⑤ 整体下降限位开关指示机械手已经下降到指定高度时，启动传送带 A。

⑥ 待光电开关指示物品已经到达规定位置时，停止传送带 A，同时机械手手指开始抓物品。

⑦ 抓紧限位开关指示机械手已经抓好了物品，机械手开始整体上升。

⑧ 上升限位开关指示机械手上升到位，机械手手臂开始右旋。

⑨ 手臂右旋限位开关指示手臂右旋到位，机械手整体下降。

⑩ 下降限位开关指示机械手下降到位，手指松开，将物品放置于连续工作的传送带 B 上。

⑪ 等待时间 2s。

⑫ 若没有停止信号，则重复步骤②～步骤⑪，若收到停止信号，则停止所有 PLC 控制的设备，使机械手控制系统停止工作。

根据多维机械手控制系统的工作过程，设计出本系统程序的流程图，如图 8-21 所示。

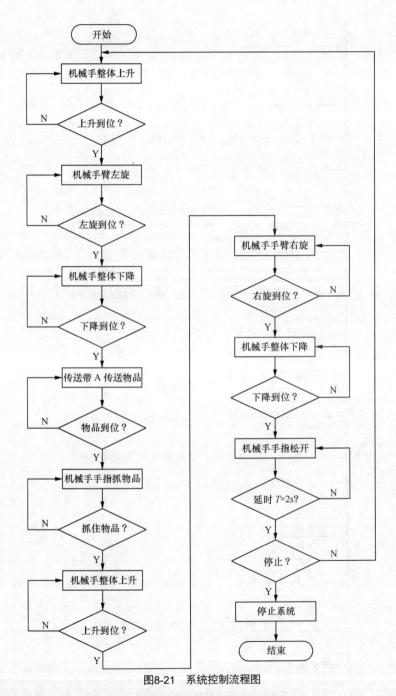

图8-21　系统控制流程图

根据机械手控制系统的控制功能与任务及程序流程图，设计出本系统的梯形图程序如图 8-22 至图 8-24 所示。

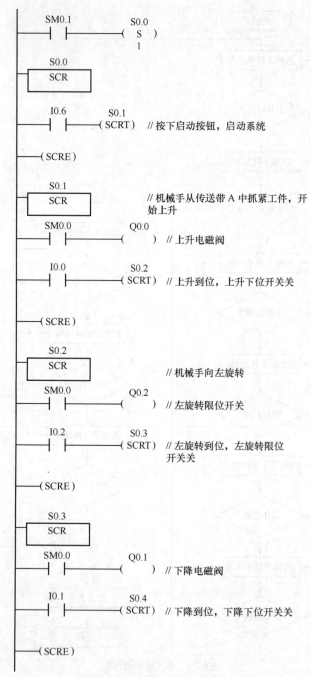

图8-22　控制系统梯形图程序（一）

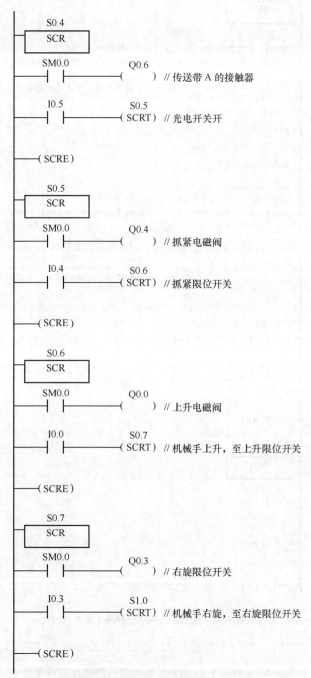

图8-23 控制系统梯形图程序（二）

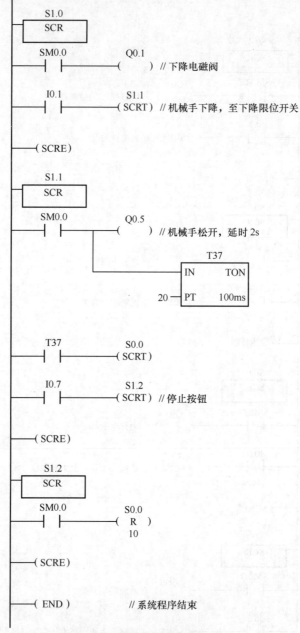

图8-24　控制系统梯形图程序（三）

与图 8-22 和图 8-23 所示的梯形图程序对应的语句表如表 8-4 所示。

表 8-4　　　　　　　与图 8-22 和图 8-23 所示的梯形图程序对应的语句表

命令	取址	命令	取址	命令	取址
LD	SM0.1	SCRT	S0.3	=	Q0.4
S	S0.0, 1	SCRE		LD	I0.4
LSCR	S0.0	LSCR	S0.3	SCRT	S0.6

续表

命令	取址	命令	取址	命令	取址
LD	I0.6	LD	SM0.0	SCRE	
SCRT	S0.1	=	Q0.1	LSCR	S0.6
SCRE		LD	I0.1	LD	SM0.0
LSCR	S0.1	SCRT	S0.4	=	Q0.0
LD	SM0.0	SCRE		LD	I0.0
=	Q0.0	LSCR	S0.4	SCRT	S0.7
LD	I0.0	LD	SM0.0	SCRE	
SCRT	S0.2	=	Q0.6	LSCR	S0.7
SCRE		LD	I0.5	LD	SM0.0
LSCR	S0.2	SCRT	S0.5	=	Q0.3
LD	SM0.0	SCRE		LD	I0.3
=	Q0.2	LSCR	S0.5	SCRT	S1.0
LD	I0.2	LD	SM0.0	SCRE	

与图 8-24 所示的梯形图程序对应的语句表如表 8-5 所示。

表 8-5　　　　　　　　　与图 8-24 所示的梯形图程序对应的语句表

命令	取址	命令	取址	命令	取址
LSCR	S1.0	LD	SM0.0	SCRE	
LD	SM0.0	=	Q0.5	LSCR	S1.2
=	Q0.1	TON	T37, 20	LD	SM0.0
LD	I0.1	LD	T37	R	S0.0, 10
SCRT	S1.1	SCRT	S0.0	SCRE	
SCRE		LD	I0.7	END	
LSCR	S1.1	SCRT	S1.2		

8.2.4　经验与建议

机械手控制系统在工业生产中应用广泛，需要一套完整且成熟的系统对其进行控制。本实例采用了 S7-200 系列 PLC 编写了一套机械手控制系统，主要完成机械手把工件从一个传送带上搬运到另一个传送带的控制任务，用到了多个限位开关和电磁阀。

本程序简单实用，通俗易懂，不仅能够应用到机械手的控制系统中，而且为电梯控制等需要限位开关和电磁阀的系统提供了重要的参考价值。

8.3　桥式起重机控制系统

在机械工业生产中桥式起重机的应用十分广泛，而随着自动化技术的进步与发展，对起重机的控制要求也越来越高，要求其加/减速、启动/制动过程平滑快速，且能进行频繁启/停操作。

桥式起重机是桥架式起重机的一种，它依靠升降机构和水平运动机构在两个相互垂直的方向运动,能在矩形场地及其上空完成操作,是各种生产企业广泛使用的一种起重运输设备。它具有承载能力大、可靠性高、结构相对简单等特点。随着经济建设的发展,用户对起重机的性能要求越来越高,早期的起重机已无法满足要求,因此需要对起重机的控制方式进行改进,以满足工业生产的需求。

本节从介绍桥式起重机的工作原理入手,进而详细介绍基于西门子 S7-200 系统 PLC 的桥式起重机控制系统。

8.3.1 系统概述

1. 桥式起重机

传统起重机的控制系统一般有 6 种调速方式,即直接启动电动机、改变电动机极对数调速、转子串电阻调速、涡流制动器调速、晶闸管串级调速、直流调速。前 4 种为有级调速,调速范围小,且只能在额定转速下调速。采用转子回路串电阻等方式进行调速,启动电流大,对电网冲击大,导致机械冲击频繁,振动剧烈,容易造成机械疲劳,导致意外事故发生。而采用无级调速可以较好地解决以上问题,如晶闸管串级调速,可实现无级调速,并减少启动/制动冲击,但其控制技术仍停留在模拟阶段,尚未实现实际应用。采用直流电动机也是一种较好的调速手段,但由于直流电动机制造工艺复杂、维护要求高、故障率高等缺点,应用较少。

早期的起重机采用接触器−继电器控制系统,由于频繁的动作和高压作用,经常会出现触点烧损的现象,电阻箱受工作环境的影响容易出现腐蚀、老化,造成频繁的事故。随着电力电子技术、计算机技术的迅速发展,变压变频调速技术(VVVF)和可编程控制器(PLC)已广泛应用于电气传动领域。目前有以下 3 种调速系统。

(1)直流驱动调速系统

该系统将给定模拟量转换成数字量,通过速度环、电流环到 SCR 移相触发的逻辑无环流调速,可用测速反馈或电压反馈。

(2)交流调速系统

这是国内普遍采用的一种调速方式,是利用绕线式转子串电阻调速,随着晶闸管定子调压、调速技术的发展,技术逐步成熟,已进入实际应用阶段。

(3)变频调速

大功率的 IGBT 模块使变频技术在升降设备中的控制成为可能,变频调速法现在有恒压频比控制、转差频率控制、矢量控制和直接转矩控制。

2. 桥式起重机控制系统的功能要求

桥式起重机用于大型物品的运输,主要涉及两个方面,即检测输入信号和控制输出。

(1)检测输入信号

① 操作按钮输入的检测。完成对人工操作台的输入按钮检测,主要的输入按钮有急停旋钮和启动按钮,大车运行、停止、加速及减速按钮,小车运行、停止、加速及减速按钮,升降机运行、停止、加速及减速按钮等。

② 限位开关的检测。限位开关一共包括 3 组:大车前进、后退限位开关,小车左移、右移限位开关,升降机上升、下降限位开关。

* 大车前进、后退限位开关主要用于检测大车的前后位置,防止大车运行超出允许范围。
* 小车左移、右移限位开关主要用于检测小车的左右位置,防止小车运行超出允许范围。
* 升降机上升、下降限位开关主要用于检测升降机的上下位置,防止升降机运行超出允许范围。

③ 变频器反馈值的检测。检测变频器的反馈值主要是为了防止溜钩现象的发生,在电磁

制动器抱住之前和松开之后，容易发生重物由停止状态下滑的现象，称为溜钩。之所以会出现溜钩现象是因为电磁制动器在从通电到断电或从断电到通电是需要时间的，大约是 0.6s（根据不同型号和大小改变），如果变频器较早停止输出，将很容易出现溜钩现象。溜钩现象的出现主要分为两种情况，其控制方法也分为以下两种。

- 重物悬空停止过程。设定一个停止频率，当变频器的工作频率下降至该频率时，变频器输出一个频率到达信号，发出启动电磁制动器运行的指令，然后延迟一段时间，该时间应略大于电磁制动器完全抱住重物所需时间，使电磁制动器抱住重物，最后将变频器工作频率减低到 0。

- 重物悬空启动过程。设定一个启动频率，当变频器工作频率上升至该频率时，暂停上升，变频器输出一个频率到达信号，发出停止电磁制动器运行的指令，然后延迟一段时间，该时间应略大于电磁制动器完全松开重物所需时间，使电磁制动器松开重物，变频器工作频率逐渐升高至所需频率。

（2）控制输出

控制输出主要有大车电动机的控制、小车电动机的控制、升降机的控制和电磁制动器的控制等。

① 大车电动机的控制。控制该电动机的运行方向、停止及加/减速，实现重物前后运输的需求。

② 小车电动机的控制。控制该电动机的运行方向、停止及加/减速，实现重物左右运输的需求。

③ 升降机的控制。控制该电动机的运行方向、停止及加/减速，实现重物上下运输的需求。

④ 电磁制动器的控制。控制电磁制动器的运行和停止，用于辅助控制重物的停止。

3. 桥式起重机的结构

桥式起重机是工业生产过程中一个重要的运输环节，一台效率高、可靠性高的桥式起重机将会使工厂生产效率大大提高。桥式起重机的主要表现形式分为以下两种。

（1）机械结构组成

桥式起重机一般由桥架金属结构、桥架运行机构和电气控制结构三部分组成，运行机构一般包括大车运行机构、小车运行机构和升降机运行机构；电气控制系统包括一些电缆、电气柜等设备以及一些保护装置。机械结构组成示意图如图 8-25 所示。

① 大车运行机构。大车运行机构采用两台电动机、一台变频器进行控制。由于大车运行机构的工作频率较小，因此采用一台变频器控制两台电动机以节约成本。变频器的选择以所选电动机的额定功率为根据，通常选额定功率大一级的变频器，其控制电路示意图如图 8-26 所示。

图 8-25 机械结构组成示意图

② 小车运行机构。小车运行机构采用一台电动机单独驱动、一台变频器进行控制。变频器的选择以所选电动机的额定功率为根据，通常选额定功率大一级的变频器，采用 *V/f* 控制方式，其刹车方式与大车运行机构相同，可采用自由停车的方式，其控制电路示意图如图 8-26 所示。

③ 升降机运行机构。升降机运行机构采用一台电动机单独驱动、一台专用的变频器进行重物提升控制。运行机构的启动要求迅速、平稳，同时电气制动方式可采用外接刹车电阻，其控制电路示意图如图 8-27 所示。

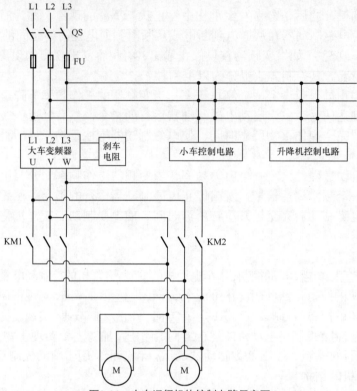

图8-26 大车运行机构控制电路示意图

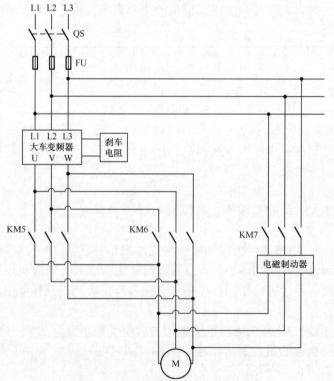

图8-27 升降机运行机构控制电路示意图

（2）电气控制系统

电气控制系统主要包括操作面板和电气控制柜等单元。在该系统中需要检测较多的数字输入量，根据设定的程序进行数据处理后，输出控制信号，因此系统的操作面板与电气控制柜各自独立，其示意图如图 8-28 所示。

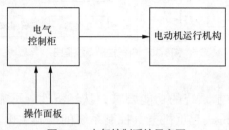

图8-28 电气控制系统示意图

4. 桥式起重机的工作原理

（1）控制系统总体框图

桥式起重机控制系统的总体框图如图 8-29 所示，PLC 为核心控制器，通过检测操作面板的输入、各个限位开关的输入，完成相关设备的运行、停止和调速控制。

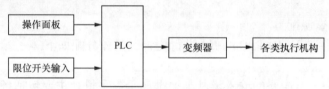

图8-29 桥式起重机控制系统的总体框图

（2）工作过程

在启动状态下，各类设备的控制应根据操作面板上的按钮输入来控制，升降机在启动和停止时，通过检测变频器输出的频率，控制电磁制动器的运行，其工作过程如下。

① 接通电源，启动系统。

② 按下大车运行按钮，大车启动，通过加速、减速按钮改变大车速度。

③ 按下小车运行按钮，小车启动，通过加速、减速按钮改变小车速度。

④ 按下升降机运行按钮，升降机启动，通过加速、减速按钮改变升降机速度。当需要重物悬停半空时，减小变频器输出频率，直到设定值，频率停止下降，启动电磁制动器，将重物抱住，防止溜钩现象；当重物需从半空开始上升或下降时，增加变频器的输出频率，到达某设定值时，频率停止上升，停止电磁制动器工作，松开重物，变频器输出频率持续增加到所需值。

8.3.2 硬件配置方法

前面介绍了桥式起重机控制系统的机械结构及相关设备，根据工作原理和控制系统的功能要求，本节主要介绍如何设计桥式起重机控制系统和所需的各种硬件设备的连接方式。电气控制系统框图如图 8-30 所示，在此控制系统中核心控制器是 PLC，其输入和输出量都为数字量，变频器的控制采用 RS-485 通信。

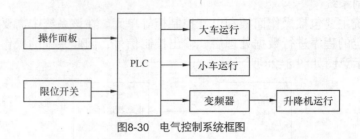

图8-30 电气控制系统框图

1. PLC 选型

根据桥式起重机电气控制系统的功能要求，从经济性、可靠性等方面来考虑，选择西门子 S7-200 系列 PLC 作为桥式起重机电气控制系统的控制主机。由于桥式起重机电气控制系统涉及较多的输入/输出端口，其控制过程相对简单，因此采用 CPU224 作为该控制系统的主机。

在桥式起重机电气控制系统中使用的数字量输入点比较多，因此除了 PLC 主机自带的 I/O 外，还需扩展一定数量的 I/O 扩展模块。在此采用 EM223 I/O 混合扩展模块，16 点 DC 输入/16 点 DC 输出型，可以满足控制系统输入点的要求。输出点有较多空闲，能为后期扩展功能提供硬件条件。

2. PLC 的 I/O 资源配置

根据系统的功能要求，对 PLC 的 I/O 进行配置，具体分配如下。

（1）数字量输入部分

在此控制系统中，所需要的输入量基本上都属于数字量，主要包括各种控制按钮、旋钮和各种限位开关，共有 26 个输入点，具体的分配如表 8-6 所示。

表 8-6　　　　　　　　　系统数字量输入地址分配

输入地址	输入设备	输入地址	输入设备
I0.0	急停	I1.5	重物下降
I0.1	启动	I1.6	重物加速
I0.2	大车前进	I1.7	重物减速
I0.3	大车后退	I2.0	重物停止
I0.4	大车加速	I2.1	大车前进限位
I0.5	大车减速	I2.2	大车后退限位
I0.6	大车停止	I2.3	小车左移限位
I0.7	小车左移	I2.4	小车右移限位
I1.0	小车右移	I2.5	重物上升限位
I1.1	小车加速	I2.6	重物下降限位
I1.2	小车减速	I2.7	大车变频器复位
I1.3	小车停止	I3.0	小车变频器复位
I1.4	重物上升	I3.1	升降机变频器复位

（2）数字量输出部分

在此控制系统中，主要输出量基本上都属于数字量，包括各种限位器、电动机等，共有 7 个输出点，具体的分配如表 8-7 所示。

表 8-7　　　　　　　　　　　　系统数字量输出地址分配

输出地址	输出设备	输出地址	输出设备
Q0.0	大车正向运行接触器	Q0.4	升降机正向运行接触器
Q0.1	大车反向运行接触器	Q0.5	升降机反向运行接触器
Q0.2	小车正向运行接触器	Q0.6	电磁制动器
Q0.3	小车反向运行接触器		

根据控制系统的功能要求及系统的输入和输出情况，设计出桥式起重机控制系统的硬件接线图，如图 8-31 所示，此控制面板上的按钮全部为手动控制方式。

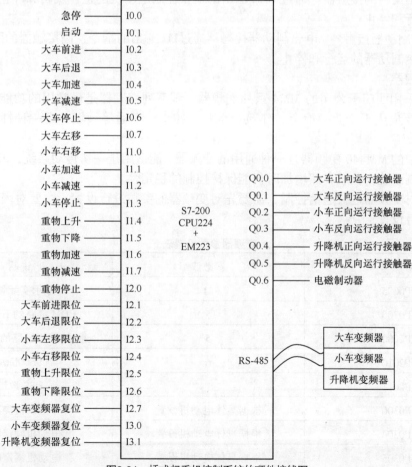

图8-31　桥式起重机控制系统的硬件接线图

3. 其他资源配置

要完成系统的控制功能除了需要 PLC 主机及其扩展模块之外，还需要各种限位开关、接触器和变频器等仪器设备。

（1）接触器

在起重机控制系统中，所有设备的运行都不是连续的，而是根据控制面板上的按钮情况来进行动作的，因此需要 PLC 根据当前的工作情况及按钮来控制所有设备的启/停，共需要 4 个接触器，即大车电动机接触器、小车电动机接触器、升降机电动机接触器、电磁制动器接触器。

① 大车电动机接触器。大车电动机接触器包括两个部分：一个是控制正转的接触器，另一个是控制反转的接触器。通过 PLC 输出的指令控制电动机的正、反转和停止，从而控制大车的运行和停止。

② 小车电动机接触器。小车电动机接触器包括两个部分：一个是控制正转的接触器，另一个是控制反转的接触器。通过 PLC 输出的指令控制电动机的正、反转和停止，从而控制小车的运行和停止。

③ 升降机电动机接触器。升降机电动机接触器包括两个部分：一个是控制正转的接触器，另一个是控制反转的接触器。通过 PLC 输出的指令控制电动机的正、反转和停止，从而控制升降机的运行和停止。

④ 电磁制动器接触器。电磁制动器接触器通过PLC输出的指令控制接触器的断开和闭合，从而控制电磁制动器的运行和停止。

（2）变频器

本系统采用西门子公司的 MM4 系列变频器，该系列变频器是最常用的功能较强的一种变频器，主要应用于工业、冶金、建筑、水利、纺织、交通等领域，是一种性价比较高的变频器。

本系统中的 MM440 变频器是一种通用的变频器，能适用于一切传动系统，采用了现代先进的矢量控制系统，负载突然增加时仍能保持控制的稳定性。

如果要对变频器进行通信控制，需要先对变频器的参数进行设置，主要对表 8-8 所示的几个参数进行设置。

表 8-8　　　　　　　　　　　　　　变频器参数设置表

参数号	参数值	说明
P0005	21	显示实际频率
P0700	5	COM 链路的 USS 设置
P1000	5	通过 COM 链路的 USS 设定
P2010	6	9600bit/s
P2011	1	USS 地址
P0300	根据具体电动机设置	电动机类型
P0304	根据具体电动机设置	电动机额定电压
P0305	根据具体电动机设置	电动机额定电流
P0310	根据具体电动机设置	电动机额定功率
P0311	根据具体电动机设置	电动机额定转速

本系统中的 3 个变频器都采用通信控制，对不同的变频器进行控制时，只需要将这 3 个变频器进行地址编号。在程序控制当中，通过对不同地址的变频器发送控制命令，实现对不同变频器的控制，即对于控制不同设备的变频器，只要改变参数 P2011 中的值即可。在本系统中，控制大车变频器的地址为 1，控制小车变频器的地址为 2，控制升降机变频器的地址为 3。

（3）限位开关

本系统共用到了 6 个限位开关，即前进限位开关、后退限位开关、左移限位开关、右移限位开关、上升限位开关、下降限位开关。限位开关主要是用来控制设备运动过程中的停止时刻和位置。

① 大车前进限位开关。前进限位开关用于控制大车向前运动时的位置，防止大车向前运动超出范围。事先在纵向轨道一端的合适位置安装好限位开关，当大车向前运动时，如果未进行停车操作，当接触到轨道前方的限位开关时，PLC 控制大车停止运行。

② 大车后退限位开关。后退限位开关用于控制大车向后运动时的位置，防止大车向后运动超出范围。事先在纵向轨道一端的合适位置安装好限位开关，当大车向后运动时，如果未进行停车操作，当接触到轨道后方的限位开关时，PLC 控制大车停止运行。

③ 小车左移限位开关。左移限位开关用于控制小车向左运动时的位置，防止小车向左运动超出范围。事先在横向轨道一端的合适位置安装好限位开关，当小车向左运动时，如果未进行停车操作，当接触到轨道左边的限位开关时，PLC 控制小车停止运行。

④ 小车右移限位开关。右移限位开关用于控制小车向右运动时的位置，防止小车向右运动超出范围。事先在横向轨道一端的合适位置安装好限位开关，当小车向右运动时，如果未进行停车操作，当接触到轨道右边的限位开关时，PLC 控制小车停止运行。

⑤ 重物上升限位开关。上升限位开关用于控制升降机向上运动时的位置，防止升降机向上运动超出范围。事先在工作台上端的合适位置安装好限位开关，当升降机向上运动时，如果未进行停车操作，当接触到工作台上端的限位开关时，PLC 控制升降机停止运行。

⑥ 重物下降限位开关。下降限位开关用于控制升降机向下运动时的位置，防止升降机向下运动超出范围。事先在工作台下端的合适位置安装好限位开关，当升降机向下运动时，如果未进行停车操作，当接触到工作台下端的限位开关时，PLC 控制升降机停止运行。

8.3.3 软件设计方法

在完成硬件设计的基础上，就可以根据起重机的控制要求，进行软件设计。软件设计采用自上而下的设计方法，需要先设计出控制系统的总体流程图，根据具体的控制要求，逐步细化控制框图，然后完成每个功能模块的设计，最后进行编译、调试和修改。

1. 总体流程设计

根据系统的要求，控制过程全部在人工控制下运行，每个设备可单独运行也可同时运行，以测试设备的性能，桥式起重机控制系统总体流程图如图 8-32 所示。

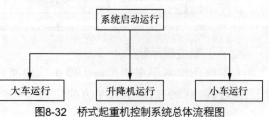

图8-32 桥式起重机控制系统总体流程图

可以通过按钮对大车、小车和升降机进行启/停控制操作，并且可以通过按钮增大或减小变频器的频率来改变其速度，以检测调速性能。

（1）大车控制系统

　　人工操作控制大车的运行、停止、加速及减速，按下启动按钮后，系统开始上电工作，其工作过程包括以下几个方面。

　　① 通过按钮控制大车的运行。

　　② 通过按钮控制大车的停止。

　　③ 通过按钮控制大车的加速。

　　④ 通过按钮控制大车的减速。

　　⑤ 前进限位开关防止大车向前运行超出范围。

　　⑥ 后退限位开关防止大车向后运行超出范围。

　　以上工作过程并不是顺序控制方式，而是按照 PLC 检测到的按钮状态进行操作的，大车控制系统流程图如图 8-33 所示。

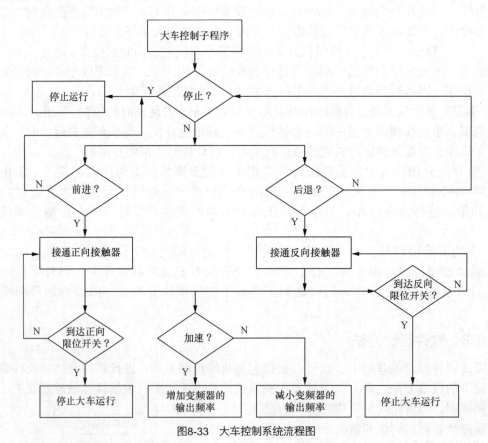

图8-33　大车控制系统流程图

（2）小车控制系统

　　人工操作控制小车的运行、停止、加速和减速，按下启动按钮后，系统开始上电工作，其工作过程主要包括以下几个方面。

① 通过按钮控制小车的运行。

② 通过按钮控制小车的停止。

③ 通过按钮控制小车的加速。

④ 通过按钮控制小车的减速。

⑤ 左移限位开关防止小车向左运行超出范围。

⑥ 右移限位开关防止小车向右运行超出范围。

以上工作过程也不是顺序控制方式，同样是按照 PLC 检测到的按钮状态进行操作的，小车控制系统流程图如图 8-34 所示。

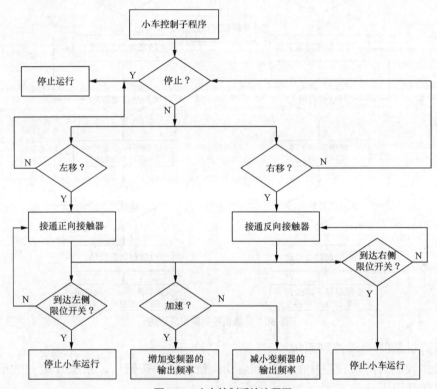

图8-34　小车控制系统流程图

（3）升降机控制系统

人工操作控制升降机的运行、停止、加速及减速，按下启动按钮后，系统开始上电工作，其工作过程主要包括以下几个方面。

① 通过按钮控制升降机的运行。

② 通过按钮控制升降机的停止。

③ 通过按钮控制升降机的加速。

④ 通过按钮控制升降机的减速。

⑤ 上升限位开关防止升降机向上运行超出范围。

⑥ 下降限位开关防止升降机向下运行超出范围。

以上工作过程不是顺序控制方式，而是按照 PLC 检测到的按钮状态进行操作的，升降机控制系统流程图如图 8-35 所示。

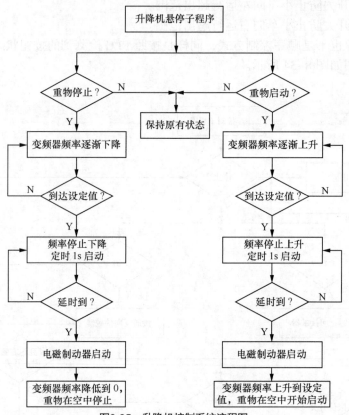

图8-35 升降机控制系统流程图

（4）升降机悬停/启动控制系统

人工操作控制升降机在空中的停止和启动，按下启动按钮后，系统开始上电工作，其工作过程主要包括以下几个方面。

① 重物停止时，变频器频率逐渐降低，下降至某设定值后，停止下降，启动定时器。

② 定时到，启动电磁制动器。

③ 电磁制动器启动后，变频器频率降低至 0Hz。

④ 重物启动时，变频器频率逐渐升高，上升至某设定值后，停止上升，启动定时器。

⑤ 定时到，启动电磁制动器。

⑥ 电磁制动器启动后，变频器频率逐渐上升，重物在空中启动。

以上工作过程不是顺序控制方式，而是按照 PLC 检测到的按钮状态进行操作的，升降机悬停/启动控制系统流程图如图 8-36 所示。

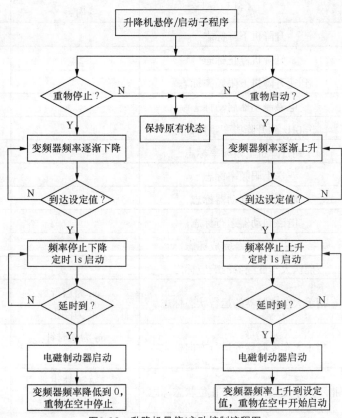

图8-36 升降机悬停/启动控制流程图

2. 各个模块梯形图设计

在设计程序过程中，会使用到许多寄存器、中间继电器、定时器等元件，为了便于编程及修改，在程序编写前应先列出可能用到的元件，如表 8-9 所示。

表 8-9 元件设置

元件	意义	内容	备注
M0.0	起重机停止标志		on 有效
M0.1	起重机启动标志		on 有效
M0.2	起重机电磁制动器启动标志		on 有效
M0.3	大车电动机正转启动标志		on 有效
M0.4	大车电动机反转启动标志		on 有效
M0.5	大车停止标志		on 有效
M0.6	小车电动机正转标志		on 有效
M0.7	小车电动机反转标志		on 有效
M1.0	小车停止标志		on 有效
M1.1	升降机上升标志		on 有效

续表

元件	意义	内容	备注
M1.2	升降机下降标志		on 有效
M1.3	升降机停止标志		on 有效
M2.0	到达升降机下限频率标志		on 有效
M2.1	电磁制动器启动标志		on 有效
M2.2	送 0Hz 到升降机变频器标志		on 有效
M2.3	到升降机上限频率标志		on 有效
M2.4	送上限频率标志		on 有效
M2.5	断开电磁制动器标志		on 有效
M3.0	电磁制动器运行标志		on 有效
M4.0	USS_INT 指令完成标志		on 有效
M4.1	确认大车变频器的响应标志		on 有效
M4.2	指示大车变频器的运行状态标志	on 为运行 off 为停止	
M4.3	指示大车变频器的运行方向标志	on 为逆时针 off 为顺时针	
M4.4	指示大车变频器上的禁止位状态标志	on 为禁止 off 为不禁止	
M4.5	指示大车变频器故障位状态标志	on 为故障 off 为无故障	
M5.0	USS_INT 指令完成标志		on 有效
M5.1	确认小车变频器的响应标志		on 有效
M5.2	指示小车变频器的运行状态标志	on 为运行 off 为停止	
M5.3	指示小车变频器的运行方向标志	on 为逆时针 off 为顺时针	
M5.4	指示小车变频器上的禁止位状态标志	on 为被禁止 off 为不禁止	
M5.5	指示小车变频器故障位状态标志	on 为故障 off 为无故障	
M6.0	USS_INT 指令完成标志		on 有效
M6.1	确认升降机变频器的响应标志		on 有效
M6.2	指示升降机变频器的运行状态标志	on 为运行 off 为停止	

续表

元件	意义	内容	备注
M6.3	指示升降机变频器的运行方向标志	on 为逆时针 off 为顺时针	
M6.4	指示升降机变频器上的禁止位状态标志	on 为被禁止 off 为不禁止	
M6.5	指示升降机变频器故障位状态标志	on 为故障 off 为无故障	
T37	频率降低定时器		
T38	频率升高定时器		
VD10	下降频率阈值寄存器		
VD20	上升频率阈值寄存器		
VD30	大车频率寄存器		
VD40	小车频率寄存器		
VD50	升降机频率寄存器		
VD60	升降机频率反馈值寄存器		
VB400	USS_INT 指令执行结果		
VB402	USS_CTRL 错误状态字节		
VB404	大车变频器返回的状态字原始值		
VB406	大车全速度百分值的变频速度	−200% ~ 200%	
VB500	USS_INT 指令执行结果		
VB502	USS_CTRL 错误状态字节		
VB504	小车变频器返回的状态字原始值		
VB506	小车全速度百分值的变频速度	−200% ~ 200%	
VB600	USS_INT 指令执行结果		
VB602	USS_CTRL 错误状态字节		
VW604	升降机变频器返回的状态字原始值		
VD606	升降机全速度百分值的变频速度	−200% ~ 200%	

（1）大车控制程序

系统上电后，通过控制面板上的按钮控制大车的运行，大车控制梯形图程序如图 8-37 所示，所对应的语句表如表 8-10 所示。

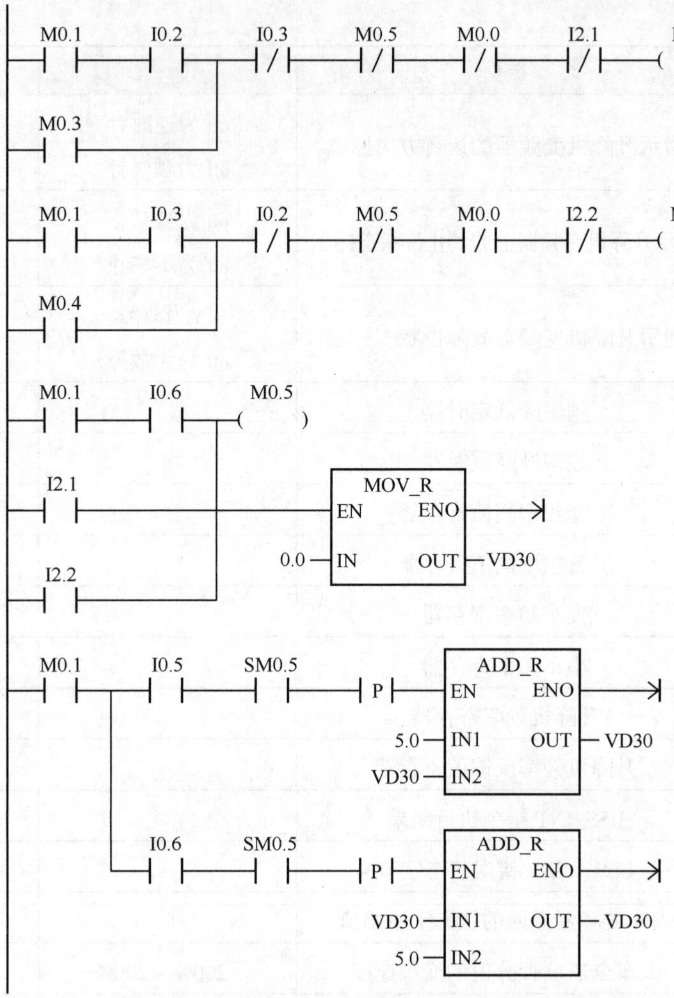

图8-37　大车控制梯形图程序

表 8-10　　　　　　　　　与图 8-37 所示的梯形图程序对应的语句表

语句表		注释	语句表		注释
LD	M0.1	起重机启动标志	A	I0.6	大车停止按钮
A	I0.2	大车前进按钮	O	I2.1	
O	M0.3		O	I2.2	
AN	I0.3	大车后退按钮	=	M0.5	
AN	M0.5	大车停止标志	MOV_R	0.0, VD30	大车变频器输出频率置 0
AN	M0.0	起重机停止标志	LD	M0.1	
AN	I2.1	大车前进限位开关	LPS		
=	M0.3	大车电动机正转标志	A	I0.5	大车电动机加速按钮
LD	M0.1		A	SM0.5	周期为 1s 的时钟脉冲
A	I0.3		EU		

续表

语句表		注释	语句表		注释
O	M0.4	大车后退按钮	+R	5.0，VD30	在每个上升沿速度增加5%
AN	I0.2	大车前进按钮	LPP		
AN	M0.5		A	I0.6	大车电动机减速按钮
AN	M0.0		A	SM0.5	
AN	I2.2	大车后退限位开关	EU		
=	M0.4	大车电动机反转标志	–R	5.0，VD30	在每个上升沿速度减少5%
LD	M0.1				

（2）小车控制程序

系统上电后，通过控制面板上的按钮控制小车的运行，小车控制梯形图程序如图 8-38 所示，所对应的语句表如表 8-11 所示。

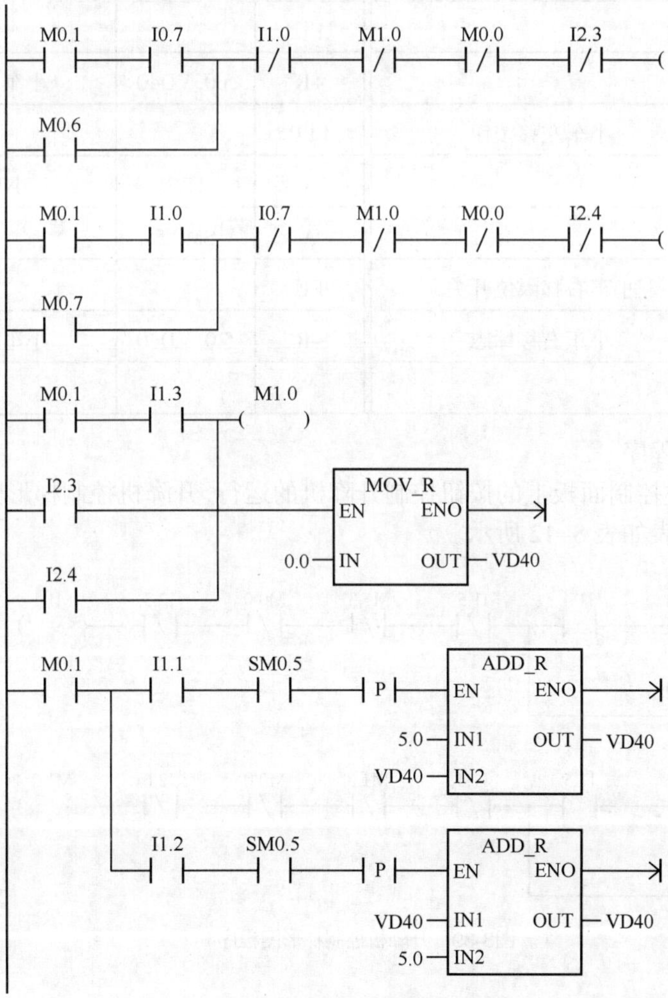

图8-38 小车控制梯形图程序

241

表 8-11　　　　　　　　　　　　与图 8-38 所示的梯形图程序对应的语句表

语句表		注释	语句表		注释
LD	M0.1		A	I1.3	小车停止按钮
A	I0.7	小车左移按钮	O	I2.3	
O	M0.6		O	I2.4	
AN	I1.0	小车右移按钮	=	M1.0	小车停止标志
AN	M1.0	小车停止标志	MOV_R	0.0, VD40	小车变频器输出频率置 0
AN	M0.0		LD	M0.1	
AN	I2.3	小车左移限位开关	LPS		
=	M0.6	小车电动机正转标志	A	I1.1	小车加速按钮
LD	M0.1		A	SM0.5	
A	I1.0		EU		
O	M0.7		+R	5.0, VD40	小车速度增加 5%
AN	I0.7	小车左移按钮	LPP		
AN	M1.0		A	I1.2	小车减速按钮
AN	M0.0		A	SM0.5	
AN	I2.4	小车右移限位开关	EU		
=	M0.7	小车右移标志	−R	5.0, VD40	小车速度减少 5%
LD	M0.1				

（3）升降机控制程序

系统上电后,通过控制面板上的按钮控制升降机的运行,升降机控制梯形图程序如图 8-39 所示, 所对应的语句表如表 8-12 所示。

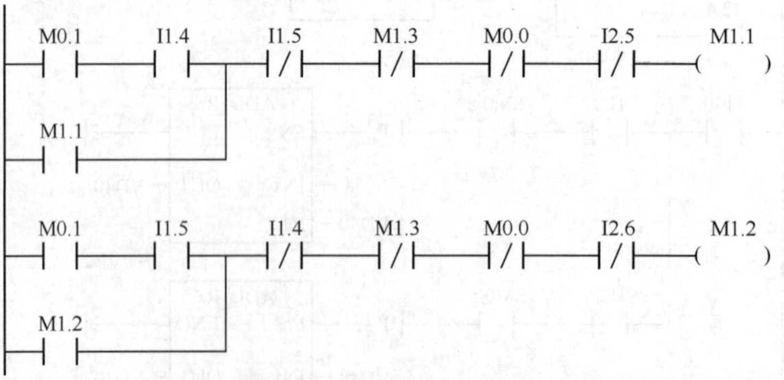

图8-39　升降机控制梯形图程序

242

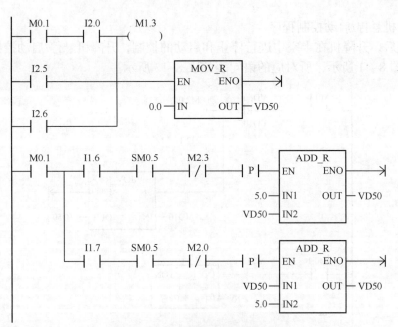

图8-39 升降机控制梯形图程序（续）

表 8-12 　　　　　　　　　与图 8-39 所示的梯形图程序对应的语句表

语句表		注释	语句表		注释
LD	M0.1		O	I2.5	
A	I1.4	重物上升按钮	O	I2.6	
O	M1.1		=	M1.3	重物停止标志
AN	I1.5	重物下降按钮	MOV_R	0.0, VD50	升降机变频器输出频率置 0
AN	M1.3	升降机停止标志	LD	M0.1	
AN	M0.0		LPS		
AN	I2.5	重物上升限位开关	A	I1.6	升降机加速按钮
=	M1.1	重物上升标志	A	SM0.5	
LD	M0.1		AN	M2.3	到升降机上限频率标志
A	I1.5		EU		
O	M1.2		+R	5.0, VD50	升降机速度增加 5%
AN	I1.4		LPP		
AN	M1.3		A	I1.7	升降机减速按钮
AN	M0.0		A	SM0.5	
AN	I2.6	重物上升限位开关	EU		
=	M1.2	重物下降标志	*R	5.0, VD50	
LD	M0.1		+R	5.0, VD50	升降机速度减少 5%
A	I2.0	重物停止标志			

（4）升降机悬停/启动控制程序

系统上电后，升降机在半空中进行停止和启动的控制，升降机悬停/启动控制梯形图程序如图 8-40 和图 8-41 所示，所对应的语句表如表 8-13 所示。

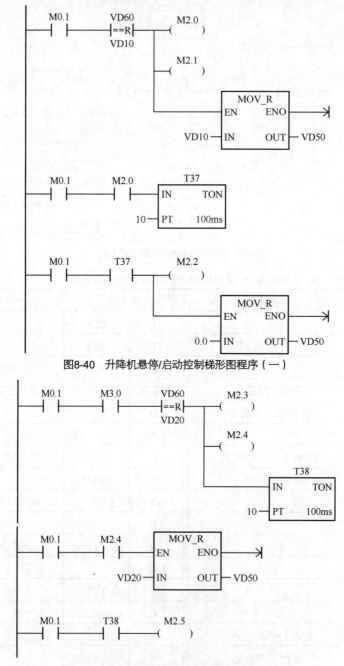

图8-40　升降机悬停/启动控制梯形图程序（一）

图8-41　升降机悬停/启动控制梯形图程序（二）

表 8-13　　　　　与图 8-40 和图 8-41 所示的梯形图程序对应的语句表

语句表		注释	语句表		注释
LD	M0.1		LD	M0.1	
AR=	VD60, VD10	升降机速度降至设定值	A	M3.0	
=	M2.0		AR=	VD60, VD20	升降机速度升至设定值
=	M2.1	电磁制动器启动标志	=	M2.3	升降机速度升至设定值标志
MOV_R	VD10, VD50	将下降频率阈值送入变频器	=	M2.4	
LD	M0.1		TON	T38, 10	升降机速度升至设定值后延时
A	M2.0		LD	M0.1	
TON	T37, 10	升降机速度降至设定值后延时	A	M2.4	
LD	M0.1		MOV_R	VD20, VD50	升降机变频器输出值设定值
A	T37		LD	M0.1	
=	M2.2	升降机估计速度降至 0 标志	A	T38	
MOV_R	0.0, VD50	升降机变频器输出频率置 0	=	M2.5	时间到,松开电磁制动器

（5）大车变频器控制程序

大车变频器控制通信梯形图程序如图 8-42 所示,所对应的语句表如表 8-14 所示。

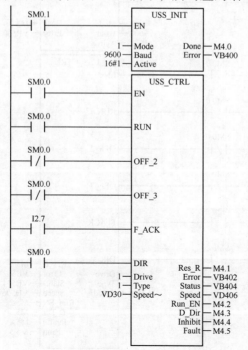

图8-42　大车变频器控制通信梯形图程序

表 8-14　　　　　　　　　　　　与图 8-42 所示的梯形图程序对应的语句表

语句表		注释	语句表		注释
LD	SM0.1	Mode=1 表示使用 USS 协议，波特率为 9600bit/s，变频器地址为 1	LDN	SM0.0	
CALL	USS_INIT, 1, 9600, 16#01, M4.0, VB400		=	L63.5	
LD	SM0.0		LD	I2.7	
=	L60.0		=	L63.4	
LD	SM0.0		LD	SM0.0	
=	L63.7		=	L63.3	
LD	SM0.0		LD	L60.0	
=	L63.6		CALL	USS_CTRL, L63.7, L63.6, L63.5, L63.3, 1, 1, VD30, M4.1, VB402, VB404, VD406, M4.2, M4.3, M4.4, M4.4	Drive=1 表示变频器地址为 1，Type=1 表示所使用的变频器是 MM4 系列，Speed=VD30 表示变频器的速度百分比

（6）小车变频器控制程序

小车变频器控制通信梯形图程序如图 8-43 所示，所对应的语句表如表 8-15 所示。

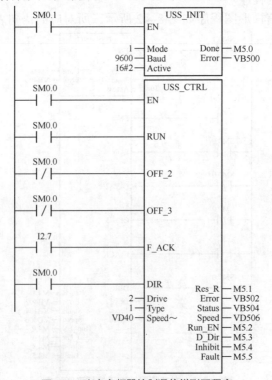

图8-43　小车变频器控制通信梯形图程序

表 8-15　　　　　　　　　与图 8-43 所示的梯形图程序对应的语句表

语句表		注释	语句表		注释
LD	SM0.1		LDN	SM0.0	
CALL	USS_INIT, 1, 9600, 16#02, M5.0, VB500	Mode=1 表示使用 USS 协议, 波特率为 9600bit/s, 变频器地址为 2	=	L63.5	
LD	SM0.0		LD	I2.7	
=	L60.0		=	L63.4	
LD	SM0.0		LD	SM0.0	
=	L63.7		=	L63.3	
LD	SM0.0		LD	L60.0	
=	L63.6		CALL	USS_CTRL, L63.7, L63.6, L63.5, L63.3, 2, 1, VD40, M5.1, VB502, VB504, VD506, M5.2, M5.3, M5.4, M5.4	Drive=2 表示变频器地址为 2, Type=1 表示所使用的变频器是 MM4 系列, Speed=VD40 表示变频器的速度百分比

（7）升降机变频器控制程序

升降机变频器控制通信梯形图程序如图 8-44 所示，所对应的语句表如表 8-16 所示。

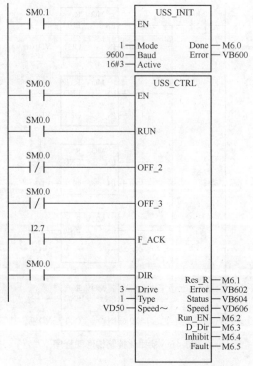

图8-44　升降机变频器控制通信梯形图程序

表 8-16   与图 8-44 所示的梯形图程序对应的语句表

语句表		注释	语句表		注释
LD	SM0.1		LDN	SM0.0	
CALL	USS_INIT, 1, 9600, 16#03, M6.0, VB600	Mode=1 表示使用 USS 协议，波特率为 9600bit/s，变频器地址为 3	=	L63.5	
LD	SM0.0		LD	I2.7	
=	L60.0		=	L63.4	
LD	SM0.0		LD	SM0.0	
=	L63.7		=	L63.3	
LD	SM0.0		LD	L60.0	
=	L63.6		CALL	USS_CTRL, L63.7, L63.6, L63.5, L63.3, 3, 1, VD50, M6.1, VB602, VB604, VD606, M6.2, M6.3, M6.4, M6.4	Drive=3 表示变频器地址为 3，Type=1 表示所使用的变频器是MM4系列，Speed=VD50 表示变频器的速度百分比

（8）其他功能控制程序

① 初始化控制程序。初始化控制梯形图程序如图 8-45 所示，所对应的语句表如表 8-17 所示。

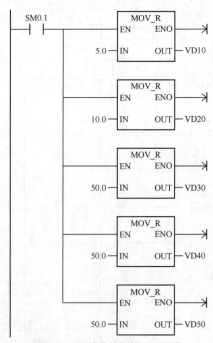

图8-45 初始化控制梯形图程序

表 8-17　　　　　　　　与图 8-45 所示的梯形图程序对应的语句表

语句表		注释	语句表		注释
LD	SM0.1	初始化脉冲	MOV_R	50.0, VD30	设置大车频率初始值
MOV_R	5.0, VD10	设置下降频率阈值	MOV_R	50.0, VD40	设置小车频率初始值
MOV_R	10.0, VD20	设置上升频率阈值	MOV_R	50.0, VD50	设置升降机频率初始值

② 系统启动/停止控制程序。系统启动/停止控制梯形图程序如图 8-46 所示，所对应的语句表如表 8-18 所示。

③ 电磁阀运行/停止控制程序。电磁阀运行/停止控制梯形图程序如图 8-47 所示，所对应的语句表如表 8-19 所示。

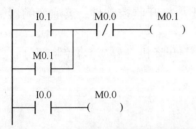

图8-46　系统启动/停止控制梯形图程序

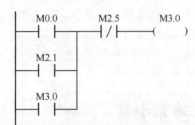

图8-47　电磁阀运行/停止控制梯形图程序

表 8-18　　　　　　　　与图 8-46 所示的梯形图程序对应的语句表

语句表		注释	语句表		注释
LD	I0.1	起重机启动按钮	=	M0.1	起重机启动标志
O	M0.1		LD	I0.0	起重机停止按钮
AN	M0.0		=	M0.0	起重机停止标志

表 8-19　　　　　　　　与图 8-47 所示的梯形图程序对应的语句表

语句表		注释	语句表		注释
LD	M0.0		AN	M2.5	
O	M2.1		=	M3.0	电磁阀运行标志
O	M3.0				

8.3.4　经验与建议

本节介绍了桥式起重机控制系统的设计过程，此控制系统采用了西门子 S7-200 系列 PLC 中的 CPU224 作为核心控制设备，通过读取变频器的实际输出频率，与设定值进行比较，进而控制电磁制动器的运行与停止，防止溜钩现象的出现。

在进行工程应用设计时，往往由于考虑不足或经验不足等原因，造成设计出来的系统不能完全满足控制要求，需要注意事项的主要来自硬件设计和软件设计两个方面。

1. 硬件方面

硬件方面需要注意结构设计和 PLC 的硬件连接两个部分。

结构设计方面，主要考虑的是整体结构的设计，如各种系统的组合甚至每个设备的安置，如何选用电动机，选用什么类型的电动机及电动机的功率，以及如何选择变频器及其容量等，都需要设计者有大量的工程实践经验。

PLC 连线方面，本控制系统的连线比较多，尤其是控制面板部分，由于手动操作是控制系统的主操作方式，因此需要更加仔细地检查按钮的连接情况。相对于结构设计，控制系统的软件设计更加简单。

2. 软件方面

本控制系统使用了多台 MM4 系列变频器，采用 RS-485 通信，因此在软件设计时应特别注意。

首先要仔细阅读技术手册和使用说明，了解多台变频器的控制方式，否则会因为一些默认的参数设置而导致控制过程无法实现。

通过硬件模拟观察 PLC 输入/输出指示灯的状态，打开监控软件，读取变频器输出端的电压、电流等相关数值，观察是否达到变频器的效果。

在程序编写方面，相关功能要实现模块化，对于升降机悬停/启动控制部分，要注意溜钩现象的出现。

8.4　本章小结

本章通过 3 个实例说明了 S7-200 系列 PLC 在机电控制系统中的应用。其中应重点掌握以下几点内容。

① 通过分拣传输控制系统的设计，应掌握 S7-200 系列 PLC 的输入/输出扩展模块及各类限位开关的应用。

② 通过机械手控制系统的设计，应掌握 S7-200 系列 PLC 的限位开关及各种电磁阀的应用。

③ 通过桥式起重机控制系统的设计，应掌握 S7-200 系列 PLC 变频器的应用等内容。

第9章 S7-200 系列 PLC 在日常生活和工业生产中的应用实例

PLC 在日常生活和工业生产中的应用极其广泛，尤其是在恶劣的工业生产环境下，PLC 是其他控制器所不可替代的。而西门子 S7-200 系列 PLC 具有非常高的可靠性，能适应强电磁干扰、高温度及高湿度的环境，在工业生产和日常生活中应用非常广泛。

9.1 自动售货机控制系统

地理位置的限制、人工的费用及时间的差异给人们的购物造成了一定的限制，为了方便人们的生产生活，自动售货机便出现在人们的生活中，自动售货机是自动化时代的产物。自动售货机可以长时间不间断工作，占地面积小，维修方便，无须人工监守，主要集中在地铁、学校、车站等人员密集的地方。相对于中国人口较大的购买消费能力，自动售货机在中国市场有很大的发展应用空间。

本系统的目的是设计一个基于西门子 S7-200 系列 PLC 的可靠性强、方便快捷的自动售货机，该售货机可以自动辨别若干种饮料，并对投币币值进行累计，根据币值选择商品。

9.1.1 系统概述

自动售货机作为一种便于人们日常生活的产物，在正常的使用过程中，需要满足以下要求。

① 自动售货机有两种类型的投币口，分别为 1 元硬币投币口，5 元、10 元纸币投币口。

② 售货机共有 6 种饮料供选择，饮料种类如下：康师傅矿泉水（1 元）、农夫山泉（2 元）、可口可乐（3 元）、果汁（3 元）、佳得乐（4 元）和雀巢咖啡（5 元）。投币总量等于或大于商品价格时，对应商品指示灯亮，表示可以选择该商品。

③ 按下要买的食品按钮，则相对应的指示灯闪烁，自动售货机开始动作，将饮料吐出。

④ 动作停止后余额会显示在 7 段数码管上。

⑤ 当对应商品售光时，对应红灯亮。

⑥ 按退币钮，则可以退出余额，交易完成。

本次设计的自动售货机板面如图 9-1 所示，商品展示窗内有 6 种饮料，每种饮料对应有选择按钮、一个红色指示灯和一个绿色指示灯；展示窗右侧是一个硬币投放口和一个纸币投放口，下方是两个找零按钮和一个退币口；出货口位于整体下方。

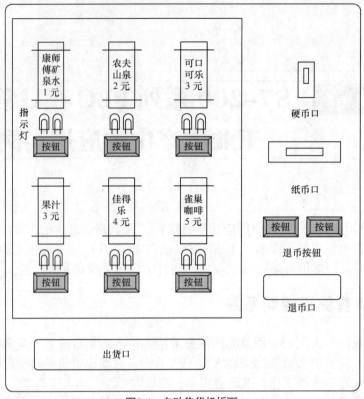

图9-1　自动售货机板面

9.1.2　系统硬件设计

在自动售货机控制系统中，各种硬件设备与 PLC 连接，当硬币识别器、纸币识别器对钱币识别后给 PLC 一个信号，PLC 内部进行货币的加数计算。通过各种按钮进行购买、退币的控制。当购买商品时，按下商品选择按钮，PLC 输出指令通过接触器控制电动机进行商品的出货、退币。该自动售货机可靠性强，使用方便，对投入的钱币有自动识别真伪的功能，并能对投入的钱进行累计，根据投入的钱币选择商品，当商品缺货时对应的缺货指示灯亮，交易结束进行自动找零。

根据自动售货机控制系统的功能分析，设计出其硬件框图，如图 9-2 所示。

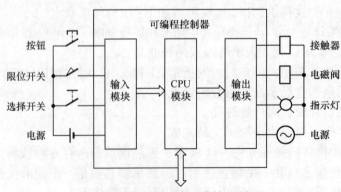

图9-2　自动售货机控制系统的硬件框图

1. PLC 设计

本次设计以西门子 S7-200 系列 PLC 为控制主机。以西门子 S7-200 系列 PLC 为基础的控制系统的自动售货机可根据销售对象的种类来选择要扩展的模块。直接读/写模拟量 I/O 模块，不需要复杂的编程，方便了开发人员的程序设计。普通 PLC 温度适用范围为 0 ~ 55℃，宽温型 S7-200 适用温度范围为 -25 ~ +70℃，为自动售货机复杂的销售环境提供了可能。S7-200 系列 PLC 以其极高的性价比，在工业控制中占有不可替代的地位。

根据自动售货机控制系统的功能要求，对 PLC 进行模块化设计。

① 系统初始化功能模块。每当发生一次交易时系统都要进行一定的初始化以方便再次购买。如钱币计数系统的初始化，当售货机内存货不足时要及时补给商品，并对商品数量计数系统进行初始化。

② 货币的识别功能模块。当有货币投入时，通过货币识别模块对货币进行识别，当识别通过后会给 PLC 发送指令并通过累加器对钱币计数。

③ 系统显示功能模块。通过系统显示模块来识别投入的钱币是否能够购买某种商品，以及商品是否缺货。

④ 价格比较功能模块。通过价格比较模块来比较投入的货币是否能够购买某种商品。

⑤ 商品选择功能模块。自动售货机售有 6 种产品，分别为 1 元的康师傅矿泉水、2 元的农夫山泉水、3 元的可口可乐和果汁、4 元的佳得乐及 5 元的雀巢咖啡，当投入的货币币值大于等于商品按钮时只要选择对应的商品按钮就可以购买。

⑥ 退币功能模块。当交易结束时按下退币按钮就可以退出余额结束购买。

2. 硬币的识别

硬币的识别主要通过识别硬币的材料和尺寸来判别硬币的真伪，硬币的材质是由特殊的合金制作成的，无法伪造出来，不同币值的硬币在尺寸、重量上有明显的差别。当硬币投入后，硬币通过由电感和电容组成的磁场，不同的硬币通过磁场时会影响电感的电感量，电感量的变化引起振荡频率的变化，检测到的振荡频率与系统中存在的频率进行对比，就可判别出钱币的真伪，如果钱币为真则给 PLC 发送信号，进行货币的计算。当投入假币时，由于假币引起的振荡频率与系统中存在的频率不同无法通过硬币识别器而被弹出来。本次设计使用现成的硬币识别器，具体参数见表 9-1。

表 9-1　　　　　　　　　　　　　　硬币识别器参数表

工作电压	适用温度	规格	包装
DC 12V ± 20%	-15 ~ 60℃	长：137mm　宽：71mm　高：124mm	60 PCS/箱

3. 纸币的识别

在纸币的投币过程中，纸币要先经过纸币识别器进行识别。在市场上，纸币的识别通常为紫外线识别，由于纸币是由特殊的纸张制作而成的，在紫外线下没有荧光反射，可以根据荧光的强度辨别钱币的真伪。不同币值的纸币面积大小有所不同，可通过红外装置来辨别钱币纸张的大小来区分币值，当钱币为真时，钱币可通过纸币识别器，并给 PLC 一个信号，进行货币的累加计算。如果钱币为假，则吐出假币，无信号输出。本次设计使用现成的纸币识别器，具体参数见表 9-2。

表9-2 纸币识别器参数表

电源	运作环境	消耗功率	重量	插入方向
DC 12V ± 5%	运作温度：0~55℃ 存储温度：−20~70℃ 湿度：30%~85% RH	待机电流：0.2~0.3A 运作电流：1.2~1.8A	1.13kg	任意方向

4. 电机的选择

当发生购买后，自动售货机要自动出货，市场上的售货机出货方式多种多样，根据售货的种类不同，出货方式也有所不同。市场上的售货机大都是通过电动机提供动力出货，在自动售货机内部每种产品的出货都需要一个电动机来实现，但自动售货机中电动机的功率并不需要多大，只是要求电动机通电后能迅速动作，因此选择低电压功率较小的直流电动机，具体参数见表9-3。

表9-3 电动机参数表

减速电机	额定电压	额定功率	转速	减速比
XINX−37JS	DC +12V	3W	16R.P.M	1:10

5. 自动售货机出货结构

在市场上，自动售货机的出货种类方式较多，不同的出货方式都有其优缺点，下面是市场上的几种出货机构。

（1）旋转式送出机构

旋转式送出机构把饮料放在螺旋导轨上，并在货道底部开设出口槽，由电动机带动螺旋导轨转动，当饮料转到开口槽时便出槽下货。这种送出机构应用最为广泛，它要求电动机的转矩较大，造价成本较高。

（2）转盘式送出机构

转盘式送出机构上面是一个很大的喇叭状罐体存储容器，下面是一个周边有若干个圆槽的转盘，通过转盘的转动使罐体落入转盘周边的槽内而被售出。这种送出机构也需要较大的转矩来带动和占用较大的空间，而且会发生卡死现象。

（3）滚筒送出机构

滚筒送出机构由一个阶梯梁和滚筒构成，滚筒内可以装若干瓶饮料，通过步进电动机来带动滚筒的转动，利用梁的各阶梯段与滚筒之间不同的开口距离控制商品掉落的顺序。这种机构要求电动机有较高的转动精度。

（4）弹簧推动式送出机构

弹簧推动式送出机构是由螺旋式弹簧和连在弹簧一端的电动机构成的，电动机转动一圈就带动弹簧转动一圈，同时推出一瓶饮料。

9.1.3 系统软件设计

1. 工作流程图

系统工作流程从投币开始，投币后，如果选择不进行交易可以选择退币结束，如果选择交易则进行到下一个阶段。用户通过累计钱币，来获得相应商品的购买能力，通过与对应商品的价格进行比较，即大于或等于商品价格，自动售货机判断是否出货及减币，出货后可以选择退币结束交易或返回上一级继续进行交易直到用户决定交易结束。自动售货机工作流程图如图 9-3 所示。

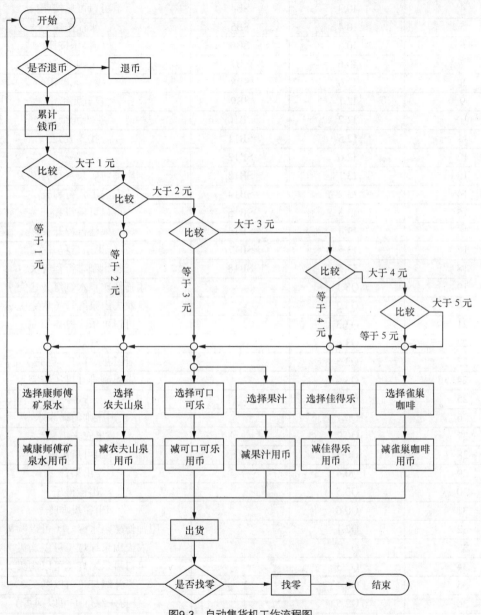

图9-3　自动售货机工作流程图

2. 自动售货机 I/O 点分配（表 9-4）

表 9-4　　　　　　　　　　　自动售货机 I/O 点分配表

序号	定义点	符号	功能
1	I0.0	SB1	找零按钮
2	I0.1	SB2	康师傅矿泉水按钮
3	I0.2	SB3	农夫山泉按钮

序号	定义点	符号	功能
4	I0.3	SB4	可口可乐按钮
5	I0.4	SB5	果汁按钮
6	I0.5	SB6	佳得乐按钮
7	I0.6	SB7	雀巢咖啡按钮
8	I2.0	SB8	投一元硬币
9	I2.1	SB9	投五元纸币
10	I2.2	SB10	投十元纸币
11	I2.5	SB11	找零五元
12	I2.6	SB12	找零一元
13	I3.1	SB13	康师傅矿泉水行程开关
14	I3.2	SB14	农夫山泉行程开关
15	I3.3	SB15	可口可乐行程开关
16	I3.4	SB16	果汁行程开关
17	I3.5	SB17	佳得乐行程开关
18	I3.6	SB18	雀巢咖啡行程开关
19	Q3.1		康师傅矿泉水红灯（售完）
20	Q3.2		农夫山泉红灯（售完）
21	Q3.3		可口可乐红灯（售完）
22	Q3.4		果汁红灯（售完）
23	Q3.5		佳得乐红灯（售完）
24	Q3.6		雀巢咖啡红灯（售完）
25	Q0.0		找零
26	Q0.1		出康师傅矿泉水
27	Q0.2		出农夫山泉
28	Q0.3		出可口可乐
29	Q0.4		出果汁
30	Q0.5		出佳得乐
31	Q0.6		出雀巢咖啡
32	Q2.1		康师傅矿泉水绿灯（可以购买）
33	Q2.2		农夫山泉绿灯（可以购买）
34	Q2.3		可口可乐绿灯（可以购买）
35	Q2.4		果汁绿灯（可以购买）
36	Q2.5		佳得乐绿灯（可以购买）
37	Q2.6		雀巢咖啡绿灯（可以购买）

3. 自动售货机的硬件接线图

自动售货机的硬件接线图如图 9-4 所示，SB2~SB7 为物品选择按钮，当投入货币时，物品绿灯亮（Q2.1~Q2.6），按下 SB2~B7 其中一个，对应的 KM 线圈得电，电动机转动出相应的物品（Q0.1~Q0.6），当所有物品销售完时，其行程开关断开，物品红灯亮并同时向总部发送物品销售完的信息；当收买物品总值低于投入总值时，可按找零按钮 SB1 选择找五元还是一元，KM1 得电电动机转动找零（Q0.0）。

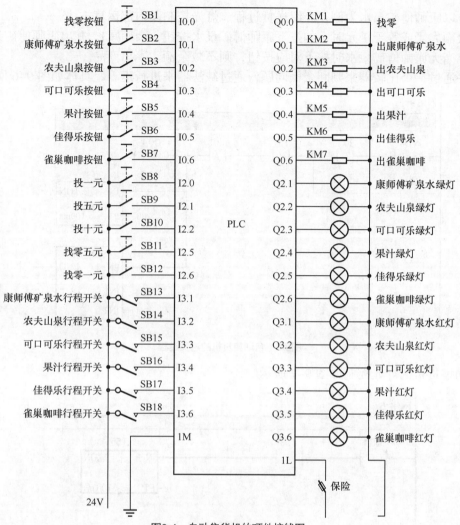

图9-4　自动售货机的硬件接线图

4. PLC 程序设计

销售康师傅矿泉水（1元）、农夫山泉（2元）、可口可乐（3元）、果汁（3元）、佳得乐（4元）及雀巢咖啡（5元）共6种商品。

（1）投币计数部分

通过投入钱币控制第一个开关，后接一个上升沿触发器，保证反应速度。1元对应数字1，5元对应数字5，依此类推，通过加法器累计加到VD4上，具体如图9-5所示。

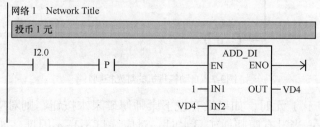

图9-5　投币计数的程序设计

（2）以康帅傅矿泉水为例，介绍送货过程、灯光控制及内部运算方法

当余额大于或等于 1 元时，如按下康师傅矿泉水按钮，余额减1，并出康师傅矿泉水，8s后停止。当无康师傅矿泉水时按下对应按钮，则不减余额，不出商品。

程序通过一个比较器来判断余额问题，通过减法器来进行运算，具体如图 9-6 所示。

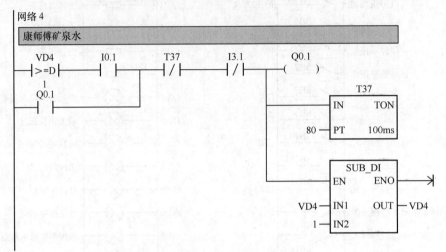

图9-6 自动售货机的送货过程

自动售货机的灯光控制如图 9-7 所示。

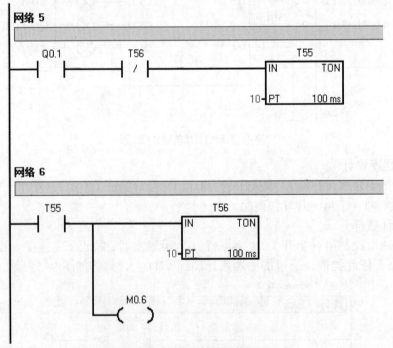

图9-7 自动售货机的灯光控制1

当余额大于或等于 1 元时，如果没有按下康师傅矿泉水按钮，则对应绿灯常亮；如果在出商品，则绿灯闪烁；当没有康师傅矿泉水时，对应绿灯不亮不闪烁，如图 9-8 所示。

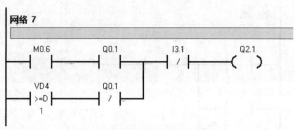

图9-8　自动售货机的灯光控制2

当无康师傅矿泉水时，对应红灯亮，如图9-9 所示。

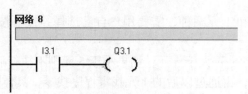

图9-9　自动售货机的灯光控制3

（3）无操作时程序设计

2min 无操作计时程序设计如图9-10 所示。

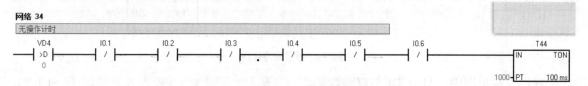

图9-10　无操作时程序设计1

无人操作计时程序设计如图9-11 所示。

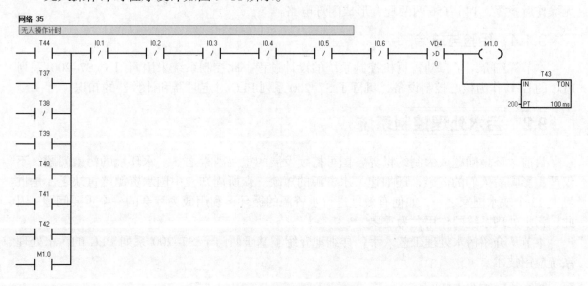

图9-11　无操作时程序设计2

无操作找零灯亮时程序设计如图9-12 所示。

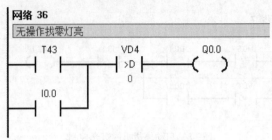

图9-12　无操作时程序设计3

（4）找零程序设计

本次设计找零有 5 元和 1 元两种，需要用户自己选择并按下按钮，以 5 元为例介绍下面梯形图。

通过比较器来确定余额是否大于 5 元，如果小于 5 元则不执行后面的减法运算。找零后如还有余额则存到 VD4 上面，再通过以后的 1 元找零程序找零，具体程序设计如图 9-13 所示。

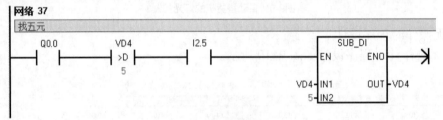

图9-13　找零程序设计

在以上梯形图中，ADD_DI 是双整数加法，当投入 1 元时加 1，投入 5 元时加 5；SUB_DI 是双整数减法，当成功购买物品时就会减去物品对应的数；T37~T56 表示通电延时定时器，按下物品按钮时 T37~T42 延时 8s，无操作时 T43 启动计时 20s，T44 与 T43 配合组成投币 2min 无操作后找零，T46~T56 两两配合形成闪烁电路。

9.1.4　经验与总结

本节详细介绍了自动售货机控制系统的设计过程，此控制系统采用西门子 S7-200 系列 PLC 的 CPU 作为核心控制设备，巩固了 S7-200 系列 PLC 对定时器和计数器的知识。

9.2　污水处理控制系统

目前，环境问题成为制约世界各国可持续发展的重要因素之一。水环境的污染问题，不仅严重影响着人们的健康，还加速了水资源的短缺。众所周知，中国水资源严重缺乏，是世界上 13 个缺水国家之一，如何有效地进行水资源的循环再利用成为社会的一个重要问题。因此，污水处理系统的作用尤为重要。

本节从介绍污水处理工艺入手，详细地介绍了基于西门子 S7-200 系列 PLC 的污水处理系统应用技术。

9.2.1　系统概述

中国污水处理新兴工艺不断出现，并以引进国外工艺技术为主导。同时，随着自动化技术的发展，PLC 的不断进步，以 PLC 作为控制主机的污水处理系统得到了广泛的发展和应用。

1. 污水处理简介

（1）污水处理概况

污水处理对于改善环境质量与全人类生存环境，促进社会的可持续发展具有非常重要的意义。而与发达国家相比，中国污水处理的效率还比较低，主要表现为城市生活污水处理效率比较低。城市生活污水处理在发达国家已经成为一个比较稳定的市场。而在中国则迫切需要加快污水处理的发展进程。据有关资料显示，美国平均每 1 万人就拥有 1 座污水处理厂，英国与德国则每 7000~8000 人就拥有 1 座污水处理厂，而中国平均每 150 万人才拥有 1 座污水处理厂，对比示意图如图 9-14 所示。

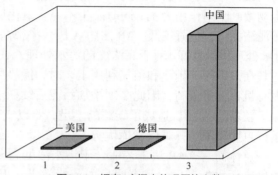

图9-14　拥有1座污水处理厂的人数

（2）常用的污水处理工艺

不同的污水处理对象、环境，需要有不同的污水处理工艺。因此在选择污水处理工艺时，必须要认真考虑当地污水的情况及实际的污水处理的环境。

污水处理的方法主要有物理、化学及生物等。这些方法根据实际情况，可以单一使用，也可以针对不同的污水混合使用。目前，污水处理的方法一般以生物处理法为主，以物理处理法和化学处理法为辅。常用的污水处理工艺有以下几种。

① 传统活性污泥法。传统污泥处理法是一种最古老的污水处理工艺，其污水处理的关键组成部分是曝气池与沉淀池，主要处理部分关系框图如图 9-15 所示。

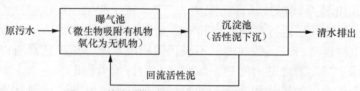

图9-15　传统活性污泥法的主要处理部分关系框图

曝气池的微生物吸附污水中大部分有机物，并且在曝气池中被氧化成无机物；然后在沉淀池中，微生物絮体下沉；经过一段时间后，就可以输出清水。同时为了保持曝气池中污泥的浓度，沉淀池中经过沉淀后的一部分活性污泥需要留到曝气池中。

该工艺的优点是有机物去除率高，污泥负荷高，池的容积小，耗电省、运行成本低等。

该工艺的缺点是普通曝气法占地多，建设投资大；仅能满足部分污水处理国家标准中的相关指标；容易产生污泥膨胀现象；磷和氮的去除率低等。

② A/O 法。A/O 法是在传统活性污泥法的基础上发展起来的一种污水处理工艺，其中 A 代表 Anoxic（缺氧的），O 代表 Oxic（好氧的）。A/O 法是一种缺氧-好氧生物污水处理工艺。该工艺通过增加好氧池与缺氧池所形成的硝化-反硝化反应系统，可以很好地处理污水中的氮含量，具有明显的脱氮效果。但是硝化-反硝化反应系统必须进行很好的控制，对该工艺提出了更高的管理要求，这也成为该工艺的一大缺点。

③ A2/O 法。A2/O 法也是在传统活性污泥法的基础上发展起来的一种污水处理工艺，其

中 A2，即 A-A，前一个 A 代表 Anaerobic（厌氧的），后一个 A 代表 Anoxic（缺氧的），O 代表 Oxic（好氧的）。A2/O 是一种厌氧-缺氧-好氧污水处理工艺。A2/O 法的除磷脱氮效果非常好，适用于对脱磷脱氮有要求的污水处理。因此，在对脱磷脱氮有特别要求的城市污水处理厂，一般首选 A2/O 工艺。

④ A/B 法。A/B 法是吸附生物降解法的简称，该工艺没有初沉池，将曝气池分为高低负荷两段，并分别有独立的沉淀和污泥回流系统。高负荷段（A 段）停留时间为 20～40min，以生物絮凝吸附作用为主，同时发生不完全氧化反应，去除 BOD 达 50% 以上。B 段与常规活性污泥法相似，负荷较低。AB 法中 A 段效率很高，并有较强的缓冲能力，B 段起到出水把关作用，处理稳定性好。对于高浓度的污水处理，AB 法具有很好的实用性，并有较高的节能效益，尤其在采用污泥硝化和沼气利用工艺时，优势最为明显。但是，AB 法污泥产量较大，A 段污泥有机物含量极高，因此必须添加污泥后续稳定化处理，导致成本增高。另外，由于 A 段去除了较多的 BOD，造成了碳源的不足，难以实现脱氮功能。对于污水浓度较低的场合，B 段运行也比较困难，难以发挥优势。

总体而言，AB 法工艺适合于污水浓度高，具有污泥硝化等后续处理设施的大、中规模的城市污水处理厂，且有明显的节能效果。但对于有脱氮要求的城市污水处理厂，一般不宜采用。

⑤ 氧化沟法。氧化沟法是活性污泥法的一种变形，属于低负荷、延时曝气活性污泥法。发水和活性污泥的混合液在环状曝气渠道中不断地循环流动，因此又被称为"循环曝气池"。氧化沟法具有处理工艺及构筑物简单，无初淀池和污泥硝化池，有机物去除率高，脱氮、除磷（沟前增设厌氧池）、剩余污泥少且容易脱水，处理效果稳定等优点。但存在负荷低、占地大、耗电大、运转费用高等缺点，适用于中、小规模的低负荷污水处理厂。氧化沟法可根据构筑物不同分为卡鲁塞尔氧化沟法、奥贝尔氧化沟法和一体化氧化沟法。

⑥ SBR 法。SBR 法是间歇式活性污泥法的简称。该工艺采用间歇曝气方式运行的活性污泥处理技术，其主要特征是运行时的有序和间歇操作。SBR 技术就是 SBR 反应池，该池集成了均化、初沉、生物讲解、二沉等功能，不设污泥回流系统。该工艺具有以下优点：生化反应推动力增大，污水沉淀需要的时间短、效率高、运行效果稳定、出水水质好；可采用组合式构造方法，便于污水厂的扩建和改造；同时可实现好氧、缺氧、厌氧状态的交替，具有良好的脱氮除磷效果。其工艺流程简单，占地面积小，造价低，该方法适用于水量、水质排放均匀的工业废水。但对自动控制技术和连续在线分析仪表要求较高，操作复杂，难于管理。

⑦ UNITANK 法。UNITANK 法是以活性污泥法为基础的一种新工艺，该工艺不需另设沉淀池。其特点是将曝气和沉淀集成一体，通过将池子分为若干个小格，首末两端交替曝气和沉淀。通过周期性变更进水、出水方向，省去了污泥回流系统，具有一定的节能效果。由于在曝气期内设置非曝气阶段，可形成厌氧、缺氧和好氧交替状态，实现除磷脱氮功能，具有布置紧凑、占地少、连续运行、结构设计简单、运转灵活等特点。

（3）污水处理系统控制形式

早期的控制系统多采用继电器-接触器控制系统，但随着电子技术的飞速发展，控制要求的不断提高，该类控制方法已不能满足现代污水处理系统的控制要求，因此已逐渐被淘汰，取而代之的是 DCS、现场总线控制、PLC 等控制方式。

① DCS 系统。DCS 是集散控制系统的简称，又称为分布式计算机控制系统，是由计算机技术、信号处理技术、测量控制技术、通信网络技术等相互渗透形成的，由计算机和现场终

端组成，通过网络将现场控制站、检测站和操作站等连接起来，完成分散控制、集中操作、管理的功能，主要用于各类生产过程，可提高生产自动化水平和管理水平，其主要特点如下。

- 采用分级分布式控制，减少了系统的信息传输量，使系统应用程序比较简单。
- 实现了真正的分散控制，使系统的危险性分散，可靠性提高。
- 扩展能力较强。
- 软、硬件资源丰富，可适应各种要求。
- 时性好，响应快。

② 现场总线控制系统。现场总线控制系统是由 DCS 和 PLC 发展而来的，是基于现场总线的自动控制系统。该系统按照公开、规范的通信协议在智能设备之间及智能设备与计算机之间进行数据传输和交换，从而实现控制与管理一体化的自动控制系统，其优点如下。

- 可利用计算机丰富的软件、硬件资源。
- 响应快，实时性好。
- 通信协议公开，不同产品可互联。

③ PLC 系统。PLC 作为处理系统的控制器，可以实现控制系统的功能要求，也可利用计算机作为其上位机，通过网络连接 PLC，对生产过程进行实时监控，其特点如下。

- 编程方便，开发周期短，维护容易。
- 通用性强，使用方便。
- 控制功能强。
- 模块化结构。

2. 污水处理系统的功能要求

污水处理系统要实现的主要功能是完成对城市污水的净化处理，使城市污水经过系统处理后，满足国家城市污水排放的标准。为实现污水处理技术的简易、高效、低能耗的功能，并实现自动化的控制过程，采用 PLC 作为核心控制器是个较好的方案。

PLC 作为污水处理系统的核心控制器使设计过程变得更加简单，可实现的功能也更多，与各类人机界面的通信可完成 PLC 控制系统的监视，同时使用用户可通过操作界面功能控制 PLC 系统。PLC CPU 强大的网络通信能力，使污水处理系统的数据传输与通信成为可能，并且也可实现远程监控。

利用 PLC 作为控制器的污水处理系统主要涉及信号输入和控制输出信号两方面的主要内容。

（1）信号输入

污水处理系统信号输入检测方面主要涉及 4 类信号的检测，包括按钮的输入检测、液位差的输入检测、液位高低的输入检测和曝气池中含氧量的输入检测。

① 按钮的输入检测。大多数为人工方式控制的输入检测，主要有自动按钮、手动按钮、格栅机启动按钮、清污机启动按钮、潜水泵启动按钮、潜水搅拌机启动按钮、污泥回流泵按钮、曝气机工频/变频按钮及变频加速/减速按钮等。

② 液位差的输入检测。监测粗、细格栅两侧的液位差，用来控制清污机的启动与停止。

③ 液位高低的输入检测。检测进水泵房和污泥回流泵房中液位的高低，用来控制潜水泵或污泥回流泵的启动和停止，以及投入运行的潜水泵的数量。

④ 含氧量的输入检测。以上 3 种都为数字量输入，而含氧量输入为模拟量输入。曝气过程是污水处理系统中最重要的一个环节，为了保证微生物所需的氧气，必须检测污水中的含

氧量,并通过曝气机增加或减少其含量。通过设置在适当位置上的溶解氧仪,可将检测值反馈到 PLC 中,通过运算输出控制曝气机的转速信号。

(2)控制输出信号

信号输出部分主要包括两个部分:一部分是数字量输出,即各类设备的接触器;另一部分是模拟量输出,用来控制曝气机变频器。

① 数字量输出。控制各类设备的启动和停止,包括格栅机启/停、清污机启/停、潜水泵启/停、潜水搅拌器启/停、污泥回流泵启/停等设备。

② 模拟量输出。在 PLC 中经过 PID 运算后的数据,通过其功能模块输出控制信号,该控制信号输入到变频器的控制端子上,改变变频器的输出功率,从而控制曝气机的转速,最后达到控制污水中含氧量的要求。

3. 污水处理系统的结构特点

氧化沟是污水处理系统中的重要环节,由于其结构的不同,氧化方法也不尽相同,如奥贝尔氧化沟、卡鲁塞尔氧化沟和一体化氧化沟法。对于不同的结构,其配套的设备也有较大的不同。氧化沟结构比较复杂,不同的结构对应不同的控制系统,因此需要根据不同的结构特点设计相应的控制系统。

(1)系统的主要组成部分

污水处理控制系统的结构比较复杂,设备较多,在氧化沟法中其控制过程及原理大致相同,都是通过控制曝气机的转速来调节污水中的含氧量,其基本组成如图9-16所示。

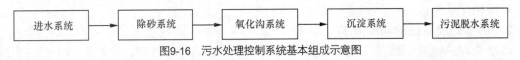

图9-16 污水处理控制系统基本组成示意图

① 进水系统。进水系统主要由进水管道和进水泵房组成,进水管道主要由粗格栅机和清污机组成;进水泵房主要由两台潜水泵组成。进水管道的主要功能是将污水中的大块物体排除,其中的粗格栅机是根据程序设定的时间进行间歇工作,而清污机的运行和停止是根据粗格栅机的液位差来决定的。进水泵房中的潜水泵的运行与停止是通过安装在泵房内的液位传感器来决定的,当液位较低时只启动一台潜水泵,液位较高时启动两台潜水泵。若液位持续升高时,则输出报警信号以示意有故障发生。

② 除砂系统。除砂系统主要由细格栅系统和沉砂池组成,细格栅系统是由细格栅机和转鼓清污机组成,而沉砂池的主要设备是分离机。细格栅系统的主要功能是进一步净化污水中的颗粒物体,将污水中细小的沙粒滤除。其中的细格栅机是根据程序设定时间进行间歇工作,而转鼓清污机的运行和停止则根据细格栅两侧的液位差来决定。当液位差超过某一个值时,启动清污机,当液位差小于某一个值时停止清污机的运行,这和粗格栅系统的运行方式一致。沉砂池中分离机的运行和后续处理中转碟曝气机的运行同步,即启动转碟曝气机的同时启动分离机,对沉砂池中的沙粒进行排除。

③ 氧化沟系统。氧化沟系统由氧化沟和污泥回流系统组成。氧化沟是污水处理系统中最重要的环节,因此控制量较多,控制过程比较复杂。

④ 沉淀系统。沉淀系统的主要设备是刮泥机,用于对进行氧化沟处理后的污水进行物理沉淀,将污泥和清水分离,刮泥机在整个系统启动后就开始持续运行。

⑤ 污泥脱水系统。污泥脱水系统的主要设备是离心式脱水机,用于对氧化池中处理过污

水的活性污泥进行脱水处理。由于对污水进行处理后，活性污泥有新的微生物及其他杂质，因此需要先对活性污泥添加一定量的药物，便于污泥脱水。离心式脱水机主要由聚合物泵、污泥机和切割机构成。以上设备按照顺序控制的方式启动，依次启动聚合物泵、污泥机和切割机，完成对污泥的脱水处理。

（2）控制系统

控制系统主要包括操作面板、显示面板、电气控制柜等单元。由于在该系统中不仅需要检测大量的数字输入量，还要检测模拟输入量。数字输入量和模拟输入量通过设定程序进行数据处理后，输出控制信号，因此系统的控制逻辑与时序就需要严格按照检测信号的输入进行控制，其示意图如图 9-17 所示。

① 操作面板。操作面板主要包括手动按钮、自动按钮、各类设备的启动按钮等。

② 显示面板。显示面板由于要显示较多的数据，一般采用触摸屏或人机界面。

③ 电气控制柜。电气控制柜是电气控制的核心设备，主要包括变频器、各类传感器的输入信号、PLC 及其扩展模块等。

4. 污水处理系统的工作原理

（1）控制系统总体框图

污水处理控制系统的总体框图如图 9-18 所示。PLC 作为核心控制器，通过检测操作面板按钮的输入、各类传感器的输入及相关模拟量的输入，完成相关设备的运行、停止和调速控制。

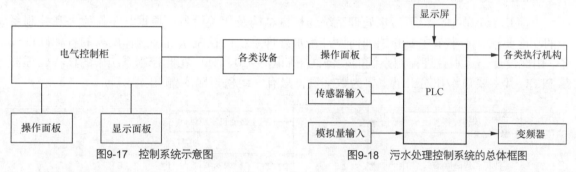

图9-17 控制系统示意图   图9-18 污水处理控制系统的总体框图

（2）工作过程

在手动方式下，各类设备根据操作面板上的按钮输入来控制，无逻辑限制，即可不根据传感器的状态进行控制。

在自动方式下，进行闭环控制，系统根据检测到的外部传感器的状态对设备进行启/停控制，其工作过程如下。

① 接通电源，启动自动控制方式，启动潜水搅拌机和刮泥机。

② 运行粗、细格栅机，进行间歇运行，即运行一段时间后停止一段时间，循环进行。

③ 根据反馈回来的液位差状态控制清污机的运行与停止。

④ 进水泵房中的潜水泵根据液面的高低进行运行、停止及运行数量的控制。

⑤ 转碟曝气机根据溶氧仪反馈的模拟量经 PLC 运算后进行控制，同时控制分离机的运行与停止。

⑥ 根据液面的高低控制污泥回流泵的运行和停止。

⑦ 在污泥脱水系统中，离心式脱水机的启动采用顺序控制方式，依次启动其设备。

污水处理控制系统工作示意图如图 9-19 所示。

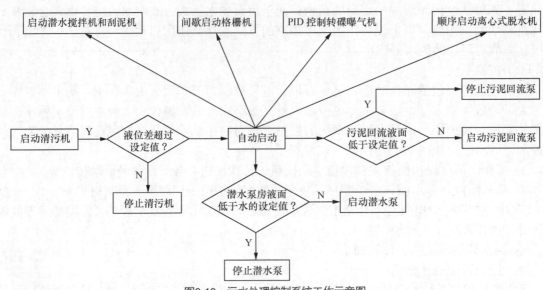

图9-19　污水处理控制系统工作示意图

9.2.2　系统硬件配置

上面几个小节中介绍了污水处理系统的机械结构及相关设备，根据其工作原理和控制系统的功能要求，本小节主要介绍如何设计污水处理系统的控制系统和选择所需的各种硬件设备，由此设计出污水处理控制系统的硬件框图如图 9-20 所示，在此控制系统中的核心处理器是 PLC，其主要输入和输出量主要为数字量，只有一组模拟输入/输出量。

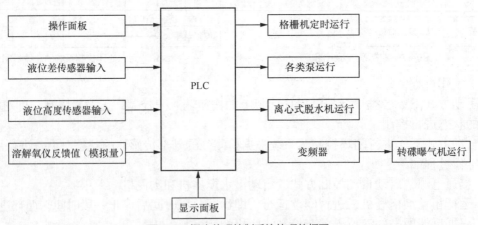

图9-20　污水处理控制系统的硬件框图

1. PLC 选型

根据污水处理控制系统的功能要求，从经济性、可靠性等方面来考虑，选择西门子 S7-200 系列 PLC 作为污水处理控制系统的控制主机。由于污水处理控制系统涉及较多的输入/输出端口，其控制过程比较复杂，因此采用 CPU226 作为该控制系统的主机。

CPU226 的主要特性如表 9-5 所示。在污水处理控制系统中使用的数字量输入点和数字量输出点都较多，因此除了 PLC 主机自带的 I/O 外，还需扩展一定数量的 I/O 扩展模块。在此采用 EM223 输入/输出混合扩展模块，8 点数字量输入/8 点数字量输出型，刚好能够满足控制系统的 I/O 需求。

表 9-5　　　　　　　　　　　S7-200 系列 PLC CPU226 的主要特性

主机 CPU 类型		CPU226
外形尺寸（mm × mm × mm）		190 × 80 × 62
用户程序区（Byte）		8192
数据存储区（Byte）		5120
掉电保持时间（h）		190
本机 I/O		24 入/16 出
扩展模块数量		7
高速计数器	单相（kHz）	30（6 路）
	双相（kHz）	20（4 路）
直流脉冲输出（kHz）		20（2 路）
模拟电位器		2
实时时钟		内置
通信口		2 RS-485
浮点数运算		有
I/O 映像区		256（128 入/128 出）
布尔指令执行速度		0.37μs/指令

在该控制系统中，还有利用采集到的模拟量进行控制的功能要求，因此需要再扩展一个模拟量输入/输出扩展模块。西门子专门为 S7-200 系列 PLC 配置了模拟量输入/输出模块 EM235。该模块具有较高的分辨率和较强的输出驱动能力，可满足控制系统的功能要求。

2. PLC 的 I/O 资源配置

根据系统的功能要求，对 PLC 的 I/O 进行配置，具体分配如下所示。

（1）数字量输入部分

在此控制系统中，所需要的输入量基本上都是数字量，包括各种控制按钮、旋钮及数字量输入，共 31 个数字输入量，如表 9-6 所示。

表 9-6　　　　　　　　　　　数字量输入地址分配

输入地址	输入设备	输入地址	输入设备
I0.0	急停	I2.0	手动刮泥机启动
I0.1	手动方式	I2.1	手动污泥回流泵启动
I0.2	自动方式	I2.2	手动离心式脱水机启动
I0.3	自动启动确认	I2.3	手动聚合物泵启动
I0.4	手动粗格栅机启动	I2.4	手动污泥泵启动
I0.5	手动清污机启动	I2.5	手动切割机启动
I0.6	手动 1#潜水泵启动	I2.6	手动转碟曝气机加速
I0.7	手动 2#潜水泵启动	I2.7	手动转碟曝气机减速

续表

输入地址	输入设备	输入地址	输入设备
I1.0	手动细格栅机启动	I3.0	粗格栅液位差计
I1.1	手动转鼓清污机启动	I3.1	细格栅液位差计
I1.2	手动分离机启动	I3.2	进水泵房液位高位传感器
I1.3	手动 1#转碟曝气机工频启动	I3.3	进水泵房液位中位传感器
I1.4	手动 2#转碟曝气机工频启动	I3.4	进水泵房液位低位传感器
I1.5	手动 1#转碟曝气机变频启动	I3.5	污泥回流泵房液面高位传感器
I1.6	手动 2#转碟曝气机变频启动	I3.6	污泥回流泵房液面低位传感器
I1.7	手动潜水搅拌机启动		

（2）数字量输出部分

在此控制系统中，主要输出设备包括各种接触器、阀门等，共 19 个输出点，具体分配如表 9-7 所示。

表 9-7　　　　　　　　　　　　　　　　数字量输出地址分配

输出地址	输出设备	输出地址	输出设备
Q0.0	粗格栅机接触器	Q1.2	2#转碟曝气机变频接触器
Q0.1	清污机接触器	Q1.3	潜水搅拌机接触器
Q0.2	1#潜水泵接触器	Q1.4	刮泥机接触器
Q0.3	2#潜水泵接触器	Q1.5	污泥回流泵接触器
Q0.4	细格栅机接触器	Q1.6	离心式脱水机接触器
Q0.5	转鼓清污机接触器	Q1.7	聚合物泵接触器
Q0.6	分离机接触器	Q2.0	污泥泵及切割机接触器
Q0.7	1#转碟曝气机工频接触器	Q2.1	潜水泵报警
Q1.0	2#转碟曝气机工频接触器	Q2.2	污泥回流泵报警
Q1.1	1#转碟曝气机变频接触器		

（3）模拟量输入部分

本系统需要采集一个溶解氧仪所反馈的数据，因此扩展了一个模拟量输入/输出模块，具体的分配如表 9-8 所示。

表 9-8　　　　　　　　　　　　　　　　模拟量输入地址分配

输入地址	输入设备
AIW0	溶解氧仪

（4）模拟量输出

在本控制系统中需要将采集回来的模拟量进行数据处理，再通过模拟输出口对变频器控制其他设备的运行，其模拟量输出的地址分配如表 9-9 所示。

表 9-9　　　　　　　　　　　　　　模拟量输出地址分配

输出地址	输出设备
AQW0	经 PID 输出

根据控制系统的要求，设计出污水处理控制系统的硬件连线图（见图9-21）。此控制面板上的手动控制部分主要在调试系统和维护系统时使用，调试完成后便基本处于闲置状态。

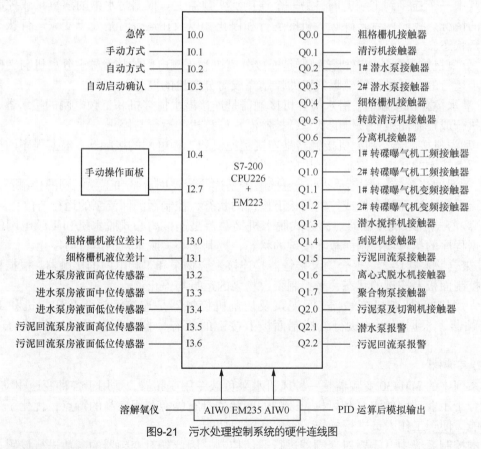

图9-21　污水处理控制系统的硬件连线图

3. 其他资源配置

要完成系统的控制功能不仅需要 PLC 主机及其扩展模块，还要用到各种传感器、接触器和变频器等仪器设备。

（1）接触器

在变频恒压供水控制系统中，所有的设备是根据控制面板上的按钮情况或根据传感器的反馈值进行动作的，因此需要 PLC 根据当前的工作情况及按钮的情况来控制所有设备的启/停，共需要 17 个接触器，即格栅机接触器、清污机接触器、分离机接触器、转碟曝气机接触器、潜水搅拌机接触器、刮泥机接触器等。

① 格栅机接触器。格栅机接触器包括两个：一个置于粗格栅处，控制粗格栅处的格栅机；另一个置于细格栅处，用于控制细格栅处的格栅机。根据程序的执行或控制面板上按键的情况，控制两个格栅机的运行与停止。

② 清污机接触器。清污机接触器包括两个：一个置于粗格栅处，控制粗格栅处的清污机；另一个置于细格栅处，用于控制细格栅处的转鼓清污机。根据格栅两侧的液位差或控制面板上的按键情况，控制两个清污机的运行与停止。

③ 潜水泵接触器。潜水泵接触器有两个，分别控制两台潜水泵，根据进水泵房的液面高度或控制面板上的按键情况，控制两台潜水泵的运行与停止。

④ 转碟曝气机接触器。转碟曝气机接触器包括四个接触器，每个转碟曝气机都有两个接触器，其中一个连接到工频电网，另一个连接到变频器上。根据污水中的溶氧量或控制面板上按键的情况，控制两台转碟曝气机的运行和停止，以及在运行时是处于变频运行状态还是工频运行状态。

⑤ 分离机接触器。分离机接触器是连接分离机和工频电网的接触器。分离机与转碟曝气机是同步运行的，通过对转碟曝气机的控制完成对分离机的控制。

⑥ 潜水搅拌机接触器。潜水搅拌机接触器是连接潜水搅拌机和工频电网的接触器，根据程序的执行或控制面板上按键的状态，控制潜水搅拌机的运行与停止。

⑦ 刮泥机接触器。刮泥机接触器是连接刮泥机和工频电网的接触器，根据程序的执行或控制面板上按键的状态，控制刮泥机的运行与停止。

⑧ 污泥回流泵接触器。污泥回流泵接触器是连接污泥回流泵和工频电网的接触器，根据污泥回流泵房中液面的高低或控制面板上按键的状态，控制污泥回流泵的运行与停止。

⑨ 离心式脱水机接触器。离心式脱水机接触器是连接离心式脱水机和工频电网的接触器，根据程序的执行或控制面板上按键的状态，控制离心式脱水机的运行与停止。

⑩ 聚合物泵接触器。聚合物泵接触器是连接聚合物泵和工频电网的接触器，根据程序的执行或控制面板上按键的状态，来控制聚合物泵的运行与停止。

⑪ 污泥泵及切割机接触器。污泥泵及切割机接触器是连接污泥泵及切割机和工频电网的接触器，根据程序的执行或控制面板上按键的状态，控制污泥泵及切割机的运行与停止。

（2）变频器

该系列中的 MM430 变频器是一种风机水泵负载专用变频器，适用于各种变速驱动系统，尤其适合于工业部门的水泵和风机。改型的变频器具有能源利用率高的特点，优化了部分结构与功能，便于工作人员进行操作，实现其控制功能。

在本控制系统中，需要对变频器进行通信控制，因此先对变频器的参数进行设置，主要对以下几个参数进行设置，如表 9-10 所示。

表 9-10　　　　　　　　变频器参数设置表

参数号	参数值	说明
P0005	21	现实实际频率
P0700	2	由端子排输入

续表

参数号	参数值	说明
P1000	2	模拟输入
P1300	2	用于可变转矩负载
P2010	6	9600bit/s
P2011	1	USS 地址
P0300	根据具体电动机设置	电动机类型
P0304	根据具体电动机设置	电动机额定电压
P0305	根据具体电动机设置	电动机额定电流
P0310	根据具体电动机设置	电动机额定频率
P0311	根据具体电动机设置	电动机额定转速

对于本系统中的变频器，在进行手动调试时采用通信控制，因此需要将变频器的参数进行重新设置，通过对已编址的变频器发送控制指令，实现对变频器的控制，即将表 9-10 所示的 P0700 和 P1000 的参数值都改为 5，就可以进行通信控制。在自动控制方式下，通过改变变频器的参数值，实现变频器的模拟控制，如表 9-10 所示。在本系统中，只使用了一个变频器，因此控制变频器的地址为 1。

（3）各类按钮

在本控制系统的自动操作中，采用 3 种机械按钮：控制污水处理系统的启动和停止，手动/自动按钮使用旋钮，即旋到一边接通，旋到另外一边断开；自动启动按钮采用触点触发式按钮；急停按钮使用旋转复位按钮，按下后系统停止，旋转后自动弹起复位。

在手动控制状态时，每个设备都对应设置一组按钮，采用触点触发式按钮，即按下接通，松开复位。

（4）人机界面

人机界面的显示系统采用西门子 TD200 文本显示器，该显示器可适用于所有 S7-200 系列 PLC，采用 TD200 主要完成控制系统中参数的修改和显示功能。

（5）液位差计

对格栅处的清污机进行控制，需要检测格栅两侧的液面差，在该系统中选用超声波液位差计。粗格栅、细格栅各安装了 1 台超声波液位差计，通过格栅前后的液位差来反映格栅阻塞程度，并将液位差传输到 PLC 控制器，进行分析计算。当液位差超过预设的数值后，系统控制清污机运行，清除大颗粒的污染物，保障污水流动通畅；在液位差未超过设定值时，清污机处于停止状态，这样就可以大大减少设备损耗。

超声波液位差计精度较高，且有多种量程可供选择，其输出信号有以下 3 种：可编程继电器输出、高精度 4～20mA 模拟信号输出、RS-485 通信口输出，可根据需要的信号选择作为 PLC 的输入信号。

（6）溶解氧仪

溶解氧仪用于测量锅炉给水、蒸汽、超纯水、凝结水、除氧剂出口，以及工厂使用氧气处理化学过程中的含氧量，并根据设定值进行给氧控制。其输出信号主要有两种形式，4～20mA 或 0～20mA（电流形式），0～5V 或 DC 1～5V（电压形式）。在此控制系统中，读取溶解氧仪的电流输出信号，将其通过 PLC 的扩展模块送入 PLC 主机进行处理。

9.2.3 系统软件设计

本系统采用西门子公司为 S7-200 系列 PLC 开发的 STEP 7-Micro/WIN32 作为编程软件，前面已经介绍了污水处理控制系统的结构、工作原理和电气控制部分的机构。硬件结构的总体设计基本完成后，就要开始软件部分的设计。根据控制系统的控制要求、硬件部分的设计情况及 PLC 控制系统 I/O 的分配情况，进行软件编程设计。在软件设计中，先按照需要实现的功能要求做出流程框图，再按照不同的功能编写模块，这样写出的程序条理清晰，既方便编写，又便于调试。

1. 总体流程设计

根据系统的控制要求，控制过程可分为手动控制和自动控制。在手动控制模式下，每个设备可以单独运行，以测试设备的性能，如图 9-22 所示。

（1）手动控制模式

在手动控制模式下，可单独调试每个设备的运行，如图 9-23 所示。可以通过按钮对格栅机、清污机、转碟曝气机、刮泥机及各类泵进行控制。对转碟曝气机的控制，可以通过按钮增大或减小变频器的频率来改变其速度，以检测其调速性能。

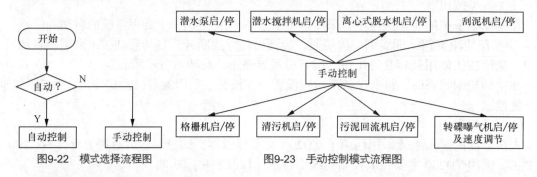

图9-22 模式选择流程图 　　　　　　图9-23 手动控制模式流程图

（2）自动控制模式

处于自动控制模式时，系统上电后，按下自动启动按钮，系统运行，其工作过程包括以下几个方面。

① 系统上电后，按下自动启动确认按钮，启动潜水搅拌机和刮泥机。

② 启动粗格栅系统。

③ 启动潜水泵。

④ 启动细格栅系统。

⑤ 启动曝气沉淀砂系统。

⑥ 启动污泥回流系统。

⑦ 启动污泥脱水系统。

以上工作过程并不是顺序控制方式，而是按照 PLC 检测到的传感器状态进行操作的，如

图 9-24 所示。

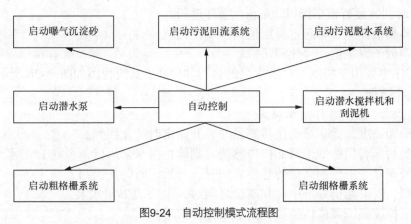

图9-24 自动控制模式流程图

在自动控制模式流程图中，调用了各个控制系统的程序，主要包括粗格栅系统程序、潜水泵系统、细格栅系统、曝气沉淀砂系统程序、污泥回流泵系统程序及污泥脱水系统程序，以下将分别介绍各个子程序的工作过程。

粗格栅系统程序主要用于控制粗格栅机和清污机的运行，其流程图如图 9-25 所示，其工作过程包括以下几个方面。

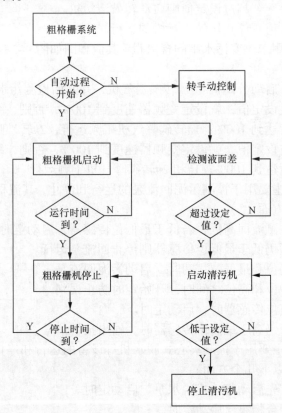

图 9-25 粗格栅系统工作流程图

① 自动过程开始启动粗格栅机，定时 20min。

② 定时到，停止运行粗格栅机 2h。

③ 2h 定时到，运行粗格栅机 20min，循环进行。

④ 同时检测液面差，若超过设定值则启动清污机。

⑤ 液面差低于设定值，停止清污机。

潜水泵程序主要用于控制两台潜水泵的运行和停止，其流程图如图 9-26 所示，其工作过程包括以下几个方面。

① 自动过程开始启动 1#潜水泵。

② 检测液面高度，低于最低位传感器时，开始定时防止误判。

③ 定时到后，若仍然低于最低位传感器，则停止潜水泵运行，否则 1#潜水泵继续运行。

④ 检测液面处于中位和高位传感器之间时，开始定时防止误判。

⑤ 定时到，若液面仍处于中位和高位之间时，则启动 2#潜水泵。

⑥ 若液面持续高于高位传感器，则输出报警信号。

细格栅系统程序与粗格栅系统程序相似，主要用于控制细格栅机和转鼓清污机的运行，其流程图如图 9-27 所示，其工作过程包括以下几个方面。

① 自动过程开始启动细格栅机，定时 20min。

② 定时到，停止运行细格栅机 2h。

③ 2h 定时到，运行细格栅机 20min，循环运行。

④ 同时检测液面差，若超过设定值则启动转鼓清污机。

⑤ 液面差低于设定值，停止转鼓清污机的运行。

曝气沉砂系统主要用于改变污水中的含氧量，其流程图如图 9-28 所示，其工作过程包括如下几个方面。

① 自动过程开始，启动分离机和 1#转碟曝气机，并开始检测污水中含氧量。

② 如果含氧量超过设定值，就设定变频器速度到 100%，否则，维持现有状态。

③ 如果变频器速度达到 100%，1#转碟曝气机工频运行，2#转碟曝气机变频运行。

④ 如果含氧量超过设定值，就设定变频器速度到 100%，否则，维持现有状态。

⑤ 如果变频器速度达到 100%，1#和 2#转碟曝气机工频运行。

污泥回流系统程序主要用于控制污泥回流泵的运行和停止，其流程图如图 9-29 所示，其工作过程包括以下几个方面。

① 自动过程首先检测液面高低，若低于最低位传感器，启动定时。

② 定时到，若液面仍低于最低位传感器则停止回流泵运行。

③ 若液面处于最高位和最低位之间时，启动污泥回流泵。

④ 检测液面处于中位和高位之间时，开始定时防止误判。

⑤ 若液面高于最高位传感器时，启动定时。

⑥ 定时到，若液面仍高于最高位传感器时，输出报警信号。

污泥脱水系统程序主要用于控制离心式脱水机等设备的运行和停止，其流程图如图 9-30 所示，其工作过程包括以下几个方面。

① 自动过程开始首先启动离心式脱水泵，启动定时。

② 定时到，启动聚合物泵，启动定时。

③ 定时到，启动污泥泵和切割机。

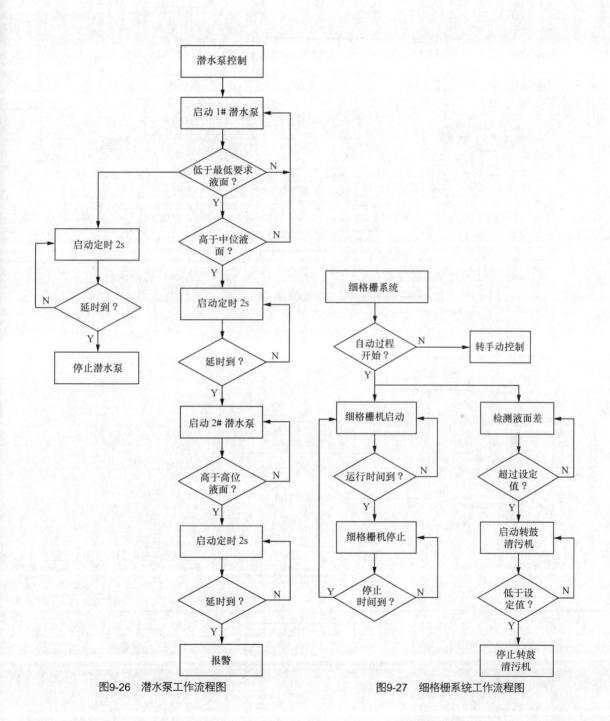

图9-26　潜水泵工作流程图

图9-27　细格栅系统工作流程图

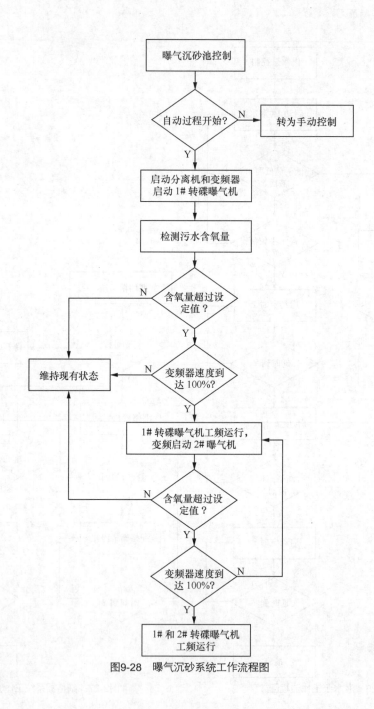

图9-28 曝气沉砂系统工作流程图

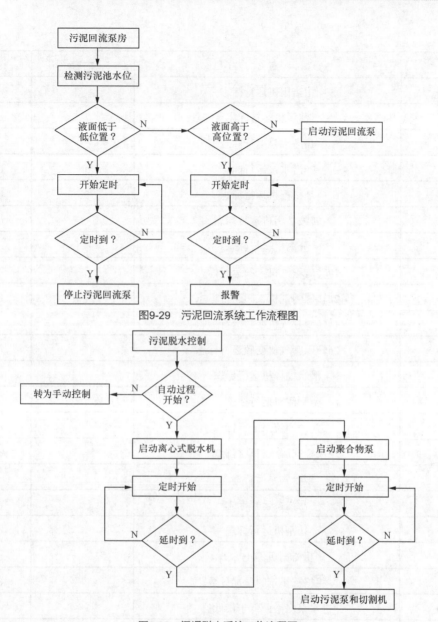

图9-29　污泥回流系统工作流程图

图9-30　污泥脱水系统工作流程图

2. 各个模块梯形图设计

在设计程序过程中，会使用到很多中间继电器、寄存器、定时器等元件，为了便于编程及修改，在程序编写前应先列出可能用到的元件，如表 9-11 所示。

表 9-11　元件设置表

元件	意义	内容	备注
M0.0	系统停止标志		on 有效
M0.1	手动方式标志		on 有效
M0.2	自动方式标志		on 有效
M0.3	自动方式启动标志		on 有效

续表

元件	意义	内容	备注
M0.4	粗格栅机运行标志		on 有效
M0.5	清污机运行标志		on 有效
M0.6	1#潜水泵运行标志		on 有效
M0.7	2#潜水泵运行标志		on 有效
M1.0	细格栅机运行标志		on 有效
M1.1	转鼓清污机运行标志		on 有效
M1.2	分离机运行标志		on 有效
M1.3	1#转碟曝气机工频运行标志		on 有效
M1.4	2#转碟曝气机工频运行标志		on 有效
M1.5	1#转碟曝气机变频运行标志		on 有效
M1.6	2#转碟曝气机变频运行标志		on 有效
M1.7	潜水搅拌机运行标志		on 有效
M2.0	刮泥机运行标志		on 有效
M2.1	污泥回流泵运行标志		on 有效
M2.2	离心式脱水机运行标志		on 有效
M2.3	聚合物泵运行标志		on 有效
M2.4	污泥泵运行标志		on 有效
M2.5	切割机运行标志		on 有效
M2.6	粗格栅机停止标志		on 有效
M2.7	粗格栅机定时脉冲计数		on 有效
M3.0	进水泵房液面低于最低位		on 有效
M3.1	潜水泵报警标志		on 有效
M3.2	细格栅机停止标志		on 有效
M3.3	细格栅机定时脉冲计数		on 有效
M3.4	1#转碟曝气机变频转工频运行标志		on 有效
M3.5	2#转碟曝气机变频转工频运行标志		on 有效
M3.6	2#转碟曝气机工频转变频运行标志		on 有效
M3.7	切除 2#转碟曝气机变频运行且 1#转碟曝气机变频运行标志		on 有效

续表

元件	意义	内容	备注
M4.0	回流泵房液面低于最低位标志		on 有效
M4.1	回流泵房液面高于最高位标志		on 有效
M5.0	USS_INIT 指令执行完成标志		on 有效
M5.1	USS_RPM_R 指令执行完成标志		on 有效
T33	时钟脉冲	5	50ms
T37	粗格栅机运行时间	12000	20min
T38	粗格栅机停止时间定时	7200	12min
T39	进水泵房液面低于最低位定时	20	2s
T40	进水泵房液面高于中间位定时	20	2s
T41	进水泵房液面高于最高位定时	20	2s
T42	细格栅机运行时间	12000	20min
T43	细格栅机停止时间定时	7200	12min
T44	污泥回流泵房液面低于最低位定时	20	2s
T45	污泥回流泵房液面高于低位且低于高位定时	20	2s
T46	污泥回流泵房液面高于最高位定时	20	2s
T47	离心式脱水机与聚合物泵启动间隔	50	5s
T48	聚合物泵与污泥泵和切割机启动间隔	50	5s
C1	粗格栅机 2h 定时中间计数器	10	
C2	细格栅机 2h 定时中间计数器	10	
VD10	变频器速度寄存器		
VD20	含氧量反馈值寄存器		
VD30	变频器速度寄存器		
VD100	含氧量标准值寄存器		
VD102	变频器速度标准值寄存器	100.0	
VD104	USS_INIT 指令执行结果		
VD106	USS_RPM_R 错误状态字节		

（1）手动控制程序

在系统上电后，控制方式选择手动控制方式，可通过面板上的按钮控制每个设备的运行。手动控制主要用于生产线初装时进行调试，检测各个设备是否能正常运行，手动控制梯形图程序如图 9–31 至图 9–33 所示，与图 9–31 所示梯形图程序对应的语句表如表 9–12 所示。

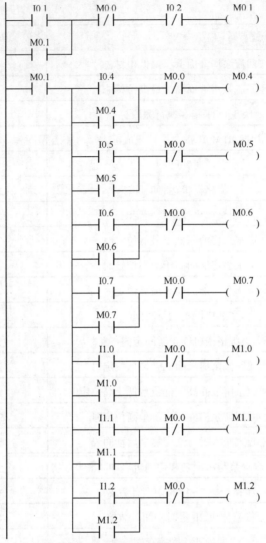

图9-31　手动控制梯形图程序（一）

表 9-12　　　　　　　　　　　　与图 9-31 所示梯形图程序对应的语句表

语句表		注释	语句表		注释
LD	I0.1	启动手动控制方式	LRD		
O	M0.1		LD	I0.7	2#潜水泵按钮
AN	M0.0	系统停止标志	O	M0.7	
AN	I0.2		ALD		
=	M0.1	手动方式标志	AN	M0.0	
LD	M0.1	手动方式标志	=	M0.7	2#潜水泵运行标志
LPS			LRD		
LD	I0.4	粗格栅机按钮	LD	I1.0	细格栅机按钮
O	M0.4		O	M1.0	

续表

语句表		注释	语句表		注释
ALD			ALD		
AN	M0.0		AN	M0.0	
=	M0.4	粗格栅机运行标志	=	M1.0	细格栅机运行标志
LRD			LRD		
LD	I0.5	清污机按钮	LD	I1.1	转鼓清污机按钮
O	M0.5		O	M1.1	
ALD			ALD		
AN	M0.0		AN	M0.0	
=	M0.5	清污机运行标志	=	M1.1	转鼓清污机运行标志
LRD			LPP		
LD	I0.6	1#潜水泵按钮	LD	I1.2	分离机按钮
O	M0.6		O	M1.2	
ALD			ALD		
AN	M0.0		AN	M0.0	
=	M0.6	1#潜水泵运行标志	=	M1.2	分离机运行标志

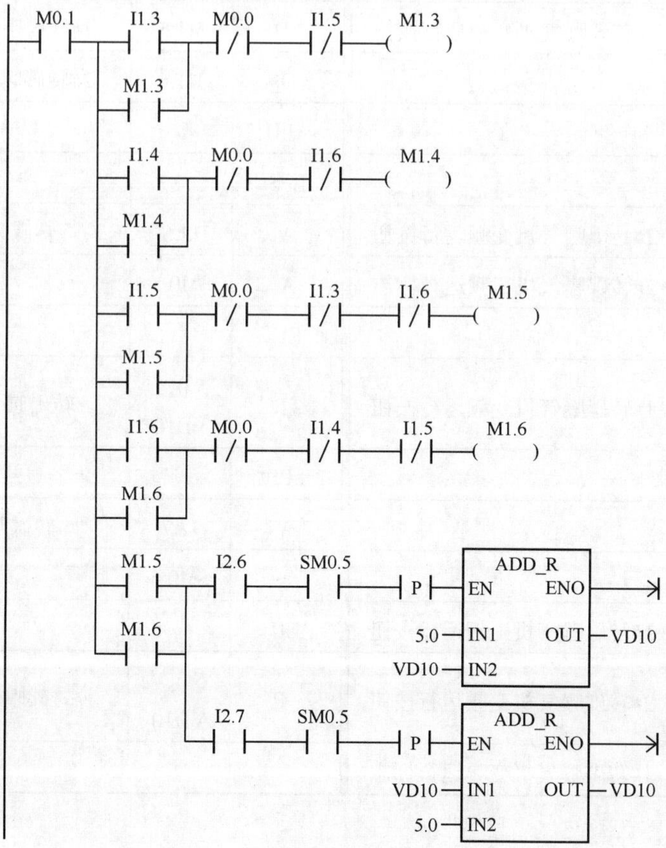

图9-32 手动控制梯形图程序（二）

与图 9-32 所示梯形图程序对应的语句表如表 9-13 所示。转碟曝气机处于变频状态和工频状态是互斥的，因此在软件中采用软件互锁的方式。当按下工频按键时断开变频接触器，按下变频按键时断开工频接触器。由于只有一个变频器控制两台转碟曝气机，因此在程序设置中，2#转碟曝气机需要变频启动时，断开 1#转碟曝气机的变频接触器。

表 9-13   与图 9-32 所示梯形图程序对应的语句表

语句表		注释	语句表		注释
LD	M0.1	手动方式标志	LRD		
LPS			LD	I1.6	2#转碟曝气机变频运行按钮
LD	I1.3	1#转碟曝气机工频运行按钮	O	M1.6	
O	M1.3		ALD		
ALD			AN	M0.0	
AN	M0.0		AN	I1.4	2#转碟曝气机变频运行按钮
AN	I1.5	1#转碟曝气机变频运行按钮	AN	I1.5	1#转碟曝气机变频运行按钮
=	M1.3	1#转碟曝气机工频运行标志	=	M1.6	2#转碟曝气机变频运行标志
LRD			LPP		
LD	I1.4	2#转碟曝气机变频运行按钮	LD	M1.5	1#转碟曝气机变频运行标志
O	M1.4		O	M1.6	2#转碟曝气机变频运行标志
ALD			ALD		
AN	M0.0		LPS		
AN	I1.6	2#转碟曝气机变频运行按钮	A	I2.6	转碟曝气机加速按钮
=	M1.4	2#转碟曝气机工频运行标志	A	SM0.5	时钟脉冲
LRD			EU		
LD	I1.5	1#转碟曝气机变频运行按钮	+R	5.0, VD10	转碟曝气机速度增加 5%
O	M1.5		LPP		
ALD			A	I2.7	转碟曝气机减速按钮
AN	M0.0		A	SM0.5	
AN	I1.3	1#转碟曝气机工频运行按钮	EU		
AN	I1.6	2#转碟曝气机变频运行按钮	−R	5.0, VD10	转碟曝气机速度减少 5%
=	M1.5	1#转碟曝气机变频运行标志			

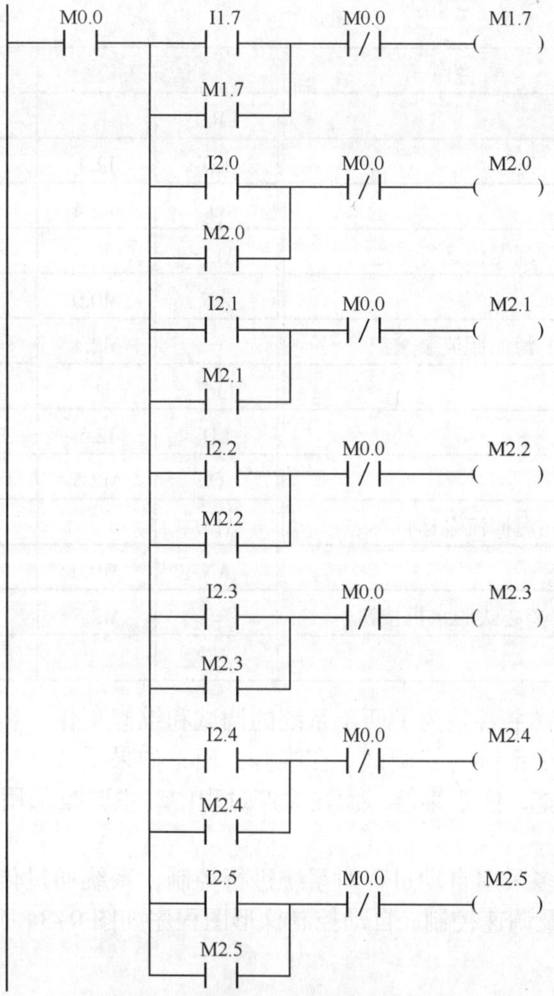

```
 M0.0      I1.7      M0.0      M1.7
──┤├───┬───┤├───────┤/├──────( )
       │  M1.7
       └───┤├───┘

          I2.0      M0.0      M2.0
       ┌───┤├───────┤├───────( )
       │  M2.0
       └───┤├───┘

          I2.1      M0.0      M2.1
       ┌───┤├───────┤/├──────( )
       │  M2.1
       └───┤├───┘

          I2.2      M0.0      M2.2
       ┌───┤├───────┤/├──────( )
       │  M2.2
       └───┤├───┘

          I2.3      M0.0      M2.3
       ┌───┤├───────┤/├──────( )
       │  M2.3
       └───┤├───┘

          I2.4      M0.0      M2.4
       ┌───┤├───────┤/├──────( )
       │  M2.4
       └───┤├───┘

          I2.5      M0.0      M2.5
       ┌───┤├───────┤/├──────( )
       │  M2.5
       └───┤├───┘
```

图9-33 手动控制梯形图程序（三）

与图 9-33 所示梯形图程序对应的语句表如表 9-14 所示。

表 9-14　　　　　　　　　　　与图 9-33 所示梯形图程序对应的语句表

语句表		注释	语句表		注释
LD	M0.1	手动方式标志	ALD		
LPS			AN	M0.0	
LD	I1.7	潜水搅拌器按钮	=	M2.2	离心式脱水机运行标志
O	M1.7		LRD		
ALD			LD	I2.3	聚合物泵按钮
AN	M0.0		O	M2.3	
=	M1.7	潜水搅拌机运行标志	ALD		
LRD			AN	M0.0	
LD	I2.0	刮泥机按钮	=	M2.3	聚合物泵运行标志

续表

语句表		注释	语句表		注释
O	M2.0		LRD		
ALD			LD	I2.4	污泥泵按钮
AN	M0.0		O	M2.4	
=	M2.0	刮泥机运行标志	ALD		
LRD			AN	M0.0	
LD	I2.1	污泥回流泵按钮	=	M2.4	污泥泵运行标志
O	M2.1		LPP		
ALD			LD	I2.5	切割机按钮
AN	M0.0		O	M2.5	
=	M2.1	污泥回流泵运行标志	ALD		
LRD			AN	M0.0	
LD	I2.2	离心式脱水机按钮	=	M2.5	切割机运行标志
O	M2.2				

手动控制模式的设置主要是为了便于系统的调试和维修工作。在调试时，可以对不同的设备进行调试，最后整个系统一起调试。在维修方面，如果系统在运行过程中出现问题，也可采用手动方式进行检查，便于维修。而在生产过程中，主要是采用自动方式进行控制。

（2）自动控制程序

在实际生产中，大多采用自动过程对系统进行控制，系统通过传感器的反馈信号来控制设备的启动和停止，以及调速控制。自动控制梯形图程序如图9-34所示，所对应的语句表如表9-15所示。

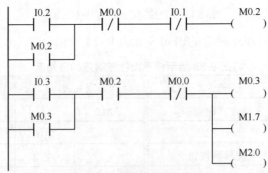

图9-34　自动控制梯形图程序

表 9-15　　　　　　　　　　　　　与图 9-34 所示梯形图程序对应的语句表

语句表		注释	语句表		注释
LD	I0.2	自动控制按钮	O	M0.3	
O	M0.2		A	M0.2	
AN	M0.0		AN	M0.0	

续表

语句表		注释	语句表		注释
AN	I0.1		=	M0.3	自动方式启动标志
=	M0.2	自动方式标志	=	M1.7	潜水搅拌机运行标志
LD	I0.3	自动启动确认	=	M2.0	刮泥机运行标志

在自动控制程序中，不同的阶段通过调用不同的子程序实现不同的控制功能，下面将分别介绍各个子程序的功能。

（3）功能程序

粗格栅系统程序完成对粗格栅机和清污机的控制，粗格栅机系统梯形图程序如图 9-35 所示，所对应的语句表如表 9-16 所示。

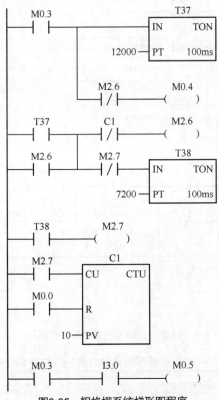

图9-35 粗格栅系统梯形图程序

表 9-16 与图 9-35 所示梯形图程序对应的语句表

语句表		注释	语句表		注释
LD	M0.3		AN	M2.7	
TON	T37，12000	定时 20min，粗格栅机运行时间	TON	T38，7200	定时 12min
AN	M2.6		LD	T38	
=	M0.4	粗格栅机运行标志	=	M2.7	
LD	T37	定时到	LD	M2.7	

285

续表

语句表		注释	语句表		注释
O	M2.6		LD	M0.0	
LPS			CTU	C1, 10	计数 10 次，共定时 2h
AN	C1		LD	M0.3	
=	M2.6	粗格栅机停止标志	A	I3.0	
LPP			=	M0.5	清污机运行标志

潜水泵控制程序完成对潜水泵运行、停止及运行数量的控制，潜水泵控制梯形图程序如图 9–36 所示，所对应的语句表如表 9–17 所示。

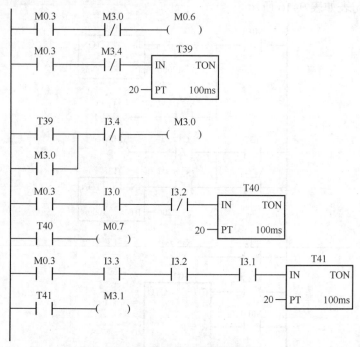

图9-36　潜水泵控制梯形图程序

表 9-17　　　　　　　　　　与图 9-36 所示梯形图程序对应的语句表和注释

语句表		注释	语句表		注释
LD	M0.3		AN	I3.2	液面处于中位和高位传感器之间
AN	M3.0		TON	T40, 20	定时 2s，防止波动
=	M0.6	1#潜水泵运行标志	LD	T40	
LD	M0.3		=	M0.7	2#潜水泵运行标志
AN	M3.4	进水泵房液面低位传感器	LD	M0.3	
TON	T39, 20	定时 2s，防止波动	A	I3.3	
LD	T39		A	I3.2	
O	M3.0		A	I3.1	液面高于高位传感器位置

续表

语句表		注释	语句表		注释
AN	I3.4	进水泵房液面低于低位传感器位置	TON	T41, 20	定时 2s，防止波动
=	M3.0		LD	T41	
LD	M0.3		=	M3.1	潜水泵报警标志
A	I3.0				

细格栅机系统程序完成对细格栅机和转鼓清污机运行及停止的控制，细格栅机系统梯形图程序如图 9-37 所示，所对应的语句表如表 9-18 所示。

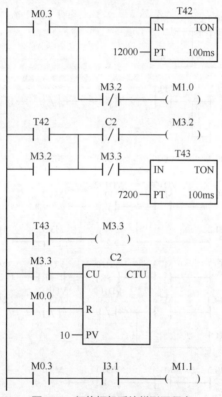

图9-37 细格栅机系统梯形图程序

表 9-18 与图 9-37 所示梯形图程序对应的语句表

语句表		注释	语句表		注释
LD	M0.3	定时 20min，细格栅机运行时间	AN	M3.3	定时 12min
TON	T42, 12000		TON	T43, 7200	
AN	M3.2	细格栅机运行标志	LD	T43	
=	M1.0		=	M3.3	
LD	T42	定时到	LD	M3.3	

续表

语句表		注释	语句表		注释
O	M3.2		LD	M0.0	
LPS			CTU	C2, 10	
AN	C2		LD	M0.3	
=	M3.2	细格栅机停止标志	A	I3.1	细格栅机液位差输入
LPP			=	M1.1	转鼓清污机运行标志

曝气沉砂系统程序完成对转碟曝气机运行、调速及停止的控制，曝气沉砂系统梯形图程序如图 9-38 所示，所对应的语句表如表 9-19 所示。

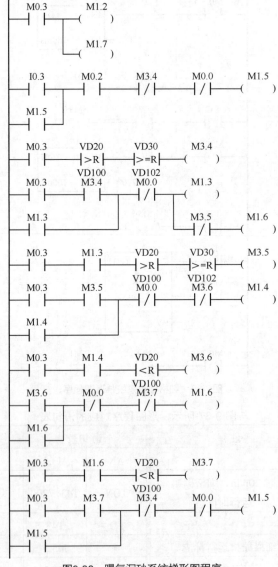

图9-38　曝气沉砂系统梯形图程序

表 9-19 与图 9-38 所示梯形图程序对应的语句表

语句表		注释	语句表		注释
LD	M0.3		LD	M0.3	
=	M1.2	分离机运行标志	A	M3.5	
=	M1.7	潜水搅拌机运行标志	O	M1.4	
LD	I0.3		AN	M0.0	
O	M1.5		AN	M3.6	
A	M0.2		=	M1.4	2#转碟曝气机工频运行标志
AN	M3.4		LD	M0.3	
AN	M0.0		A	M1.4	
=	M1.5	1#转碟曝气机变频运行标志	AR<	VD20, VD100	含氧量大于设定值
LD	M0.3		=	M3.6	2#转碟曝气机工频转变频运行标志
AR>	VD20, VD100	含氧量大于设定值	LD	M3.6	
AR>=	VD30, VD102	变频器速度大于等于100%	O	M1.6	
=	M3.4	1#转碟曝气机变频转工频运行标志	AN	M0.0	
LD	M0.3		AN	M3.7	
A	M3.4		=	M1.6	2#转碟曝气机变频运行标志
O	M1.3		LD	M0.3	
AN	M0.0		A	M1.6	
=	M1.3	1#转碟曝气机工频运行标志	AR<	VD20, VD100	含氧量大于设定值
AN	M3.5		=	M3.7	切除 2#转碟曝气机变频运行且启动 1#转碟曝气机变频运行标志
=	M1.6	2#转碟曝气机变频运行标志	LD	M0.3	
LD	M0.3		A	M3.7	
A	M1.3		O	M1.5	
AR>	VD20, VD100	含氧量大于设定值	AN	M3.4	
AR>=	VD30, VD102	变频器速度大于等于100%	AN	M0.0	
=	M3.5	2#转碟曝气机变频转工频运行标志	=	M1.5	1#转碟曝气机变频运行标志

污泥回流系统程序完成对污泥回流泵运行及停止的控制，污泥回流系统梯形图程序如图 9-39 所示，所对应的语句表如表 9-20 所示。

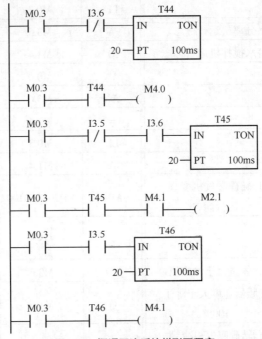

图9-39　污泥回流系统梯形图程序

表 9-20　　　　　　　　　　与图 9-39 所示梯形图程序对应的语句表

语句表		注释	语句表		注释
LD	M0.3		LD	M0.3	
AN	I3.6	污泥回流泵房液面高于低位传感器	A	T45	
TON	T44, 20	定时 2s，防止波动	A	M4.1	
LD	M0.3		=	M2.1	污泥回流泵运行标志
A	T44		LD	M0.3	
=	M4.0	污泥回流泵房液面低于最低位标志	A	I3.5	
LD	M0.3		TON	T46, 20	定时 2s，防止波动
AN	I3.5	污泥回流泵房液面高位传感器	LD	M0.3	
A	I3.6	污泥回流泵房液面高于低位传感器	A	T46	
TON	T45, 20	定时 2s，防止波动	=	M4.1	污泥回流泵房液面高于最高位标志

污泥脱水系统程序完成对离心式脱水机运行及停止的控制，污泥脱水系统梯形图程序如

图 9-40 所示，所对应的语句表如表 9-21 所示。

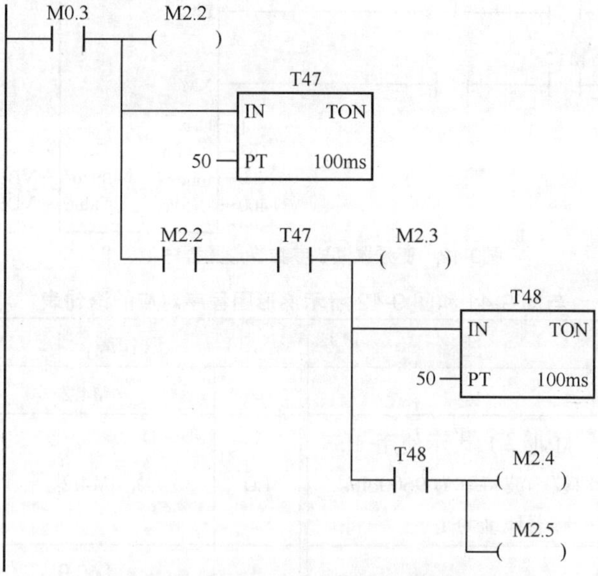

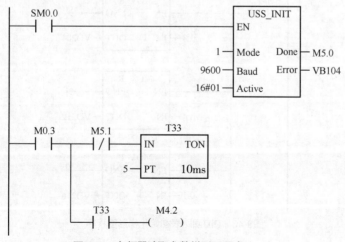

图9-40 污泥脱水系统梯形图程序

表 9-21　　　　　　　　与图 9-40 所示梯形图程序对应的语句表

语句表		注释	语句表		注释
LD	M0.3		=	M2.3	聚合物泵运行标志
=	M2.2	离心式脱水机运行标志	TON	T48，50	定时 5s，延时启动其他设备
TON	T47，50	定时 5s，延时其他设备	A	T48	
A	M2.2		=	M2.4	污泥泵运行标志
A	T47		=	M2.5	切割机运行标志

变频器参数程序，用于读取变频器的输出频率，变频器读取参数梯形图程序如图 9–41 和图 9–42 所示，所对应的语句表如表 9–22 所示。

图9-41 变频器读取参数梯形图程序（一）

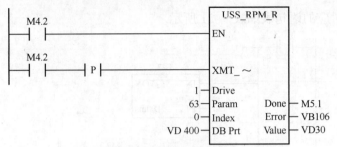

图9-42　变频器读取参数梯形图程序（二）

表 9-22　　　　　　　　与图 9-41 和图 9-42 所示梯形图程序对应的语句表

语句表		注释	语句表		注释
LD	SM0.0		=	M4.2	
CALL	USS_INIT, 1, 9600, 1 6#01, M5.0, VB104	Mode = 1 表示使用 USS 协议，波特率为 9600bit/s，变频器地址为 1	LD	M4.2	
LD	M0.3		=	L60.0	
LPS			LD	M4.2	
AN	M5.1		EU		
TON	T33, 5	产生一个 50 ms 的时钟信号	=	L63.7	
LPP			LD	L60.0	
A			CALL	USS_RPM_R, L63.7, 1, 63, 0, VD400, M5.1, VB106, VD30	读取参数 r0063 的数值，将值存放在 VD30 中

（4）初始化程序

PID 回路表初始化梯形图程序如图 9-43 所示，所对应的语句表如表 9-23 所示。

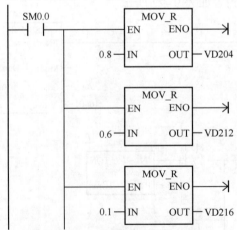

图9-43　PID回路表初始化梯形图程序

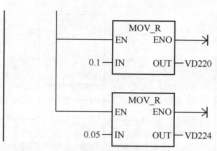

图9-43　PID回路表初始化梯形图程序（续）

表 9-23　　　　　　　　与图 9-43 所示梯形图程序对应的语句表

语句表		注释	语句表		注释
LD	SM0.0		MOV_R	0.1, VD216	载入采样时间 100ms
MOV_R	0.8, VD204	载入设定值 0.8	MOV_R	0.1, VD220	载入积分时间 6s
MOV_R	0.6, VD212	载入设定值 0.6	MOV_R	0.05, VD224	载入微分时间 3s

　　初始化子程序用于定时产生中断，产生中断子程序梯形图程序如图 9-44 所示，所对应的语句表如表 9-24 所示。

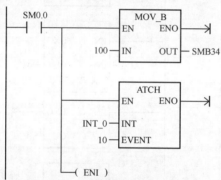

图9-44　产生中断子程序梯形图程序

表 9-24　　　　　　　　与图 9-44 所示梯形图程序对应的语句表

语句表		注释	语句表		注释
LD	SM0.0		ATCH	INIT_0, 10	连续中断，中断号为 10
MOV_B	100, SMB34	载入采样时间 100ms	ENI		开中断

　　中断处理子程序用于处理采集的模拟量，并输出模拟量控制其他设备的运行，中断处理子程序梯形图程序如图 9-45 所示，所对应的语句表如表 9-25 所示。

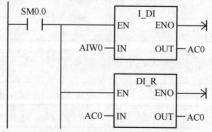

图9-45　中断处理子程序梯形图程序

293

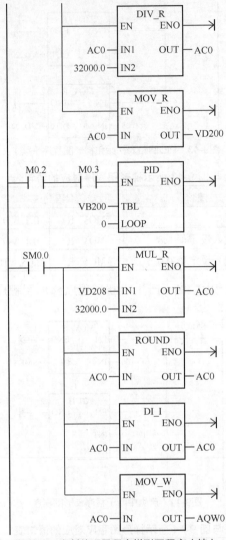

图9-45 中断处理子程序梯形图程序（续）

表 9-25　　　　　　　　　与图 9-45 所示梯形图程序对应的语句表

语句表		注释	语句表		注释
LD	SM0.0		PID	VB200, 0	执行 PID 指令
ITD	AIW0, AC0	采集模拟量并转换成双整数	LD	SM0.0	
DTR	AC0, AC0	转换成浮点数	MUL_R	VD208, AC0	运算后输出值
/R	32000.0, AC0	转换成标准值 0.0 ~ 1.0	*R	32000.0, AC0	转换成实际值
MOV_R	AC0, VD200	送回路表单元	ROUND	AC0, AC0	取整数形式
LD	M0.2		DTI	AC0, AC0	双整数转换成整数
A	M0.3	自动启动运行标志	MOV_W	AC0, AQW	模拟量输出

9.2.4　经验与总结

本节详细介绍了污水处理系统的设计过程，此控制系统采用了西门子 S7-200 系列 PLC 的 CPU226 作为核心控制设备。在该控制系统中利用定时器和计数器组合实现了长时间定时，变频器的控制方式利用模拟量控制，通过 PID 指令实现闭环控制，达到了污水处理系统的控制要求。

由于污水处理系统的机械结构种类比较多，而且不同类型污水处理方法的控制方法也有很大差异，因此需要首先确定采用何种形式的污水处理法，然后决定控制方式。

1. 硬件方面

在污水处理系统中，主要的硬件问题包括机械结构、PLC 外围电路设计和各处的接线。

在机械结构主要是转碟曝气机的安放位置，需要根据氧化池的结构，将曝气机安置于适当的位置上。若位置适合则可使用少量曝气机就能完成供氧的功能。如果位置不合适，则需要增加曝气机的数量，既增加成本，又提高控制的复杂性。

在 PLC 的外围电路连线方面，主要是增加一些保护设备。由于输出都是和接触器等元件连接的，接触器的突然断开和闭合会形成突波对 PLC 的输出端子造成损坏，因此需要加装一些保护装置。

2. 软件方面

软件方面主要在于程序的编写，首先需要在计算机上对程序进行软件仿真，检查是否存在各种错误，可利用西门子公司配套的仿真软件。然后通过模拟硬件的方式检查程序，检查程序是否存在逻辑上的错误。调试时，可根据功能模块的分类分别进行调试，最后进行总体调试。

在该控制程序中，需要根据外界输入的状态来控制清污机、潜水泵及污泥回流泵的启/停，因此需要按照液位传感器和液位差计反馈回来的状态信息进行判断处理，然后再进行输出控制。本节对变频器不再采用 RS-485 进行通信控制，而是采用模拟量输出连接到变频器端子进行控制的方式，利用 RS-485 读取变频器频率要注意变频器指令发出的时机和条件，以免读取频率指令失败导致控制失效。

9.3　全自动洗衣机控制系统

洗衣机是人们日常生活中的一种家用电器，已成为人们生活中不可缺少的家用电器，但是传统洗衣机基于继电器的控制，已经不能满足人们对其自动化程度的要求了。洗衣机要更好地满足人们的需求，必须借助于自动化技术的发展。自动化技术的飞速发展，使得洗衣机由最初的半自动式发展到现在的全自动式，并正在向智能化洗衣机方向发展。

通常，人们采用洗衣机来洗衣服需要经历进水、洗衣、清洗、排水和脱水等 5 个环节，而在全自动洗衣机中，这样的一个过程完全由 PLC 来完成。全自动洗衣机需要其控制系统足够可靠，以避免洗衣机出现故障。

本节介绍的是一种全自动洗衣机，它可以自动地完成洗衣的全过程。随着 PLC 技术的发展，用 PLC 来作为控制器，就能很好地满足全自动洗衣机的各项功能要求，并且控制方式灵活多样，控制模式可以根据不同情况而有所不同。

9.3.1 系统概况

全自动洗衣机的简单工作过程如图 9-46 所示。其中洗衣的方式（标准或柔和）、洗衣中的水位选择（高水位洗衣、低水位洗衣）两个方面需要将衣服放入洗衣机之后手动来选择，并且是必须选择的洗衣参数。当选择了洗衣参数后，按下启动按钮，洗衣机就会自动完成整个过程。

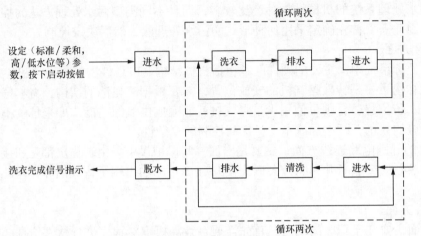

图9-46　全自动洗衣机的简单工作过程

全自动洗衣机系统中，PLC 主要完成以下功能。

1. 检测功能

① 检测洗衣的方式：标准或柔和的选择。

② 检测洗衣时的水位：高水位或低水位的选择。

③ 检测进水是否到了需要的水位，即进水是否完成。

④ 检测排水是否已经完成。

2. 控制功能

① 控制进水、洗衣、排水、清洗、脱水等洗衣机的动作。

② 控制洗衣、清洗、脱水等的时间长短。

③ 控制洗衣、清洗等的效果。

④ 控制在洗衣机完成一个动作后到下一个动作的准确转换。

⑤ 控制完成洗衣机洗衣时的信号提示。

自动洗衣机的设计除了满足上述功能以外，还需要考虑到外观设计、造型等方面。尤其是在洗衣机的手动控制操作面板上，必须符合人机界面的基本要求。

全自动洗衣机的操作面板如图 9-47 所示。其中，进水、正转、反转、排水、脱水为信号灯，指示当前洗衣机的工作状态；蜂鸣器为声音指示，指示洗衣机在工作中的某些状态的转换；启动、停止、高水位、低水位、标准、柔和为手动控制按钮，用来手动输入一些控制信号。

在实际生活中，操作面板一般位于洗衣机的上表面，需要在设计的时候加入更多的个性化平面设计元素，并且操作面板往往与控制器不放置在一起，这就需要考虑线路布线的问题。

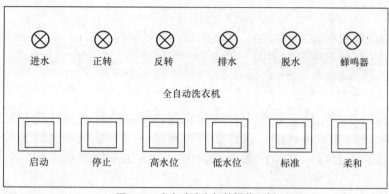

图9-47　全自动洗衣机的操作面板

9.3.2　系统硬件设计

根据上节中对全自动洗衣机的功能分析,可以设计出图 9–48 所示的全自动洗衣机硬件系统框图。

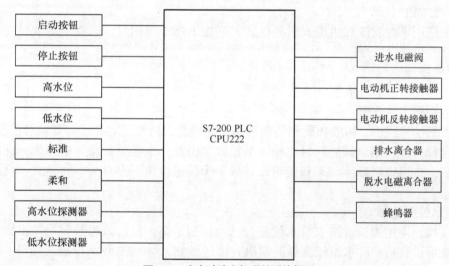

图9-48　全自动洗衣机硬件系统框图

1.　PLC 主机

选择西门子 S7–200 系列 PLC 作为此全自动洗衣机的控制主机。本控制系统中共有 8 个数字量输入和 6 个数字量输出,共需 14 个 I/O。根据 I/O 点数及程序容量,选择 CPU222 作为本系统的主机。

2.　启动按钮

启动按钮用来控制全自动洗衣机开始工作。一般情况下,用户在洗衣机内放入衣服且已经准备好开始洗衣服之后,按下启动按钮,全自动洗衣机开始洗衣。

3.　停止按钮

停止按钮用来控制运行中的全自动洗衣机停止工作。在洗衣服的过程中,用户需要停止洗衣机,就可以直接按下停止按钮,洗衣机即会停止工作。

4. 高水位

高水位是指洗衣机在洗衣过程中，洗衣机桶内保持水位的高低。一旦选择了高水位，在洗衣过程中，水位保持系统设定的两个水位中相对较高的水位。在操作面板上，用一个按钮来设置高水位，按下按钮表示选择高水位。

5. 低水位

低水位是指洗衣机在洗衣过程中，洗衣机桶内保持的低水位，是相对于高水位来说的。在洗衣机系统的初始设计中，设计了两种水位，这个是相对比较低的一个水位，但是同样可以完成洗衣过程。在操作面板上，用一个按钮来设置低水位，按下按钮表示选择低水位。

需要注意的是，用户在使用中只能选择一种水位——高水位或者低水位，但是在实际生活中，很有可能用户不小心同时按下了高水位按钮和低水位按钮。因此，在设计中必须要考虑高水位与低水位的互锁。当然，也可以将高水位与低水位选择设计成一个按钮，按下去的时候为高水位，不按则是低水位，并且高水位与低水位的选择必须在用户开始洗衣之前完成。

6. 标准按钮

标准按钮用来设置洗衣机洗衣服的模式，当按下标准按钮时，选择了标准模式，洗衣机自动按照标准模式洗衣服。

7. 柔和按钮

柔和按钮用来设置洗衣机洗衣服的模式，当按下柔和按钮时，选择了柔和模式，洗衣机自动按照柔和模式洗衣服。

在洗衣服的模式中，标准和柔和是两种相对的概念，标准比柔和洗衣要剧烈一些。与高、低水位的选择一样，用户只能同时选择一个模式。因此，也需要在设计中考虑到标准与柔和模式的互锁，也可以将标准与柔和按钮设计成一个按钮，按下去时为柔和模式，反之则是标准模式。

8. 高水位探测器

高水位探测器用来检测洗衣机水位是否已经达到了高水位。采用数字量输出式水位探测器，这样就可以直接将高水位探测器的输出直接送至 PLC 主机的数字量输入端口上。

9. 低水位探测器

低水位探测器用来检测洗衣机水位是否处于低水位。采用数字量输出式水位探测器，这样就可以直接将低水位探测器的输出直接送至 PLC 主机的数字量输入端口上。

10. 进水电磁阀

进水电磁阀用来控制洗衣机的进水。当洗衣机需要外界进水时，PLC 主机发出控制信号，进水电磁阀会打开，水自动从外界送入洗衣机机桶内。当水已经达到了设定的水位时，PLC 主机发出信号自动关闭进水电磁阀，同时控制洗衣机进入下一个洗衣步骤。

11. 电动机正转接触器

电动机正转接触器用于 PLC 主机控制洗衣机电动机的正转，可以直接用 PLC 主机的数字量输出端口来连接电动机正转接触器。在洗衣机洗衣过程中，电动机会正转与反转同时轮流进行。

12. 电动机反转接触器

电动机反转接触器用于 PLC 主机控制洗衣机电动机的反转，可以直接用 PLC 主机的数字量输出端口来连接电动机反转接触器。在洗衣机洗衣过程中，电动机会正转与反转同时轮流进行。

13. 排水离合器

排水离合器用于 PLC 主机控制洗衣机机桶内的排放。选用数字式离合器，可以直接用 PLC 主机的数字量输出端口来连接到排水离合器。当洗衣机在完成洗衣或者清洗后，需要将机桶内的脏水排出机桶，此时 PLC 主机发出控制命令打开排水离合器，进行排水。

14. 脱水电磁离合器

洗衣机洗衣服的最后一道工序就是对衣服进行脱水，脱水电磁离合器正是用于 PLC 主机控制洗衣机进行脱水。脱水需要电动机带动机桶旋转，有了电磁离合器后，就可以直接使用 PLC 主机的数字量输出端口来控制电磁离合器，最终达到控制脱水执行电动机的目的。脱水过程不涉及脱水电动机的调速问题，因此用 PLC 主机加电磁离合器这样一种比较简单的方式就可以完成控制任务。

15. 蜂鸣器

蜂鸣器用来指示洗衣机洗衣过程中的一些声音提示。采用工业用直流供电的蜂鸣器，这样就可以直接用 PLC 主机的数字量输出端口来控制蜂鸣器。

对全自动洗衣机各个硬件组成部分进行了详细的介绍之后，可以很好地对 PLC 主机的 I/O 资源进行分配，其分配情况如表 9-26 所示。

表 9-26　　　　全自动洗衣机控制系统中 PLC 主机的 I/O 资源分配

名称	地址编号	说明
输入信号		
启动按钮	I0.0	启动洗衣机
停止按钮	I0.1	停止洗衣机
高水位按钮	I0.2	高水位选择
低水位按钮	I0.3	低水位选择
标准模式选择按钮	I0.4	标准模式选择
柔和模式选择按钮	I0.5	柔和模式选择
高水位探测器	I0.6	高水位检测
低水位探测器	I0.7	低水位检测
输出信号		
进水电磁阀	Q0.0	进水控制
电动机正转接触器	Q0.1	电动机正转控制
电动机反转接触器	Q0.2	电动机反转控制
排水离合器	Q0.3	排水控制
脱水电磁离合器	Q0.4	脱水控制
蜂鸣器	Q0.5	声音提示

根据 PLC 主机的 I/O 资源分配及 PLC 主机的硬件框图，设计出 PLC 主机的硬件接线图，如图 9-49 所示。

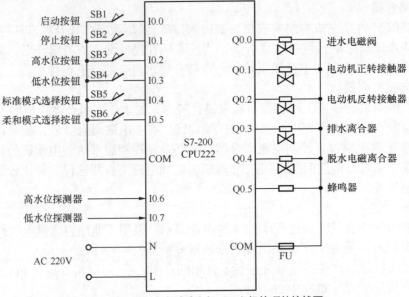

图9-49　全自动洗衣机PLC主机的硬件接线图

9.3.3　系统软件设计

全自动洗衣机控制系统的详细工作过程如下。

① 按下启动按钮，洗衣机电源导通，准备进入洗衣状态。

② 用户设置水位高低，以及洗衣模式（标准模式或者柔和模式）。

③ 洗衣机打开进水电磁阀，开始从外界输入水。

④ 水位探测器检测到水已经到位，开始洗衣。

⑤ 电动机正转与反转按照设定的洗衣模式的切换时间进行轮流工作。

⑥ 洗衣一直进行 10min。

⑦ 洗衣机打开排水离合器开始排水，并且持续 3min。

⑧ 洗衣机关闭排水离合器。

⑨ 重复步骤③~⑧一次。

⑩ 洗衣机打开进水电磁阀，开始进水。

⑪ 水位探测器检测到水已经到位，开始清洗衣服。

⑫ 电动机正转与反转按照设定的洗衣模式的切换时间进行轮流工作。

⑬ 洗衣清洗一直进行 5min。

⑭ 洗衣机打开排水离合器开始排水，并且持续 3min。

⑮ 洗衣机关闭排水离合器。

⑯ 重复⑩~⑮步骤一次。

⑰ 洗衣机控制脱水电磁离合器，进行脱水，同时打开排水离合器，使脱水过程可以及时排出洗衣机机桶内的脏水。

⑱ 持续脱水 2min。

⑲ 完成洗衣，蜂鸣器响 20s。

根据上述对全自动洗衣机工作过程的描述，可以设计出全自动洗衣机控制系统的 PLC 部分的主流程图，如图 9-50 所示。

洗衣子程序流程图如图 9-51 所示。

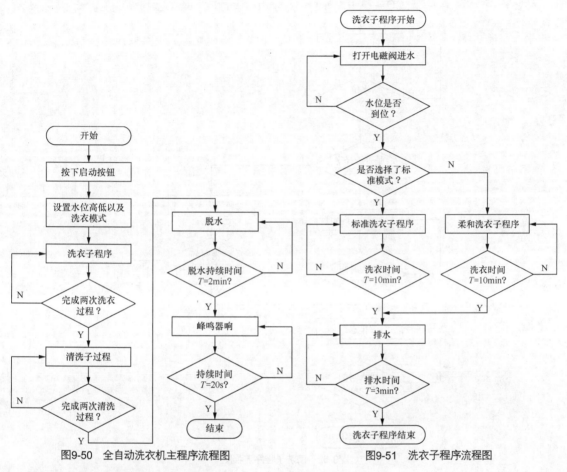

图9-50 全自动洗衣机主程序流程图   图9-51 洗衣子程序流程图

洗衣机洗衣子程序工作过程如下。

① 启动洗衣子程序。

② 打开电磁阀进水，同时检测水位。

③ 如果水位到达位置，选择洗衣模式（标准或柔和）。

④ 洗衣 10min。

⑤ 排水 3min。

⑥ 排水时间到，洗衣子程序结束。

清洗过程子程序如图 9-52 所示，其工作过程如下。

① 启动清洗子程序。

② 打开电磁阀进水，并检测水是否在指定水位。

③ 选择清洗模式（标准或柔和）。

④ 开始清洗衣服，定时 5min。

⑤ 定时时间到，开始排水。

⑥ 定时 3min。

⑦ 排水结束，清洗子程序结束。

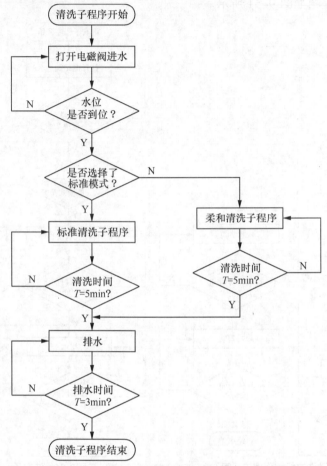

图9-52 清洗子程序流程图

在洗衣子程序和清洗子程序中洗衣服的模式有标准模式和柔和模式之分。标准模式洗衣服的流程图及柔和模式洗衣服的流程图如图 9-53 所示，过程如下。

① 标准模式：电动机先正转 5s，停止 1s，电动机再反转 5s。

② 柔和模式：电动机先正转 3s，停止 1s，电动机再反转 3s。

全自动洗衣机控制系统的西门子 S7-200 系列 PLC CPU222 的梯形图程序如图 9-54 至图 9-60 所示。

与图9-54 所示的梯形图程序对应的语句表如表 9-27 所示。

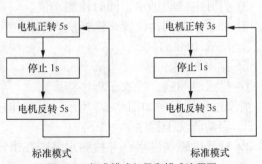

图9-53 标准模式与柔和模式流程图

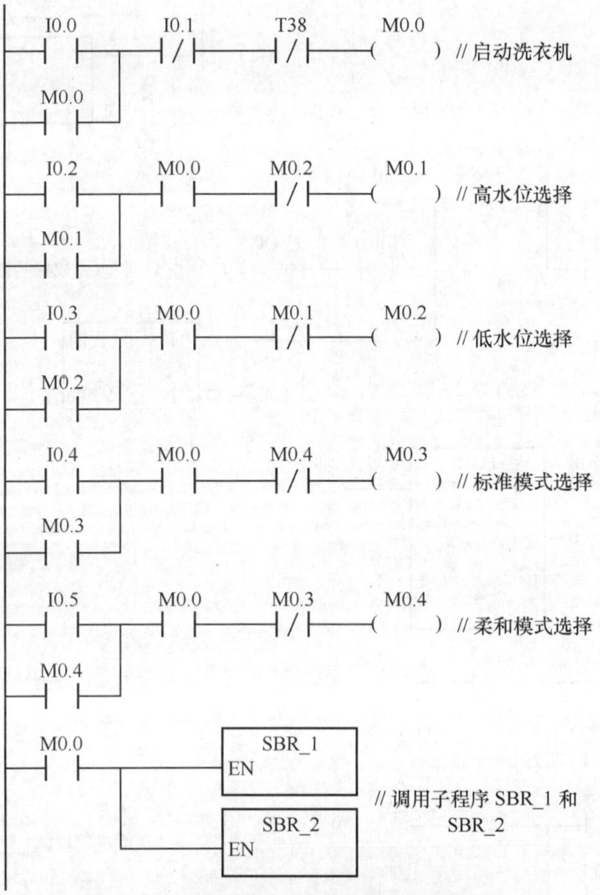

```
    I0.0      I0.1     T38      M0.0
 ──┤ ├──┬──┤/├──┤/├────( )      // 启动洗衣机
    M0.0 │
 ──┤ ├──┘


    I0.2      M0.0     M0.2     M0.1
 ──┤ ├──┬──┤ ├──┤ ├──┤/├────( )  // 高水位选择
    M0.1 │
 ──┤ ├──┘


    I0.3      M0.0     M0.1     M0.2
 ──┤ ├──┬──┤ ├──┤ ├──┤/├────( )  // 低水位选择
    M0.2 │
 ──┤ ├──┘


    I0.4      M0.0     M0.4     M0.3
 ──┤ ├──┬──┤ ├──┤ ├──┤/├────( )  // 标准模式选择
    M0.3 │
 ──┤ ├──┘


    I0.5      M0.0     M0.3     M0.4
 ──┤ ├──┬──┤ ├──┤ ├──┤/├────( )  // 柔和模式选择
    M0.4 │
 ──┤ ├──┘


    M0.0          ┌─────────┐
 ──┤ ├────────┬───┤  SBR_1  │
              │   │EN       │
              │   └─────────┘      // 调用子程序 SBR_1 和
              │   ┌─────────┐      //         SBR_2
              └───┤  SBR_2  │
                  │EN       │
                  └─────────┘
```

图9-54　全自动洗衣机控制系统梯形图程序（一）

表 9-27　与图 9-54 所示的梯形图程序对应的语句表

命令	地址	命令	地址	命令	地址	命令	地址
LD	I0.0	A	M0.0	=	M0.2	O	M0.4
O	M0.0	AN	M0.2	LD	I0.4	A	M0.0
AN	I0.1	=	M0.1	O	M0.3	AN	M0.3
AN	T38	LD	I0.3	A	M0.0	=	M0.4
=	M0.0	O	M0.2	AN	M0.4	LD	M0.0
LD	I0.2	A	M0.0	=	M0.3	CALL	SBR_1
O	M0.1	AN	M0.1	LD	I0.5	CALL	SBR_2

与图 9–55 所示的梯形图程序对应的语句表如表 9–28 所示。

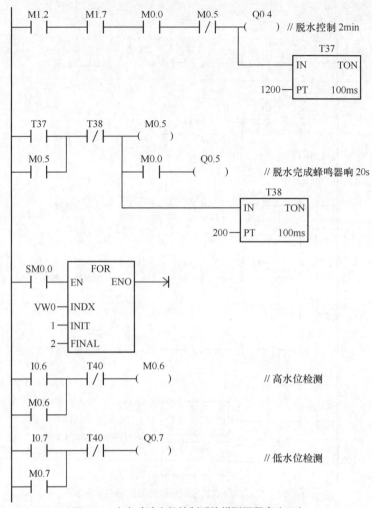

图9-55 全自动洗衣机控制系统梯形图程序（二）

表 9-28   与图 9-55 所示的梯形图程序对应的语句表

命令	地址	命令	地址	命令	地址	命令	地址
LD	M1.2	LD	T37	LPP		=	M0.6
A	M1.7	O	M0.5	TON	T38, 200	LD	I0.7
A	M0.0	AN	T38	LD	SM0.0	O	M0.7
AN	M0.5	LPS		FOR	VW0, 1, 2	AN	T40
=	Q0.4	=	M0.5	LD	I0.6	=	Q0.7
TON	T37, 1200	A	M0.0	O	M0.6		
=	Q0.4	=	Q0.5	AN	T40		

与图 9-56 所示的梯形图程序对应的语句表如表 9-29 所示。

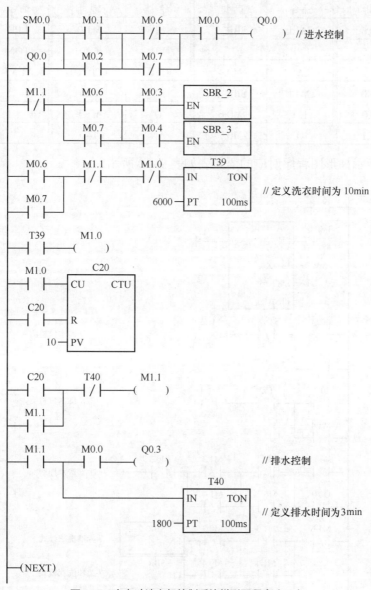

图9-56 全自动洗衣机控制系统梯形图程序（三）

表 9-29 与图 9-56 所示的梯形图程序对应的语句表

命令	地址	命令	地址	命令	地址	命令	地址
LD	SM0.0	LD	M0.6	AN	M1.1	LD	M1.1
O	Q0.0	O	M0.7	AN	M1.0	=	M1.1
LD	M0.1	ALD		TON	T39, 6000	LPS	
O	M0.2	LPS		LD	T39	A	M0.0
ALD		A	M0.3	=	M1.0	=	Q0.3

305

续表

命令	地址	命令	地址	命令	地址	命令	地址
LDN	M0.6	CALL	SBR_2	LD	M1.0	LPP	
AN	M0.7	LPP		LD	C20	TON	T40, 1800
ALD		A	M0.4	CTU	C20, 10	NEXT	
A	M0.0	CALL	SBR_3	LD	C20		
=	Q0.0	LD	M0.6	O	M1.1		
LDN	M1.1	O	M0.7	AN	T40		

与图 9-57 所示梯形图程序对应的语句表如表 9-30 所示。

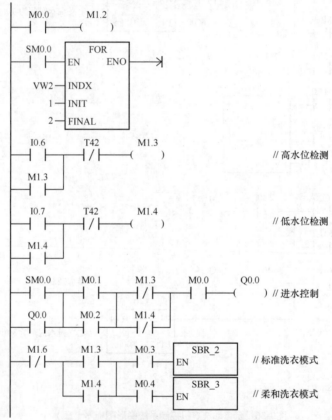

图9-57 全自动洗衣机控制系统梯形图程序（四）

表 9-30   与图 9-57 所示梯形图程序对应的语句表

命令	地址	命令	地址	命令	地址	命令	地址
LD	M0.0	LD	I0.7	ALD		O	M1.4
=	M1.2	O	M1.4	LDN	M1.3	ALD	
LD	SM0.0	AN	T42	ON	M1.4	LPS	
FOR	VW2, 1, 2	=	M1.4	ALD		A	M0.3
LD	I0.6	LD	SM0.0	A	M0.0	CALL	SBR_2

续表

命令	地址	命令	地址	命令	地址	命令	地址
O	M1.3	O	Q0.0	=	Q0.0	LPP	
AN	T42	LD	M0.1	LDN	M1.6	A	M0.4
=	M1.3	O	M0.2	LD	M1.3	CALL	SBR_3

与图 9-58 所示的梯形图程序对应的语句表如表 9-31 所示。

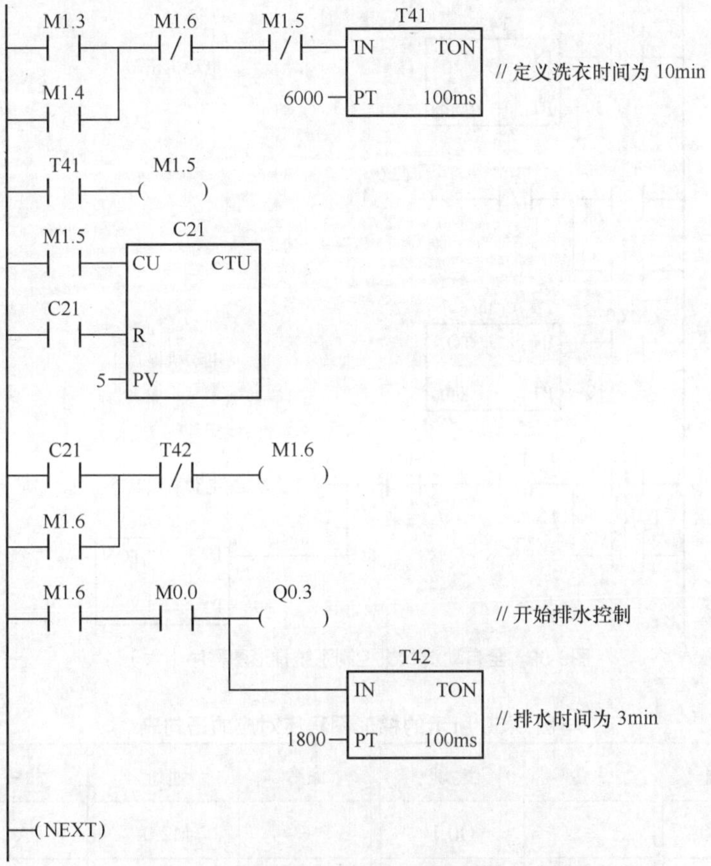

图9-58 全自动洗衣机控制系统梯形图程序（五）

表 9-31 与图 9-58 所示的梯形图程序对应的语句表

命令	地址	命令	地址	命令	地址	命令	地址
LD	M1.3	=	M1.5	AN	T42	LPP	
O	M1.4	LD	M1.5	=	M1.6	TON	T42, 1800
AN	M1.6	LD	C21	LD	M1.6	NEXT	
AN	M1.5	CTU	C21, 5	LPS			
TON	T41, 6000	LD	C21	A	M0.0		
LD	T41	O	M1.6	=	Q0.3		

与图 9-59 所示梯形图程序对应的语句表如表 9-32 所示。

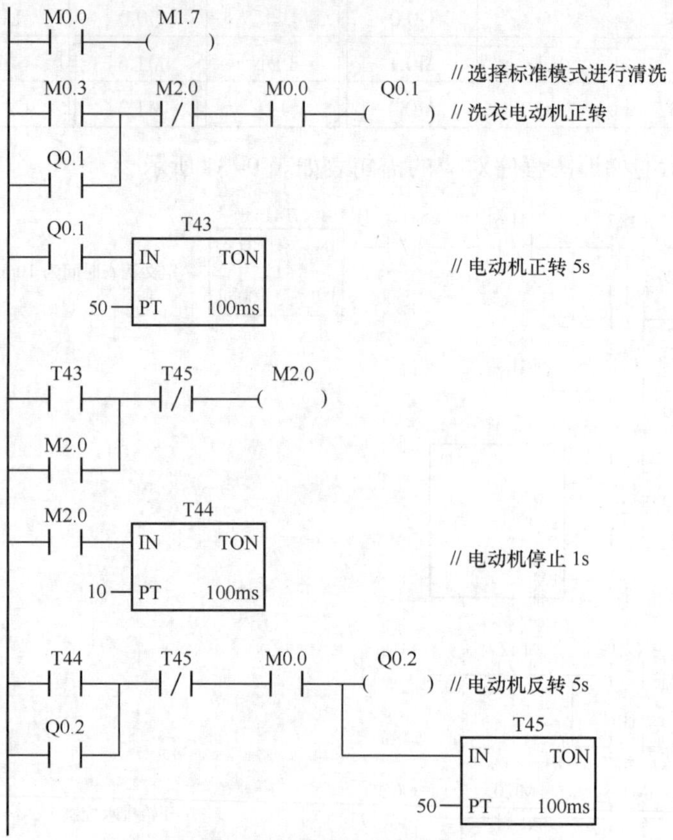

```
    M0.0      M1.7
 ───┤ ├──────┤ ├──────( )
                              // 选择标准模式进行清洗
    M0.3      M2.0     M0.0          Q0.1
 ───┤ ├──────┤/├──────┤ ├──────( )    // 洗衣电动机正转
    Q0.1
 ───┤ ├──
    Q0.1            T43
 ───┤ ├──────┌──────────────┐
             │ IN       TON │       // 电动机正转 5s
        50 ──┤ PT    100ms  │
             └──────────────┘
    T43       T45            M2.0
 ───┤ ├──────┤/├──────────( )
    M2.0
 ───┤ ├──
    M2.0            T44
 ───┤ ├──────┌──────────────┐
             │ IN       TON │       // 电动机停止 1s
        10 ──┤ PT    100ms  │
             └──────────────┘
    T44       T45     M0.0          Q0.2
 ───┤ ├──────┤/├──────┤ ├──────( )    // 电动机反转 5s
    Q0.2                                    T45
 ───┤ ├──────────────────────┌──────────────┐
                             │ IN       TON │
                        50 ──┤ PT    100ms  │
                             └──────────────┘
```

图9-59 全自动洗衣机控制系统梯形图程序（六）

表 9-32　　　　　　　　　　与图 9-59 所示的梯形图程序对应的语句表

命令	地址	命令	地址	命令	地址	命令	地址
LD	M0.0	=	Q0.1	=	M2.0	A	M0.0
=	M1.7	LD	Q0.1	LD	M2.0	=	Q0.2
LD	M0.3	TON	T43, 50	TON	T44, 10	TON	T45, 50
O	Q0.1	LD	T43	LD	T44		
AN	M2.0	O	M2.0	O	Q0.2		
A	M0.0	AN	T45	AN	T45		

与图 9-60 所示的梯形图程序对应的语句表如表 9-33 所示。

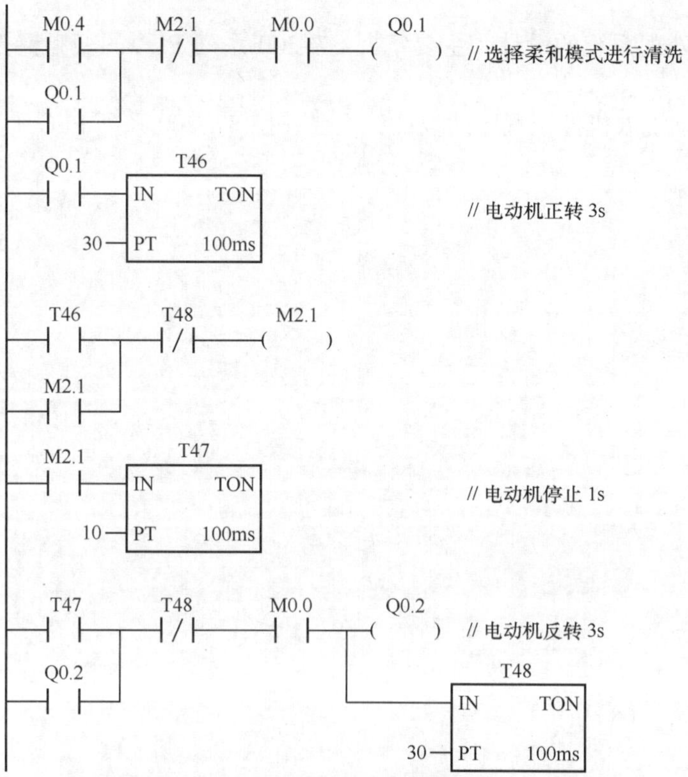

图9-60 全自动洗衣机控制系统梯形图程序（七）

表 9-33　　　　　　　　　　　与图 9-60 所示的梯形图程序对应的语句表

命令	地址	命令	地址	命令	地址	命令	地址
LD	M0.4	LD	Q0.1	=	M2.1	AN	T48
O	Q0.1	TON	T46, 30	LD	M2.1	A	M0.0
AN	M2.1	LD	T46	TON	T47，10	=	Q0.2
A	M0.0	O	M2.1	LD	T47	TON	T48, 30
=	Q0.1	AN	T48	O	Q0.2		

9.3.4　经验与总结

本小节通过全自动洗衣机控制系统的设计，巩固了 S7–200 系列 PLC 对定时器和计数器的知识，学习了 S7–200 系列的子程序的调用及循环指令的用法。

9.4　本章小结

本章通过 3 个实例说明了 S7–200 系列 PLC 在日常生活和工业生产中的应用，其中应掌握以下内容。

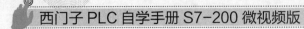
① 通过自动售货机控制系统的设计，主要掌握 S7-200 系列 PLC 计数器和定时器的使用方法。

② 通过污水处理系统的设计，主要掌握 S7-200 系列 PLC 的变频器控制和 PID 指令的用法。

③ 通过全自动洗衣机控制程序的设计，主要掌握 S7-200 系列 PLC 子程序的调用和循环指令的用法。